湖南

主要珍贵用材树种高效培育技术

湖南省林业局　　编

中国林業出版社
·北京·

《湖南主要珍贵用材树种高效培育技术》编委会

主　任：胡长清

副主任：彭顺喜　吴剑波

成　员：胡　锋　王成家　张运明　姜　芸　夏艳萍
庾庐山　宋自力　李玉平　谭　浩　欧日明
吴振明　李昌珠　彭春良　王中超　李志辉
吴际友　颜立红

主要编写人员（按姓氏笔画排序）：

田龙江　田晓明　朱逸民　向光锋　刘　球
刘正平　刘红军　刘振华　李　何　李　贵
李志辉　李娇婕　杨　艳　吴际友　欧阳俊
欧阳硕龙　欧阳泽怡　张　珉　张新平　陈　孝
陈旭阳　陈明皋　陈家法　贺　勇　侯燕南
夏　婵　唐　洁　唐文人　曹基武　梁军生
董春英　蒋利媛　喻勋林　程　勇　童方平
熊　伟　廖德志　颜子仪　颜立红　魏志恒

前言

习近平总书记指出："森林是陆地生态的主体，是国家、民族最大的生存资本，是人类生存的根基"。珍贵用材树种作为一种重要的国家战略性森林资源，对增加优质木材储备、改善森林生态、弘扬森林文化、助力乡村振兴等具有十分重大的意义。党中央、国务院以及国家林业和草原局高度重视珍贵用材树种的经营和储备，提出了发展目标，制定了发展规划，举办了发展论坛等，从政策、资金、规划等方面采取多项措施大力推进，为全国加快珍贵用材树种高效培育指明了方向。

湖南是珍贵用材树种的主要产区、传统产区，具有极其优越的自然和人文环境。这里有适宜的气候条件。湖南的亚热带气候特点有利于珍贵用材树种生长。据《中国主要栽培珍贵树种参考名录（2017 年版）》记载，湖南省本土生长的珍贵用材树种多达 85 种，主要有赤皮青冈、闽楠、红椿等。这里有良好的政策环境。近年来，湖南专门出台了《关于加快发展珍贵树种的意见》，把珍贵用材树种培育纳入现代林业建设的重要内容；自 2013 年起在全省开展了"十、百、千珍贵树种培育活动"，即：十个珍贵树种苗木培育基地、百个珍贵树种培育示范基地、千万株珍贵树种苗木进农家；从 2017 年开始，全省开展了省级森林经营珍贵树种培育示范基地建设，建设示范基地 10 处；截止 2019 年，全省已发展珍贵用材树种人工林面积 8 万多公顷。这里有多年的技术积累。湖南在珍贵树种保护、种苗繁育、资源培育、基地建设、科研推广等方面取得了许多优异成绩，率先在全国建立了部分珍贵用材树种种子园，建立了珍贵用材树种高效培育试验与示范基地，取得了一系列珍贵用材树种研究成果，在国内珍贵用材树种高效培育技术领域占有较高的地位。这些优势和沉淀，必定成为湖南发展珍贵用材树种的有力支撑，也必将加快推动湖南发展珍贵用材树种的铿锵步伐。

珍贵用材树种其多功能多价值特征明显，由于其木材密度大、材色深、木纹美或具宜人气味等特点，是高级家具及工艺制品的首选，经济价值高；其经营周期长，对森林生态系统干扰少，具有持续水土保持、水源涵养、固碳释氧、净化空气、调节气候等生态功能，生态价值高；其树形优美多姿，花、果、叶色丰富多彩，是森林景观提质改造的优良景观树种，景观价值高；珍贵用材树种多是世界公认的“长寿树”“健康树”，寄托了人们的希望和梦想，具有悠久而又深厚的人文及历史文化内涵，文化价值高。《湖南主要珍贵用材树种高效培育技术》积累了湖南省多年来在珍贵用材树种领域的生产、科研、实践技术与经验，对进一步加快珍贵用材树种高效培育具有较高的指导作用与实用价值。编写人员精心挑选了湖南本土生长且适宜推广种植的 30 个珍贵用材树种，并以图文并茂的方式，对每个树种的高效培育技术进行了重点阐述，内容通俗易懂，深入浅出，有较强的科学性和可操作性，有利于基层林业技术管理人员、林农和广大人民群众掌握和运用。

野芳发而幽香，佳木秀而繁阴。我们相信，只要我们不懈地努力，加大珍贵用材树种培育力度，三湘大地必将更加草木葱茏、枝繁叶茂、流光溢彩。到那个时候，用一棵棵大树、一片片森林、一座座青山，更好地满足人民群众对美好生活的向往和追求。

胡长清

2020 年 10 月

目 录

前 言

1 珍贵用材树种定义和功能 /01

1.1 定义与分类 /01
1.2 主要功能 /02

2 我国珍贵用材树种发展概况 /04

2.1 我国珍贵用材树种资源培育的基础条件 /04
2.2 我国珍贵用材树种资源现状 /06
2.3 国内外研究现状 /08
2.4 我国珍贵用材树种资源培育存在的突出问题 /13

3 湖南珍贵用材树种发展概况 /15

3.1 自然条件与栽培沿革 /15
3.2 资源现状与培育 /16
3.3 发展珍贵用材树种的建议与对策 /18

4 主要珍贵用材树种高效培育技术 /20

4.1 赤皮青冈 /20
4.2 福建青冈 /28

4.3 青冈 /35
4.4 闽楠 /43
4.5 桢楠 /53
4.6 南方红豆杉 /60
4.7 麻栎 /68
4.8 红椿 /75
4.9 大叶榉树 /86
4.10 小叶红豆 /93
4.11 木荚红豆 /100
4.12 红豆树 /107
4.13 花榈木 /114
4.14 椤榆 /121
4.15 毛果青冈 /128
4.16 水青冈 /135
4.17 光叶水青冈 /141
4.18 米心水青冈 /148
4.19 黄连木 /153
4.20 黄檀 /162
4.21 君迁子 /169
4.22 川黔紫薇 /175
4.23 贵州石楠 /182
4.24 多脉青冈 /189
4.25 小叶栎 /194
4.26 尖叶栎 /201
4.27 大叶桂樱 /206
4.28 红锥 /213
4.29 厚皮香 /220
4.30 豆梨 /226

参考文献 /232
附表：符号说明与名词解释 /241
附件 1：中国主要栽培珍贵树种参考名录（2017 年版）/243
附件 2：湖南省主要栽培珍贵树种参考名录（2020 年版）/257
后记 /264

1 珍贵用材树种定义和功能

1.1 定义与分类

1.1.1 定义

目前，国内外还没有对珍贵用材树种进行统一定义。根据我国高档木制品用材特点和习惯，综合专家的观点，做出如下定义：所谓珍贵用材树种，是指其木材具有密度大、硬度高、材色深、木纹美、气味宜人、材质优良等特点，且具有特殊用途，市场稀有，经济价值较高，可用于制作高档家具、高档工艺品等实木制品的树种。

对于判定某一树种是否属于珍贵用材树种，不一定需要满足色泽、密度、硬度、纹理、气味等方面的所有要求，只要其中某两个以上特点非常显著，就可以被视为珍贵用材树种。珍贵用材树种主要特征如下：首先，从木材特性来看，颜色深、密度大、硬度高和纹理美观，有的心材深红褐色至浅紫色或暗绿褐色至近黑色，木材有光泽、有香气，耐久性好，木质经数百年而不变；其次，从生长、分布和资源来看，生长较慢、人工栽培少、资源稀少，有的属于濒危树种；第三，从用途和市场价格来看，用于制作高档家具、高档工艺品、高档乐器等实木制品及高档装饰、装修材料，具有很高的观赏功能、生态功能和保值升值功能，有的还可作为艺术品和收藏品，奇货可居，市场价格高；第四，从文化价值和内涵来看，珍贵树种特别是古树名木是传承的自然遗产和文化载体，一方面是由它们的特殊性决定的，另一方面是长期的历史传承和文化沉淀积累。

1.1.2 分类

根据《中国深色名贵硬木家具标准》（QB/T2385-2008）及有关专家观点，珍贵用材树种主要包括以下种类：

①红木类：包括紫檀木类、花梨木类、香枝木类、黑酸枝木类、红酸枝木类、乌木类、条纹乌木类、鸡翅木类等。在珍贵用材树种中，红木类经济价值最高。

②深色木类：包括花榈木、木荚红豆、赤皮青冈、青冈、红椿、铁力木、印茄木等。

③部分硬阔叶树种：包括小叶栎、蒙古栎、大叶榉树、楠木、核桃木、柚木、蚬木、红锥等。

④部分针叶树种：一些颜色深、密度大、硬度高和纹理美观的针叶树种也可以作为珍贵用材树种。如南方红豆杉，其心材橘黄红至玫瑰红色，有较强的光泽，木材气干密度可达 0.76g/cm^3，宜做高级家具及高档工艺品。

1.2 主要功能

1.2.1 经济功能

珍贵用材树种的经济功能主要表现在其木材及其制品价值高。由于其木材颜色深、密度大、硬度高、纹理美观、气味宜人等特点，过去的宫廷及王公贵族家庭所用的家具、地板、乐器、工艺品等大多由珍贵木材制成。此外，珍贵木材的耐久性好，木质经数百年而不变，使用和放置时间越长越美观，具有较高的使用价值、鉴赏价值和收藏价值。

1.2.2 生态功能

珍贵用材树种也是优良的生态树种，研究表明其具有抑虫杀菌、增湿降温、滞尘降噪、释氧固碳、净化环境、保持水土等生态功能。同时，具有较高的负离子效应；释放精气效应明显，珍贵用材树种中一些种的植物精气成分中，单萜烯类化合物（如 α-蒎烯、β-蒎烯、莰烯）和倍半萜烯类化合物（β-榄香烯、长叶烯、α-石竹烯）等含量高、种类多，有的达 20 多种，具有明显的生理功效。$1hm^2$ 的珍贵用材树种林分 1d 能吸收 1.2t CO_2，制造生产出 860kg O_2，1 年可增加蓄水量 430t。珍贵用材树种在净化空气、美化环境、调节气候、涵养水源等方面具有重要作用。珍贵用材树种一般经营周期长，对森林生态系统干扰少，很多珍贵树种适合异龄林的近自然目标树经营，有利于提高森林生态系统的生态服务功能。

1.2.3 景观功能

珍贵用材树种有的高大雄伟、树冠广阔、树形优美、四季常青，有的秋叶变色丰富，有暗红、红、橙、金黄、银黄等色相，有的果实鲜红等，是景观化应用的优良树种，是目前新兴的行道绿化和园林绿化观叶赏果彩叶树种、生态廊道及自然保护地景观提质改造的优选树种、乡村振兴景观改造的优良树种。我国人工林的发展造成造林树种单一，林分结构简单，湖南人工林中杉木和马尾松占了较大部分，发展珍贵树种有利于提高林分多样性和景观多样性。

1.2.4 文化功能

珍贵用材树种具有深刻的历史文化内涵，部分珍贵用材树种同宗教文化联系密切。我国的历史文化具有珍贵用材树种情节，如楠木同宫廷文化的密切联系，发展这些珍贵用材树种有利于文化的传承。

有些珍贵用材树种是世界公认的“长寿树”“健康树”，有些是“风水树”“神奇树”，寄托了人们的希望和梦想，具有浓厚的生活气息和文化底蕴。为充分挖掘其文化功能，有些地方开展了以珍贵用材树种为主的“文化养生节”“文化旅游节”等活动，并通过建立康养基地、文化公园、科技馆、博物馆等充分展示其深厚的历史文化。

2 我国珍贵用材树种发展概况

2.1 我国珍贵用材树种资源培育的基础条件

2.1.1 自然条件

我国幅员辽阔、地形复杂、气候多样，拥有从寒温带至热带、从平原至高山的各种不同类型的气候、地形地貌。几乎世界上所有的森林类型都可以在我国找到。我国仅木本植物就有9000多种，约占北半球同纬度地区的45%，其中乔木树种达3000余种，是树种及遗传资源最富集的地区。从珍贵用材树种的种质资源来看，我国也是世界上最丰富的国家之一。此外，许多原产地在国外的珍贵用材树种，也很容易在我国引种成功，目前已经有很多成功引进的事例。

2.1.2 文化底蕴

我国是世界上最早进行珍贵用材树种人工栽培的国家之一，已经积累了十分宝贵的经验。殷商时代的甲骨文中就有“榆”“柳”二字。《诗经》即已提及栎树和檀树。张骞出使西域便引进了胡桃。西晋崔豹《古今注》记载了紫（紫檀）的性状。北魏贾思勰《齐民要术》记载了栗、柘、榆、槐、柳、楸等树种的栽培理论和技术。明李时珍《本草纲目》记载了樟木和栎木的用途。俞贞木《种树书》对于银杏、柿等树木的栽培进行了论述。王象晋《群芳谱》对柳、油茶等树木的栽培进行了论述，此外还记载了椿（红椿）、檀（黄檀）等木材的材性和用途。王佐《格古要论》

记载了紫檀木及榈、乌木的产出、性能和鉴别。清朝汪灏、张遗少《佩文斋广群芳谱》记载了榈木、楸木、檀木、枫香、降香的木材材性和用途。自古以来，我国各民族就有在路旁、池边、宅院、庙宇、墓地植树的习惯，这些树种多采用乡土珍贵用材树种。对于这些树种的繁殖、栽培、管护和利用，各地群众都有很好的经验。云南的傣族一直就有种植铁力木（其心材为红木中的鸡翅木）的历史。只要孩子一生下来，父亲就为其种一片铁力木林，待孩子长大成家以后，取这片林中的木材作为薪炭材。这也是云南西双版纳地区森林得以很好地保护的重要原因。

2.1.3 科研基础

我国科技人员很早就开始从事珍贵用材树种的研究工作。从 20 世纪 50 年代开始，科技人员就先后对南岭黄檀、思茅黄檀及铁力木等珍贵用材树种的繁殖和栽培技术进行了研究，并进行了规模化种植。中国林业科学研究院、云南省林业科学院等单位也先后引进了檀香紫檀、印度紫檀、大果紫檀、印度黄檀及交趾黄檀、桃花心木等珍贵用材树种。近年来，一些林业高等院校及地方的林业科研院所也对一些珍贵用材树种进行了引进和深入研究。如北京林业大学的水青冈、刺槐，东北林业大学的椴树、水曲柳，浙江林学院的香椿、檫木，辽宁省林业科学研究院的花楸，山东省林业科学研究院的刺槐，河南省林业科学研究院的白榆、楸树、黄连木，湖南省林业科学院的红椿、大叶榉树、闽楠、赤皮青冈、麻栎，广东省林业科学研究院的香椿、龙脑香科树种等。我国科技人员还对珍贵用材树种的栽培技术、混交模式进行了研究，同时开始了珍贵用材树种种子园、种质资源收集圃、子代测定林等建立工作。这些研究为我国大规模营造珍贵用材树种奠定了良好的基础。

2.1.4 实践经验

通过国土绿化和商品林种植，特别是国家特殊及珍稀林木培育项目的实施，我国积累了丰富的珍贵用材树种栽培实践经验。近年来，一些地方广泛种植了赤皮青冈、闽楠、桢楠、大叶榉树、樟、铁力木、降香黄檀等珍贵用材树种，取得了大面积栽培的经验。

2.2 我国珍贵用材树种资源现状

根据《国家珍贵树种名录第一批(1992 年)》和《中国主要栽培珍贵树种参考名录(2017 年)》，第九次全国森林资源清查识别出列入名录的珍贵树种有 101 种。全国珍贵树种林木株数 330.54 亿株、占全国乔木林株数的 17.47%，蓄积量 259622.35 万 m^3、占全国乔木林蓄积量的 15.22%。

全国珍贵树种按重要值排名，位居前 20 位的分别为蒙古栎、青冈、紫椴、麻栎、栲（丝栗栲）、白栎、栓皮栎、核桃楸、槲栎、红松、水曲柳、硕桦、苦槠、红锥、黄檀、亮叶桦、水青冈、花曲柳、檫木，其林木合计 276.67 亿株、占全国乔木林株数的 14.62%，蓄积量合计 210181.56 万 m^3、占全国乔木林蓄积量的 12.32%。

蒙古栎(重要值 10.74)：全国蒙古栎株数 82.94 亿株、占全国乔木林株数的 4.38%，蓄积量 58287.06 万 m^3、占全国乔木林蓄积量的 3.42%。黑龙江、吉林和内蒙古分布较多。

青冈(重要值 3.44)：全国青冈株数 22.41 亿株、占全国乔木林株数的 1.18%，蓄积量 11382.33 万 m^3、占全国乔木林蓄积量的 0.67%。福建、贵州和陕西分布较多。

水青冈(重要值 0.90)：全国水青冈株数 5.81 亿株、占全国乔木林株数的 0.31%，蓄积量 4158.37 万 m^3、占全国乔木林蓄积量的 0.24%。四川、湖南和贵州分布较多。

紫椴(重要值 2.90)：全国紫椴株数 13.10 亿株、占全国乔木林株数的 0.69%，蓄积量 18186.85 万 m^3、占全国乔木林蓄积量的 1.07%。吉林和黑龙江分布较多。

麻栎(重要值 2.68)：全国麻栎株数 19.05 亿株、占全国乔木林株数的 1.01%，蓄积量 8728.85 万 m^3、占全国乔木林蓄积量的 0.51%。云南和河南分布较多。

栲(重要值 2.42)：全国栲株数 13.66 亿株、占全国乔木林株数的 0.72%，蓄积量 11986.66 万 m^3、占全国乔木林蓄积量的 0.70%。福建、江西和贵州分布较多。

核桃楸（重要值1.67）：全国核桃楸株数6.02亿株、占全国乔木林株数的0.32%，蓄积量11859.44万m^3、占全国乔木林蓄积量的0.70%。吉林、黑龙江和辽宁分布较多。

白栎（重要值2.18）：全国白栎株数14.45亿株、占全国乔木林株数的0.76%，蓄积量5420.66万m^3、占全国乔木林蓄积量的0.32%。贵州、江西、安徽、湖南和浙江分布较多。

红松（重要值1.53）：全国红松株数7.72亿株、占全国乔木林株数的0.41%，蓄积量10259.51万m^3、占全国乔木林蓄积量的0.60%。黑龙江和吉林分布较多。

栓皮栎（重要值1.92）：全国栓皮栎株数14.28亿株、占全国乔木林株数的0.75%，蓄积量8121.86万m^3、占全国乔木林蓄积量的0.48%。湖北、陕西、云南和四川分布较多。

水曲柳（重要值1.40）：全国水曲柳株数5.26亿株、占全国乔木林株数的0.28%，蓄积量7350.18万m^3、占全国乔木林蓄积量的0.43%。黑龙江、吉林分布较多。

槲栎（重要值1.60）：全国槲栎株数10.11亿株、占全国乔木林株数的0.53%，蓄积量8580.85万m^3、占全国乔木林蓄积量的0.50%。甘肃、陕西分布较多。

硕桦（重要值1.28）：全国硕桦株数5.66亿株、占全国乔木林株数0.30%，蓄积量8004.90万m^3、占全国乔木林蓄积量的0.47%。黑龙江、吉林和河北分布较多。

苦槠（重要值1.26）：全国苦槠株数7.68亿株、占全国乔木林株数的0.41%，蓄积量3190.25万m^3、占全国乔木林蓄积量的0.19%。江西、浙江和福建分布较多。

红锥（重要值1.06）：全国红锥株数6.02亿株、占全国乔木林株数的0.32%，蓄积量5733.58万m^3、占全国乔木林蓄积量的0.34%。广东、云南和广西分布较多。

黄檀（重要值0.9）：全国黄檀株数3.90亿株、占全国乔木林株数的0.21%，蓄积量1010.92万m^3、占全国乔木林蓄积量的0.06%。湖北、湖南、江西和云南分布较多。

花曲柳（重要值0.86）：全国花曲柳株数4.98亿株、占全国乔木林株树的0.26%，蓄积量3279.77万 m^3、占全国乔木林蓄积量的0.19%。吉林、辽宁分布较多。

亮叶桦（重要值0.98）：全国亮叶桦株数4.44亿株、占全国乔木林株数的0.23%，蓄积量4097.74万 m^3、占全国乔木林蓄积量的0.24%。湖北、陕西和贵州分布较多。

檫木（重要值0.83）：全国檫木株数2.71亿株、占全国乔木林株数的0.14%，蓄积量2258.53万 m^3、占全国乔木林蓄积量的0.13%。湖南、江西、福建和安徽分布较多。

2.3 国内外研究现状

2.3.1 国外研究现状

在国外，珍贵用材树种的保育、种质资源收集、苗木繁育、良种选育与培育技术研究发展历史较早。从经济角度看，人们生活水平提高，市场需求量大等都是人工培育珍贵用材树种的推动因素；从技术角度看，栽植技术、幼林管理技术、现代化工具使用程度等都是珍贵用材树种人工种植发展的必要条件。随着社会的进步与发展，珍贵用材树种培育逐步受到重视，如英国对橡树等阔叶树种的造林补助金高于针叶树的1.5倍，大力支持优质硬阔叶用材林培育；法国在第二次世界大战后加强低质次生林改造与培育以及珍贵用材林的研究，经过30余年努力，全国的商品林被改培为以高经济价值的橡树林和水青冈林为主。德国在第一次世界大战后森林破坏严重，大部分天然林已被砍伐，随后进行以针叶树为主的大面积人工造林。从20世纪60年代开始，在针叶纯林中开天窗自然更新或种植阔叶珍贵用材树种。目前，德国以珍贵乡土阔叶树种为主的异龄混交林已超过针叶纯林。在发达国家，造林主体多数为私人，珍贵用材树种的人工种植得到政府政策支持，例如欧洲的阔叶林发展计划，政府给予造林者经济补贴，支持农村发展环保项目。因此，发达国家以中小业主和个体农场经营者种植珍贵用材树种居多，并且研制开发智能化系统进行种植。近年来，珍贵用材树种的研究与基地建设受到了空前的重视，如东南亚的泰国建设有大面积的柚木和橡树林基地，南美洲的巴西和玻利维亚建设有酸枝木、香脂木、巴西南洋杉等珍贵用材树种培育基地等。

2.3.1.1 东南亚、南太平洋珍贵树种

世界热带湿润雨林约占世界森林总面积的 30%。东南亚、南太平洋是世界热带湿润雨林主要分布区，面积约为 1.87 亿 hm^2，集中分布于印度尼西亚、马来西亚、菲律宾和巴布亚新几内亚等国家和地区，为东南亚、南太平洋珍贵用材的主要产地和输出国。由于各国均采取限制采伐措施，东南亚原木的输出量有逐年减少趋势。知名的珍贵树种有菲律宾柳桉，印度尼西亚的柚木、紫檀等。常见东南亚珍贵树种有 40 多科 140 余属，以龙脑香科为主，约占 78%；其次为夹竹桃科、橄榄科、大戟科、楝科、漆树科、樟科、豆科、棱柱木科、梧桐科等。针叶树有南洋杉科、松科和罗汉松科。龙脑香科中红、白柳桉约占 52%，其次为双翅龙脑香、龙脑香、黄柳桉等。巴布亚新几内亚珍贵树种以番龙眼为主，占 50%，其他主要珍贵树种有海棠树、胶木、翅散华树、橄仁树等。我国进口东南亚木材历史悠久，来自泰国、印度、缅甸和菲律宾等国的红木、柚木、乌木、檀香木及柳桉，久负盛名。东南亚一直是我国进口珍贵用材的重点地区。

2.3.1.2 中美洲、南美洲珍贵树种

南美洲大陆地势西高东低，大部分地区在热带范围内，全年气温高，雨量多。亚马孙平原、哥伦比亚西岸终年高温多雨，年平均降水量 1000～3000mm，属热带雨林气候。中南美洲森林资源丰富，约占世界森林总面积的 24%，盛产各种珍贵的热带林木。森林大部分由热带阔叶林（约占 90% 以上）构成。其中，巴西森林面积 367 万 km^2，约占中南美洲林地的 50%，蓄积量 1250 亿 m^3，居世界第二位。据报道，世界热带森林面积约为 850 万 km^2，其中 40% 分布在巴西。巴西热带雨林拥有世界上最丰富的天然资源和生物多样性。中南美洲珍贵木材除供本地区使用外，还远销到北美洲、欧洲及亚洲等地区。尽管中南美洲森林资源丰富，但经不起人类永无休止的乱砍滥伐。亚马孙雨林遭破坏超乎预料，国际社会为了保护热带雨林，促进其可持续利用，新的国际热带木材协定（ITTA）规定，所有国际贸易中的热带木材必须来自“优质经营林”即是按照国

际热带木材组织热带天然林和可持续经营指标及热带人工营造和可持续经营指标的森林，促进热带森林的可持续发展。欧洲国家已经对林木进口做出了更加严格的规定，美国则可能采取同样的措施，对林业产品进口实行生态标志制度（Eco-label），从而保持林产品利用的总体平衡。中南美洲珍贵树种资源丰富。主要珍贵阔叶材树种有白坚木类、南美红漆木、巴西苏木、红椿类、巴西黑檀、圭亚那蒺藜（黄边愈疮木）、南方假山毛榉、紫心木类南美脂豆树、中美大叶桃花心木等，重要珍贵针叶材树种有巴西南洋杉（狭叶南洋杉）、智利肖柏、加勒比松。

2.3.1.3 非洲珍贵树种

非洲森林面积约占全洲面积 21%。非洲西部的热带雨林，历史上为欧洲阔叶材的供应来源，木材主要销往土耳其、意大利、法国、西班牙、葡萄牙等国。随着非洲热带雨林过度开发影响生态环境和经济的可持续发展，西非一些国家开始制定限制原木输出的法律政策。非洲主要珍贵树种有非洲紫檀、奥克榄、绿柄桑、非洲楝等。非洲热带盛产木材，欧共体 97% 的原木由非洲供应，我国从 20 世纪 50～60 年代起开始从非洲进口珍贵木材，近年来输入我国的非洲木材也越来越多，2008 年，加蓬成为我国第五大原木进口国家。

2.3.1.4 欧洲珍贵树种

欧洲森林面积为 1.62 亿 hm^2，森林和林地分布不均。德国和其相邻国家，平均每公顷蓄积非常高，有些可达到 300m^3。在欧洲超过 7 亿 m^3 的年净生长量中，只有约 60% 被采伐，从而使森林蓄积量稳步增长。欧洲主要珍贵树种有山毛榉、枫木、樱桃木及少数针叶树等。俄罗斯是世界森林资源最富饶的国家，木材一直是俄罗斯的重要原材料，是世界最大的原木出口国。德国是珍贵优质阔叶材的重要出口国。

2.3.1.5 北美珍贵树种

北美是世界主要木材生产国。加拿大有着丰富的森林资源，森林面积 3.1 亿 hm^2，林木蓄积量为 330 亿 m^3。主要珍贵树种有桦木、枫木、杨木、花旗松、云杉等。美国森林面积 3 亿 hm^2，森林覆盖率 33%，重要珍贵树种有云杉、冷杉、栎树、山核桃、火炬松、槭树、枫树、白桦、山毛榉、欧洲山杨、白松、红松、圆柏、铁杉、花旗松和西部黄松等。在西部太平洋沿岸，云杉、冷杉用材林面积最大，约 2400 万 hm^2；其次是西部黄松和花旗松，面积约为 2100 万 hm^2。在东部，栎树和山核桃林面积最大，约 5500 万 hm^2，其次为槭树、山毛榉、白桦、火炬松，面积约 2100 万 hm^2。

世界各国都十分重视珍贵用材树种资源的培育。现在很多林业发达国家把保护和发展阔叶树资源作为保护生物多样性、防治地力衰退和提高林产品附加值的重要途径，实行许多优惠政策鼓励阔叶树的人工造林。日本重视日本椴、水曲柳、犀皮桦、山樱和日本花楸等珍贵阔叶树的培育。英国重视橡树等乡土珍贵树种种质资源的发掘和整理，大力培育珍贵阔叶用材林；苏格兰是英国重点造林地区，他们的专家认为，林业应从重视数量转向重视质量，以谋求更大的利益，而转向以培育优质硬阔叶林为重点则是苏格兰林业最好的出路。德国确立了增加阔叶林的比重目标。印度尼西亚巴厘岛在水稻田边种植硬阔叶树，以发展木雕业，既大大增加了农民的收入，也弘扬了灿烂的地方文化。泰国在道路两旁、房前屋后种植雨豆树以替代柚木成为重要的雕刻原料。在菲律宾等国，大量种植雨豆树作为制造家具的原料。缅甸通过经营柚木获得了很好的效益。法国、日本、荷兰等都在系统研究一些欠知名的树种，以合理利用热带硬阔叶材。

2.3.2 国内研究现状

近年来，市场对珍贵树种木材的需求猛增，我国现有珍贵树种资源已日渐匮乏，主要靠进口来满足珍贵树种木材的供应。许多专家学者认为，珍贵树种木材在国家现代化经济建设中有着特殊重要的作用。大力发展珍贵树种已经具有促进我国经济增长、增强国际竞争力、提升国际形象的重要作用。国家于 2005 年启动实施珍稀树种基地建设示范项目，年投资 2000 万元，先后在全国 20 多个省（自治区、直辖市）的 90 多个县级项目建设单位，开展了 60 多个珍贵树种基地培育建设示范工作，取得了较好的成效，珍贵树种资源锐减的趋势得到了有效的缓解，全国各地先后有多位专家学者对珍贵树种进行了深入研究。

广东省从20世纪70年代开始对珍贵树种西南桦、香椿等开展研究。80年代对火力楠等150余种珍贵树种资源进行收集，重点进行了树种生境分析、种子品质、催芽移栽育苗技术和造林效果分析等研究。广东省林业科学研究院、华南农业大学也开展了龙脑香科树种引种和栽培技术研究，取得较好的研究成果。

广西大力开展珍贵树种引种与栽培技术研究，筛选出红锥、西南桦、任豆、柚木、格木、火力楠、铁力木、降香黄檀等一批速生、材质优良的珍贵树种。对红锥、格木、西南桦、米老排、火力楠、柚木、蚬木、香梓楠等树种进行了改良或引种、人工育苗、人工造林技术等研究。广西壮族自治区林业科学研究院主持营造的红锥种源试验林，优良种源造林3年生优良单株树高6.9m，胸径9.6cm，林分平均高6.25m，平均胸径6.17cm。中国林业科学研究院热带林业实验中心从20世纪80年代开始收集、保存珍贵树种种质资源，相继建立了降香黄檀、柚木、西南桦和红锥等珍贵树种种质资源保存林200hm^2，收集西南桦、柚木、红锥等142个种源950个家系，目前已实现了育苗良种化；同时建有国内最大的科学试验林4000hm^2，建设了8个示范样板，可以提供从育种、栽培、森林经理、人工林生态研究到人工林材性研究的平台，是我国珍贵优良阔叶树种品种最多、面积最大的科学试验林。在珍贵树种栽植方面，总结了“针阔同龄混交”“针阔异龄混交”“阔叶异龄混交”“阔叶同龄混交”“阔叶纯林”“四旁种植”6个造林模式。

四川林业科学研究者在珍贵树种资源培育方面进行了一些研究，对连香树、亮叶桦、香樟、香果树、青冈、光叶水青冈、南方红豆杉等24个树种先后不同程度地开展过资源调查、种质资源收集保存、异地保存基因库营建、优树选择、繁殖技术研究和栽培技术研究。其中，连香树种子育苗技术已经成熟，先后培育苗木400多万株；光皮桦曾列为国家攻关课题，进行群体选择初步研究，对育苗和造林技术也进行过研究。取得了一批研究成果获得了省科技进步奖。

中国林业科学研究院热带林业研究所开展了柚木的采种、育苗、造林和遗传改良等方面长达40多年的系统研究，共收集和保存了12个国家 102 个种源（其中 72 个为国内次生种源）150 个家系 632 株优树，为各地区选出速生、抗性和材质优良的种源 67 个家系 89 个及包括金柚木和黑丝金柚木在内的优良无性系 98 个，其中 4 个种源 19 个无性系兼具有抗病、抗旱、抗风和速生等多种优良性状。30 多年来柚木研究共获得 6 项成果：1984 年、1986 年“柚木栽培”与“海南地区柚木抗病抗旱种源选择”两项科研成果，分获国家与林业部科技成果二、三等奖；1995 年“柚木良种选育及配套技术”成果，总体上达到国际先进水平；2000 年、2004 年、2005 年和 2010 年分获“柚木无性系组培快繁与栽培技术”“缅甸金柚木种源/家系引种试验研究”“柚木优良无性系扦插繁殖技术”和“柚木人工幼林营养诊断与施肥技术”四项成果，并在生产上得到推广应用。

通过各地专家学者们共同的努力，目前许多珍贵树种都已掌握一定的繁殖技术，其中有一大批树种已拥有成熟的繁殖经验，如红豆杉、樟树、闽楠、紫楠、檫木、石楠、铁力木、降香黄檀、西南桦、红锥、麻栎、柿树、香椿、红椿、桃花心木、麻楝、黄连木、清香木、楸树、柚木等。红木如紫檀属、黄檀属、红豆属等许多树种都有实验性的栽培记录，真正的繁育空白的种并不多。在多种珍贵树种繁育过程中，证明人工栽培林木比天然林木生长快，生长记录倍增，但木材密度可能下降。一些树种也有为纯林成片种植，如闽楠、降香黄檀、柚木等，当然也可以作为混交林方式培育。有的珍贵树种已经探索到建立种子园、无性繁殖、无性系选育及组织培育技术问题，有的已经深入到研究其遗传性的改良。但是总的来看，多数珍贵树种的栽培还是局限在实验林阶段，各地实验林场、植物园和树木园的示范林比较常见，广泛应用到实际生产中去还需进一步加强推广。

2.4 我国珍贵用材树种资源培育存在的突出问题

我国珍贵用材树种培育取得了较大的进步，特别是近年来国家林业和草原局设立专项资金予以支持发展，成效显著。但依然存在突出问题，需予以高度重视。

2.4.1 缺乏中长期发展规划

从国家层面应该制定珍贵树种发展规划，以协调全国珍贵树种高质量发展，明确发展目标、明确发展树种、明确建设任务和重点项目，为全国珍贵用材树种高质量发展提供行动指南。

2.4.2 珍贵树种保护保育滞后

在我国的天然林或自然保护区中珍贵树种大量存在，但缺乏全周期培育技术指南和成功模式示范。应设立重大工程项目加强对其保护保育和生态修复，人工促进天然更新。

2.4.3 森林经营短期行为普遍

珍贵用材树种经营周期长，一般需要 30 年以上甚至 100 多年，期间主要体现的是生态效益、景观效益、社会效益等，需要国家战略予以重点支持和引导。不能用发展速生树种的模式推广种植珍贵用材树种，应该大力提倡和发展近自然的目标树经营。

2.4.4 资金投入不足

投入发展珍贵用材树种的资金量大、投资回报期长，相对风险较大，民间投资积极性不高。国家应加大对珍贵用材树种培育的投入，特别是良种选育和高效培育技术研究投入、良种基地建设的投入、培育项目建设投入，切实增加投入，实现高投入、高产出。

2.4.5 缺乏科技支撑

珍贵用材树种高质量发展关键是良种与良法，珍贵用材树种全周期经营技术含量高，目前，市场对珍贵用材树种良种与良法需求迫切，虽然已有一批技术成果，但离市场需求相差甚远。

3

湖南珍贵用材树种发展概况

3.1 自然条件与栽培沿革

3.1.1 自然条件

湖南省位于我国中部、长江中游，地处东经 108° 47′ ~114° 15′ 、北纬 24° 38′ ~30° 08′ 之间。属大陆性亚热带季风湿润气候区，四季分明，雨水集中，光、热、水资源丰富，冬寒冷而夏酷热，春温多变，秋温陡降，春夏多雨，秋冬干旱。年均气温 16~18℃，无霜期长达 260~310d。由于受季风和地形的影响，气温分布的总趋势是湘南高于湘北，湘东高于湘西。湖南省年平均降水量在 1200~1800mm 之间，是全国降水量较多的省份之一。降水强度大是湖南省降水的一个明显特征。湖南河网密布，水系发达，5km 以上的河流有 5341 条，淡水面积达 1.35 万 km^2。国土总面积 21.18 万 km^2，森林面积为 1299.58 万 hm^2。

湖南属亚热带常绿阔叶林带，植被丰茂，四季常青。有树种 2000 多种，是我国树种及遗传资源最富集的地区之一，也是我国珍贵用材树种资源最丰富的地区之一。此外，许多原产地在国外的珍贵用材树种，也很容易在湖南引种栽培成功，已经有很多成功引进的事例。

3.1.2 栽培沿革

湖南省地理和气候条件优越，极适宜珍贵用材树种生长。国家林业和草原局《中国主要栽培珍贵树种参考名录（2017 年版）》（参见附件 1）记载，适于湖南栽培的珍贵用材树种达 85 种。尽管湖南省拥有众多的珍贵用材树种资源，但中华人民共和国成立后为了解决木材不足的问题，重视短周期速生丰产林的培育，忽视了经营周期长的珍贵用材树种培育。21 世纪以来，为了扭转珍贵树种资源贫乏和其木材供不应求的局面，国家十分重视珍贵树种的培育，于 2005 年启动了国家珍稀树种基地建设示范项目，湖南省珍贵用材树种培育工作也同步启动。2008 年，湖南省林业厅提出了“无节良材”“优材更替”的发展战略，培育珍贵树种 2 万多公顷，积累了一定的培育技术与经验。2012 年，作为全国 7 个首批试点建设木材战略储备基地的省份之一，湖南省在金洞、武冈、会同等县区部分林场栽培了大量闽楠、银杏、南方红豆杉等珍贵树种。2013 年由湖南省林业厅主导，在全省开展了“十、百、千珍贵树种培育活动”，即：十个珍贵树种苗木培育基地、百个珍贵树种培育示范基地、千万株珍贵树种苗木进农家，该活动的开展有力地促进了全省珍贵树种的发展。2013 年以来，世界银行贷款造林项目、法国开发署贷款造林项目和德国复兴银行造林项目等一批外资项目和国内森林质量精准提升项目均大力提倡发展珍贵用材树种。在政府的推动下，广大林农逐渐接受了珍贵用材树种，珍贵用材树种栽培在湖南已经越来越广泛地推广开来。

3.2 资源现状与培育

3.2.1 资源现状

湖南珍贵树种资源种类繁多，分布广泛，湖南省林业局发布的《湖南省主要栽培珍贵树种参考名录（2020 年版）》（参见附件 2），主要有赤皮青冈、闽楠、红椿、大叶榉树、小叶栎、桢楠、南方红豆杉、樟树、青冈、椤榆、黄连木、黄檀、红豆树等 100 种。湖南珍贵用材树种林分类型主要有天然林、天然次生林和人工林。天然林或天然次生林主要分布在自然保护区或国有林场。截止 2019 年，全省已发展珍贵用材树种人工林面积 8.13 万 hm^2。

3.2.2 培育现状

3.2.2.1 资源培育

湖南省发展珍贵用材树种工作扎实推进。实施“优材更替”战略，提出了《关于加快发展珍贵用材树种的意见》，启动“十、百、千珍贵用材树种培育工程”，明确了发展的树种；组织实施国家珍贵树种培育项目，并结合中央财政林业科技推广项目积极推广新技术、新成果。各市（州）县也结合省林业重大工程发展珍贵用材树种。2014 年，新宁县、安化县、金洞管理区、鼎城区被国家林业局确定为国家珍贵树种培育示范县；2017 年，湖南省开展了省级森林经营示范基地建设，重点选择目的树珍贵、目标树明确、培育基础良好、最终形成多树种混交林相、集中连片 1000 亩以上的示范基地开展珍贵树种培育，永州金洞国有林场、攸县黄丰桥国有林场、渌口区军山国有林场、安化县林科所、衡阳县岣嵝峰国有林场、新宁县东岭国有林场、新宁县林科所、冷水江市金竹山镇金竹村、嘉禾县南岭国有林场、郴州市林科所等 10 处纳入珍贵树种培育省级示范基地建设。有远见的涉林企业也积极开展珍贵用材树种基地建设，现全省已建设珍贵用材树种示范基地 2 万 hm^2。

3.2.2.2 科学研究

湖南作为开展珍贵用材树种研究较早的省份之一，在珍贵用材树种研究方面取得了显著成绩，涉及的主要珍贵用材树种包括赤皮青冈、福建青冈、青冈、闽楠、桢楠、南方红豆杉、麻栎、红椿、大叶榉树、小叶红豆、木荚红豆、红豆树、花榈木、椤榆、毛果青冈、水青冈、亮叶水青冈、米心水青冈、黄连木、黄檀、君迁子、川黔紫薇、贵州石楠、多脉青冈、小叶栎、尖叶栎、大叶桂樱、红锥、厚皮香、豆梨等；开展了优树选择、种质资源收集、种子园建设、子代测定等；建立了大叶榉树、南方红豆杉、闽楠、赤皮青冈等种子园；初选出良种 17 个；开展了人工林经营技术研究等；取得科技成果 11 项；完成行标或地方标准 9 项；获得专利 5 项。目前，全省已营造珍贵树种人工林 8.13 万 hm^2。

3.2.2.3 种子园建设

近年来，湖南省发改委、湖南省林业局加大了对珍贵用材树种良种基地的建设力度，率先在全国建立了一批珍贵用材树种种子园等良种繁育基地。

①大叶榉树种子园：2010 年，在桑植县建立了初级种子园 $14hm^2$；建立了种质资源库 $50hm^2$。

②赤皮青冈种子园：2019 年，在桂阳县建立了赤皮青冈初级种子园 $20hm^2$；建立了种质资源库 $50hm^2$。

③南方红豆杉种子园：2015 年，在永州市金洞林场建立了初级种子园 $14hm^2$；建立了种质资源库 $50hm^2$。

④闽楠种子园：2015 年，在永州市金洞林场建立了初级种子园 $20hm^2$；建立了种质资源库 $50hm^2$。

⑤红椿种子园：2012 年，在湖南省林业科学院试验林场和汨罗市桃林国有林场等地建立了红椿种质资源库 $20hm^2$；计划在汨罗市桃林国有林场建立初级种子园 $10hm^2$。

⑥木荷种子园：2020 年，在城步县林业科学研究所建立了木荷初级种子园 $20hm^2$。

3.3 发展珍贵用材树种的建议与对策

湖南省发展珍贵用材树种要以市场为导向，以良种繁育为基础，以全周期经营科技创新为支撑，强化示范基地建设，吸引社会力量广泛参与，加强金融扶持和政府补助，全方位推动珍贵用材树种高质量发展。

3.3.1 做好科学规划

充分借鉴国内外成功经验，结合湖南省实际情况，确定培育树种与培育目标，提出珍贵用材树种产业化科学规划，做到因地制宜、科学规划、合理布局。

3.3.2 增加经费投入

珍贵用材树种因培育周期长，见效慢，增加投入是关键，包括良种基地建设和资源培育与高值化加工利用研发投入、珍贵树种培育工程项目投入、管理投入等。

3.3.3 强化科技支撑

加快建立珍贵用材树种研究平台，整合全省相关科技优势资源，促进湖南省珍贵用材树种研究与开发利用高质量发展。围绕湖南已确定的30个珍贵用材树种设立良种选育、高效栽培、可持续经营、加工利用等关键技术开展专项研究。一要尽快建立完善珍贵用材树种的优良种质资源基因库和育种群体；二要完善建立良种繁育基地，攻克良种繁育技术瓶颈，为生产提供充足的良种苗木；三要确立定向培育的优化栽培模式，实现高效；四要形成一套比较成熟的加工利用技术体系；五要积极开展技术培训，推广应用技术成果，推动珍贵用材树种产业高质量发展。

3.3.4 做好示范引领

一是结合林业重点工程项目发展珍贵用材树种，以国有林场为主，建立高水平珍贵树种培育示范基地，带动周边珍贵用材树种发展；二是结合乡村振兴建设发展珍贵用材树种，鼓励企业采取“公司＋基地＋农户”的经营模式，带动农民以土地或劳动力入股参与珍贵用材树种高效培育；同时，鼓励和引导农民利用村旁、宅旁、路旁、溪旁等地种植珍贵用材树种，达到既绿化美化家园、改善优化环境，又培育了“庭院经济”、建设了“绿色银行”；三是结合绿色湖南建设发展珍贵用材树种，充分利用珍贵用材树种的生态功能、景观功能、经济功能和文化功能等多功能性，发挥其在绿色湖南建设中的作用。

3.3.5 落实组织实施

湖南省应把发展珍贵用材树种列入当前和今后林业工作的重要议事日程，完善顶层设计，切实加强组织领导，认真研究，周密部署。同时，要充分运用各种宣传媒介，做好广泛的宣传与发动工作，营造发展培育珍贵用材树种的浓厚氛围，引导珍贵用材树种高质量发展。充分发挥林业主管部门的指导、管理和服务职能，统筹规划，协调监督，解决珍贵用材树种发展中遇到的各种问题和困难。

4

主要珍贵用材树种高效培育技术

本部分编写了湖南本土生长且适宜推广种植的30个珍贵用材树种高效培育技术，树种排序以适应性、功能性及研究基础为依据，排序靠前的树种适应性更强、功能性更多且研究基础更好，每个树种编写的主要内容包括：树种特性、资源现状、种子采收及处理、苗木培育技术、造林苗木质量标准、林地选择、整地与造林、森林抚育、肥水管理、干形培育、间伐与主伐及病虫害综合防治技术等。

4.1 赤皮青冈

4.1.1 概况

赤皮青冈（*Cyclobalanopsis gilva*），又名红椆、赤皮椆，为壳斗科青冈属常绿乔木树种，是东亚地区广泛分布的青冈属树种，在分布区内为主要建群树种之一。木材边材黄褐色，心材暗红褐色，纹理美，质坚重，强韧有弹性，气干密度0.85～0.91g/cm^3，是优良硬木之一，为优良的家具材、装饰材，在国民经济及人民生产生活中具有重要地位。

赤皮青冈木材

赤皮青冈优树

4.1.1.1 特性

（1）形态学特性：树皮暗褐色，小枝密生灰黄色或黄褐色星状绒毛，叶片倒披针形或倒卵状长椭圆形，长 6～12cm，宽 2.0～2.5cm，顶端渐尖，基部楔形，叶缘中部以上有短芒状锯齿。坚果倒卵状椭圆形，直径 1.0～1.3cm，高 1.5～2.0cm，顶端有微柔毛，果脐微凸起。

（2）生态学生物学特性：较喜光，喜温暖湿润气候和肥厚湿润土壤，在酸性、中性土壤均能生长，常散生或混生于阔叶林中。能适当地耐干旱瘠薄，在土壤深厚肥沃的沙质土、壤质土和轻度黏重的山地红壤生长良好。适宜海拔为 300～1500m、降水量为 1000mm 以上区域；花期 5 月，果期 10～11 月。

（3）文化特性：湖南通道县盂冲村寨远离城镇，对古树的传统文化保留较完整。侗族村民崇拜祖先神灵，传说中，当地老百姓将赤皮青冈视为孔子树、护寨神、鸳鸯树、神树等，神树是他们心中的神圣之物，充分表现了他们对森林的深厚感情，而且，这些传统习俗确已成为侗族人民约束自己的行为规范，对当地自然资源和珍稀濒危物种保护方面起到了积极作用，也为保护村寨周围自然环境、维护生态平衡做出了重要贡献。这些传统文化知识，代代相传并保留至今，对维持生态系统稳定起到了积极作用。

赤皮青冈果实

赤皮青冈雄花

4.1.1.2 资源现状

（1）资源分布与规模：国内主要分布于湖南、浙江、福建、台湾、广东、贵州等地。在湖南生长于海拔 300～1500m 的丘陵或山地。湖南省现有人工林面积近 4100hm^2。

（2）资源培育与利用：赤皮青冈作为珍贵用材林培育和城市森林绿化美化苗木培育，依靠木材战略储备项目、珍贵用材树种培育项目、新造林项目、森林改培项目等带动了快速发展，也作为城市森林绿化美化中苗和大苗培育，为城市森林发展提供了大批量的优质苗木。

赤皮青冈人工林 A

赤皮青冈人工林 B

（3）良种选育：中南林业科技大学开展了种源、家系等种质资源的收集，优树选择、光合生理测定、需肥规律、生长规律等的综合研究，筛选出了中庆 6 号、中洞 5 号、中庆 1 号和中洞 8 号优良家系，其生长表现佳，具有较高的育种和栽培价值。同时在桂阳县建立了优良无性系种子园。

4.1.2 苗木繁育技术

4.1.2.1 种子采收及处理

10 月果实由青绿色变为褐色，表明种子已成熟，应及时采收。赤皮青冈种子采收过程中应严防种子失水导致种子生活力下降。将采回的种子浸入水中 24h，以杀灭种子中的害虫，同时掏出上浮种子及害虫并弃之，取沉水种子先经 0.2% 高锰酸钾溶液消毒 2h，倒去药液，用清水淘洗干净后进行种子储藏。种子储藏时用清洁湿河沙和消过毒的种子按 4:1 的比例，放在室内或室外地面沙床层积储藏，厚度不超过 50cm，并适时淋水，保持湿润；室外层积沙藏，应于床面覆盖一层塑料薄膜，保持沙藏床面湿润。种子储藏也可采用青苔湿藏或流水储藏。在种子催芽之前，也可室内堆藏，堆高不超过 50cm，同时，适时用喷雾器喷雾保湿，保持沙堆湿润。

赤皮青冈种子

4.1.2.2 苗木培育技术

（1）播种育苗技术：

①苗圃地选择与整理：选取排水良好、土壤疏松、肥沃的沙壤土作育苗圃地。苗床一般高 20cm，宽 90cm。每公顷施复合肥 1500kg、钙镁磷肥 1500kg。

②大田播种：播种时间宜为 2 月中旬至 3 月中旬。播种方法一般采用条播。条间距 25cm，条沟深 3～4cm，播种种间距 8～10cm，覆土厚度 2～3cm，盖草，当幼苗有 30% 左右出土时揭开草。

③苗期管理：

ⅰ. 搭建阴棚降温：阴棚高度 1.5～1.8m，用透光度 30%～40% 的遮阳网遮阳。

ⅱ. 间苗与补苗：5 月中旬进行间苗和补苗，间除生长不良、病虫危害、过密的幼苗，在空缺处及时补苗，间苗补苗后及时浇水，每公顷定苗量为 30 万～40 万株。

ⅲ. 水肥管理：在幼苗生长期要多次适时勤浇，保持土壤湿润，在苗木生长期间每月施肥 1 次，氮磷钾比 2:1:1，采用浇灌施肥，浓度为 0.5%。

赤皮青冈实生苗

ⅳ. 除草与松土：苗圃除草要以“除早，除小，除了”为原则。

ⅴ. 富根技术：于 9～10 月间，用铲子从小苗的两侧斜向切下，将小苗的主根切断，促进苗木侧根发育。用 GGR6 等促根剂 50mg/kg 液喷施苗木 3 次，每 7d 喷 1 次。

ⅵ. 防病：用 50% 多菌灵可湿性粉剂 800 倍液或 70% 甲基托布津可湿性粉剂 800 倍液喷施苗木消毒防病。

赤皮青冈容器苗培育

赤皮青冈容器苗

（2）容器育苗技术：

①容器育苗圃地选择：选择地势平坦、排水良好、背风向阳、无病虫害、交通方便、接近水源和电源的地方作为容器育苗圃地。

②基质配制及装袋：基质的配方为黄心土：轻型基质（树皮等有机材料）：珍珠岩：钙镁磷肥 =50∶35∶10∶5。基质、肥料碾碎过筛，充分拌匀，并堆放 2 个月左右充分腐熟待用。

育苗袋选择直径 9～10cm、高 13～15cm 的无纺布袋。装袋时基质要分层灌紧。每袋的装填量达育苗袋的 90%，并保证松紧一致。在遮阴大棚内苗床上铺上地布，将育苗袋整齐摆放在地布上，每摆放 2 行需间隔 15cm 以上的距离，以避免密度过大影响苗木地径生长。容器要与地面隔绝，使之形成发达的根团。同时保持通气性，排水良好，利于苗木蒸腾，促进根系生长，以期尽早形成完整的根团。

③芽苗培养与移栽：芽苗培养播种时间为采种当年 11 月至翌年 1 月。

种子播种可与种子湿沙层积储藏同时进行。在大棚内，用 70% 甲基托布津可湿性粉剂 800 倍液喷施消毒苗床后上铺一层 10cm 厚的纯净细河沙，沙上均匀撒播种子，种子间距为 3～4cm，上面盖 1cm 厚的火土灰（或黄心土），再铺盖一层干净稻草。所用的河沙、种子、火土灰、稻草都要按上述要求消毒。发现病害要用 50% 多菌灵可湿性粉剂 800 倍液喷杀。

当芽苗长出 3～4 对真叶时就可移植。随起随栽，将芽苗切除其主根的 1/3～1/2 后移植入袋内，用手指轻轻摁实根部，埋土至原土痕。移植时做到快移勤浇水。苗期管理的重点是用遮阳网控制苗床内温度及水肥管理与病虫害防治。

4.1.2.3 造林苗木质量标准

（1）形质指标：苗干通直、单一主干、顶芽健壮、长势旺盛、木质化程度高、根系发达、干皮及根系无劈裂损伤、无检疫性病虫害。

（2）数量指标：①更新造林或改培造林用苗规格为Ⅰ级苗规格苗高 ≥ 1.0m、地径 ≥ 1.0cm，Ⅱ级苗规格苗高 0.8～1.0m、地径 0.8～1.0cm；②景观绿化珍贵树种造林用苗规格为苗高 ≥ 3.0m、胸径 ≥ 4.0cm。

4.1.3 人工造林技术

4.1.3.1 林地选择

宜选择海拔高度 1000m 以下的土层深厚、土壤肥沃、湿润、排水良好的壤土地段。

4.1.3.2 整地与造林

（1）在更新改造中的造林技术：包括采伐迹地更新和火烧迹地更新，秋冬季采用带垦或穴垦整地，挖中穴为 50cm × 50cm × 40cm。选择标准苗木造林，要求苗高 0.8m 以上、地径 0.8cm 以上；混交模式为带状或块状，混交树种有黄连木、小叶栎、青冈、红椿、闽楠、大叶榉树等。初植密度见表 4-1。

表 4-1 赤皮青冈造林密度

造林密度（株 /hm²）					
经营目的	立地条件			培育技术	
大径材	＞18	12～16	＜12	集约经营	粗放经营
830～1110	830～1110	1330～1670	1670～2500	830～1110	1670～2500
株行距（m）					
(3×4)～(3×3)	(3×4)～(3×3)	(2.5×3)～(2×3)	(2×3)～(2×2)	(3×4)～(3×3)	(2×3)～(2×2)

（2）在低质低效林珍贵化改造中的造林技术：低质低效林珍贵化改造是森林改培模式之一。一是设置造林穴并穴垦整地，按株距 3m 左右设置造林穴并清除穴周边 1m² 以上的杂灌杂草杂藤并进行垦复，垦复面积为 1m²、深度为 20cm，然后挖适宜的穴造林（林中原有的目标树种应保留）；二是选择标准苗木，要求苗高 0.8m 以上、地径 0.8cm 以上。

（3）在人工商品林中补植珍贵树种实施珍贵化改造的造林技术：人工商品林中补植珍贵树种是森林改培模式之一，要求将人工商品林实施高强度择伐，择伐后保留 450～750 株 /hm²，一是设置造林穴，按目标树（包括保留的树木）间距离大于 3m 以上的原则设置栽植穴，清除穴周边 1m² 以上的杂灌杂草杂藤并进行垦复，垦复面积为 1m²、深度为 20cm，挖适宜的穴造林；二是选择标准苗木，要求苗高 0.8m 以上、地径 0.8cm 以上。

（4）在景观化珍贵化（含公益林）改造中的造林技术：公益林景观化珍贵化改造是森林改培模式之一，在公益林景观化珍贵化提质改造中选择适宜地块用赤皮青冈实施景观化珍贵化改造技术模式，在对公益林实施透光抚育、生态疏伐、卫生伐、景观疏伐的基础上进行。一是选择小林窗，在小林窗中设置造林穴，225 个 /hm² 左右，清除造林穴周围杂木杂灌杂草杂藤面积 1m² 以上，对造林穴周边可能会影响赤皮青冈生长的乔木（非目的树种）也应清除；二是选择标准带土球的苗木（或大容器苗），栽植于造林穴中，要求苗高 3m 以上、胸径 4cm 以上。栽植大苗要设立支架防风倒。

(5) 在生态廊道及其节点景观化珍贵化改造中的造林技术：包括水系林网、道路林网、山系及四旁(四旁指路旁、宅旁、水旁和村旁，即道路两边、房前屋后、河流两岸、堤坝两侧和水库周边及村庄周围等)区域等。赤皮青冈是较好的生态廊道及其节点景观化珍贵化改造树种。一是株间距，按 4～6m 设置株间距，挖适宜的穴栽植赤皮青冈；二是要选择标准带土球的苗木（或大容器苗），要求苗高 3m 以上、胸径 4cm 以上，大苗栽植要设立支架防风倒。

混交造林时主要混交树种：无患子、小叶栎、黄连木、青冈、红椿、闽楠、翅荚木、亮叶桦、杉木、马尾松或湿地松等。

4.1.4 人工林经营技术

4.1.4.1 幼林抚育

造林后当年抚育松土除草 1 次，宜在 8～9 月进行。第 2～5 年每年 2 次，在 5 月和 9 月进行。林分 5 年生后，每年进行一次抚育。

4.1.4.2 肥水管理

(1) 施追肥：林分 2～10 年生期间，每年每株施复合肥 0.1～0.5kg，施肥前清除苗木周围杂灌草，一般结合松土除草进行，宜于春季雨前施肥，施肥量随树龄增加而增加。施肥方法一般采用沟施法，即沿树冠垂直投影线外侧挖环形沟施入，沟宽 20cm、深 25cm，将肥料均匀施于施肥沟，然后覆土。

(2) 地表覆盖：地表覆盖物有谷壳、锯木屑、杂灌杂草杂藤、黑色农膜等，用覆盖物覆盖幼树树干周边地表，以树干为中心，覆盖面积 $1m^2$ 以上，覆盖厚度杂灌杂草杂藤为 8cm 以上、谷壳和锯木屑为 5cm 以上，靠近树干 10cm 左右不覆盖；用黑色农膜覆盖，覆盖前要割除覆盖区域的杂草杂灌，覆盖面积 $1m^2$，靠近树干 10cm 不覆盖，农膜要铺平且四周压实保湿抑草。

4.1.4.3 干形培育

林分 1～8 年生时每年需在初冬或早春进行干形培育。短截生长旺盛的侧枝和次顶梢，疏去过密的侧枝。抹去尚未木质化的萌发嫩芽。

4.1.4.4 间伐与主伐

培育大径材，在 15 和 20 年生时可分别间伐原株数的 20% 左右。一般 40～50 年生时进行主伐。主伐后及时进行更新造林。

4.2 福建青冈

4.2.1 概况

福建青冈（*Cyclobalanopsis chungii*），又名南岭青冈，为壳斗科青冈属常绿乔木，是重要的珍贵用材树种。其木材颜色红色或深红色，木材纹理美丽，木材坚硬、基本密度 0.76g/cm^3，韧度高，耐腐蚀，是高档家具、地板、工艺品等良材，也可作为重要的园林绿化树种和防火、防风树种。因其根系发达、侧枝多、生物量大等特点，在我国南方地区还广泛用作薪炭材、水土保持树种。

福建青冈优树

4.2.1.1 特性

（1）形态学特性：叶革质，为倒卵状椭圆形，长 6～10cm，宽 1.5～4.0cm，叶缘不反曲（湖南的标本有时略反曲），顶端有数对不明显浅锯齿，稀全缘，中脉、侧脉在叶面均平坦，在叶背显著凸起，叶背密生灰褐色星状短绒毛，托叶早落。雌花有 2～6 朵，花序轴及苞片均密被褐色绒毛，壳斗盘形，包着坚果基部，直径 1.5～2.3cm，高 5～8mm，被灰褐色绒毛；小苞片合生成 6～7 条同心环带，除下部 2 环具裂齿外均全缘。坚果卵球形，果脐平坦，坚果顶端

福建青冈树形

福建青冈做的手链

有毛。该种以叶革质，幼枝、叶柄、叶背、果(序)梗、壳斗等密被褐色绒毛，壳斗上有6～7条同心环带等，为显著识别特征。

(2) 生态学生物学特性：福建青冈适生于海拔200～800m的山谷、山坡林中。年平均气温15～21℃，最冷月6～10℃，极端最低气温-3℃，最热月21～31℃；年降水量1100mm以上。母岩一般为板页岩、砂岩、石英岩、片麻岩及花岗岩等。土壤为酸性红壤、黄壤；花期5月，果期10～11月。

4.2.1.2 资源现状

(1) 资源分布：福建青冈分布长江以南的湖南、福建、江西、广东、广西等地，海拔800m以下，偶见于村边风景林，野生资源分布不均，资源稀少。

(2) 资源培育与利用：福建青冈作为珍贵用材树种培育，主要作为高档家具、地板、工艺品等综合加工利用，同时其树干高大端直，树冠浓密，四季常绿，根系深且分布广，固土保水能力强，常被选为优良的水土保持树种，也可作庭院绿化树种。选择福建青冈造林，既能培育珍贵的用材资源，还能很好地发挥其生态效益，调整现有的森林结构，增加阔叶林数量，提高林分质量，有利于森林健康经营。

(3) 良种选育：开展了种质资源调查、优树选择与苗木繁育等研究。

4.2.2 苗木繁育技术

4.2.2.1 种子采收及处理

福建青冈野生资源稀少，采种较难，种子产量大小年明显。该种的坚果成熟期相差较大，有的在10月中下旬成熟，有的在12月下旬成熟。坚果无后熟期，从树上掉落后，立即发芽，所以需及时采收。采收后，用水浸1～2d(及时除去浮在水面上的空粒和杂质)，以闷杀坚果中的虫卵、幼虫，再用代森锰锌或多菌灵800倍液浸种消毒2h，倒去药液，即可储藏或播种。种子储藏时用洁净湿河沙和消过毒的种子按4:1的比例，放在室内地面沙床层积储藏，厚度不超过70cm，保持湿润。无论是播种还是储藏均要防止鼠害。

福建青冈果实

4.2.2.2 苗木培育技术

（1）播种育苗技术：

①苗圃地选择与准备：选取交通方便、排水良好、土壤疏松、肥沃的壤土作育苗圃地。忌用重黏土和前茬作物是瓜果蔬菜及烤烟等的土壤，若用原来育过阔叶树苗的圃地育苗，则每公顷需用 2250kg 生石灰进行土壤消毒与改良。结合作床，每公顷施复合肥 1500kg、钙镁磷肥 1500kg。苗床一般高 20cm、宽 90cm，床间距 30cm。

②大田播种：播种时间宜为 2 月中旬至 3 月中旬。播种方法一般采用条播，条间距 25cm，条沟深 3～4cm，播种种间距 6～8cm，播种后覆盖无菌黄心土土厚 2～3cm，盖草保湿，当幼苗有 50% 左右出土时揭草，并用 50% 多菌灵可湿性粉剂 800 倍液喷施苗木消毒防病。

③苗期管理：

ⅰ. 为防止高温对幼苗造成伤害，在 5 月开始搭阴棚，阴棚高度 1.5～1.8m，用透光度 40%～45%的遮阳网遮盖，9 月初可撤除遮阳网。

ⅱ. 5 月中旬至 6 月进行间苗和补苗，间除生长不良、病虫危害、过密的幼苗，在缺苗处补苗，间苗补苗后及时浇水，每公顷定苗量为 30 万～35 万株。 在幼苗生长期要多次适时勤浇，保持土壤湿润，在苗木生长期 5～7 月间每月施肥 1 次，氮磷钾比 2:1:1，采用浇灌施肥，浓度为 0.5%。

ⅲ. 苗圃除草要以“除早，除小，除了”为原则。

ⅳ. 富根技术：于 9～10 月间，用铲子从小苗的两侧斜向切下，将小苗的主根切断，促进苗木侧根发育。用 GGR6 等促根剂 50mg/kg 液喷施苗木 3 次，每 7d 喷 1 次。

ⅴ. 防病：用 50% 多菌灵可湿性粉剂 800 倍液喷施苗木消毒防病。

（2）容器育苗技术：

①容器育苗圃地选择：选择地势平坦，排水良好，背风向阳，无病虫害，交通方便，接近水源的地方做圃地。

②基质配制及装袋及摆放：基质的配方为黄心土 45%、轻型基质（泥炭土或菌棒等有机材料充分发酵后）50% 和钙镁磷肥 5%。基质、肥料碾碎过筛，充分拌匀，并堆放 2 个月左右充分腐熟待用。

选择直径 10cm、高 15cm 的无纺布育苗袋。每袋装满基质后整齐地排放在铺了地布的苗床上，相互靠紧，每摆放 2 行要间隔 15cm。

③芽苗培养：

ⅰ. 密集撒播：将经过消毒的种子均匀、密集地撒在已经准备好、消了毒的苗床上，种子间距 3～5cm。

ⅱ. 覆土、洒水、消毒：在密集撒播的种子上覆盖约 1.5cm 厚的黄心土或细沙土，然后用撒水壶将覆盖的土透水，用 50% 多菌灵可湿性粉剂 800 倍液喷施消毒防病。

ⅲ. 插拱、盖地膜：用竹条（或类似的物品如粗铁丝）横跨苗床作半圆形的拱，拱高 50～60cm。拱做好后，用地膜盖在拱上，随即将苗床两边和两头接地的地膜用土压实，保湿保温。

ⅳ. 苗床管理：经常观察苗床内种子发芽情况，如苗床过干，要及时揭开地膜进行补水，如果地膜内温度超过 40℃，要及时揭开薄膜两头通气或适当遮阴。用 50% 多菌灵可湿性粉剂 800 倍液喷施芽苗防病。

④芽苗移栽与管理：

ⅰ. 芽苗移栽时间：种子出土萌发、芽苗高 3～5cm 时移栽。

ⅱ. 芽苗移栽方法：将培育芽苗的苗床浇透水，轻轻拔出芽苗或用刁子将芽苗拔出，放入盛芽苗的容器内，移栽前剪去小苗主根长度的 1/3～1/2，选择低温阴雨天移栽，移植后随即浇透水。注意：芽苗移栽时，要边栽边起苗，尽量减短芽苗的根在空气中停留的时间。

ⅲ. 防病：用50%多菌灵可湿性粉剂800倍液或70%甲基托布津可湿性粉剂800倍液喷施苗木消毒防病。

ⅳ. 水肥管理：在幼苗生长期要多次适时勤浇，保持土壤湿润，在苗木生长期间每月施肥1次，氮磷钾比2:1:1，采用浇灌施肥，浓度为0.5%。

ⅴ. 富根技术：用GGR6等促根剂50mg/kg液喷施苗木3次，每7d喷1次。

4.2.2.3 造林苗木质量标准

（1）形质指标：苗干通直、单一主干、顶芽健壮、长势旺盛、木质化程度高、根系发达、干皮及根系无劈裂损伤、无检疫性病虫害。

（2）数量指标：①一般造林用苗苗木规格为苗高大于0.8m、地径大于0.8cm；②用于生态廊道绿化建设，容器大苗（或土球苗）规格均要达到胸径≥4.0cm、树高≥3.0m。

4.2.3 人工造林技术

4.2.3.1 林地选择

在湖南南部选择海拔800m以下的立地，选择土层深厚、土壤肥沃、排水良好的壤土地段造林。

4.2.3.2 整地与造林

（1）在更新改造中的造林技术：包括采伐迹地更新和火烧迹地更新，秋冬季采用带垦或穴垦整地，挖中穴为50cm×50cm×40cm。选择标准苗木造林，要求苗高0.8m以上、地径0.8cm以上；混交模式为带状或块状。一般初植密度为3m×3m。造林模式为大块状混交林。混交树种有黄连木、小叶栎、青冈、红椿、闽楠、大叶榉树等。

（2）在低质低效林珍贵化改造中的造林技术：低质低效林珍贵化改造是森林改培模式之一。一是设置造林穴，按株距3m左右设置造林穴并清除穴周边1m^{2}以上的杂灌杂草杂藤，挖适宜的穴造林（林中原有的目标树种应保留）；二是选择标准苗木，要求苗高0.8m以上、地径0.8cm以上。

（3）在景观化珍贵化（含公益林）改造中的造林技术：公益林景观化珍贵化改造是森林改培模式之一，在公益林景观化珍贵化提质改造中选择适宜地块用福建青冈实施景观化珍贵化改造技术模式，在对公益林实施透光抚育、生态疏伐、卫生伐、景观疏伐的基础上进行。一是选择小林窗，在小林窗中设置造林穴，每公顷开穴 225 个左右，清除造林穴周围杂木杂灌杂草杂藤面积 $1m^2$ 以上，对造林穴周边可能会影响福建青冈生长的乔木（非目的树种）也应清除；二是选择标准带土球的苗木（或大容器苗），栽植于造林穴中，要求苗高 3m 以上、胸径 4cm 以上。栽植大苗要设立支架防风倒。

（4）在生态廊道及其节点景观化珍贵化改造中的造林技术：包括水系林网、道路林网、山系及四旁区域等。福建青冈是较好的生态廊道及其节点景观化珍贵化改造树种。一是株间距，按 4～6m 设置株间距，挖适宜的穴栽植福建青冈；二是要选择标准带土球的苗木（或大容器苗），要求苗高 3m 以上、胸径 4cm 以上，大苗栽植要设立支架防风倒。

4.2.4 人工林经营技术

4.2.4.1 中幼林抚育

在造林后 1～5 年内，应加强抚育管理，幼林郁闭前每年全面锄草块状松土两次，抚育时间应安排在林分高峰生长季节到来之前，即第 1 次抚育在 4～5 月，第 2 次在 8～9 月。造林当年抚育宜在下半年安排。林分 5 年生后每年抚育 1 次。

4.2.4.2 肥水管理

（1）追肥：林分 2～10 年生期间，每年施复合肥 0.1～0.5kg/ 株，施肥前清除苗木周围杂灌草，一般结合松土除草进行，宜于春季雨前施肥，施肥量随树龄增加而增加。施肥方法一般采用沟施法，即沿树冠垂直投影线外侧挖环形沟施入，沟宽 20cm、深 25cm，将肥料均匀施于施肥沟，然后覆土。

（2）地表覆盖：地表覆盖物有谷壳、锯木屑、杂灌杂草杂藤、黑色农膜等，用覆盖物覆盖幼树树干周边地表，以树干为中心，覆盖面积 $1m^2$ 以上，覆盖厚度杂灌杂草杂藤为 8cm 以上、谷壳和锯木屑为 5cm 以上，靠近树干 10cm 左右不覆盖；用黑色农膜覆盖，覆盖前要割除覆盖区域的杂草杂灌，覆盖面积 $1m^2$，靠近树干 10cm 不覆盖，农膜要铺平且四周压实保湿抑草。

4.2.4.3 干形培育

林分 1～8 年生每年及时剪除树根处的萌发枝、树干上的徒长枝、主干顶梢侧边的次顶梢，确保单一主干的正常生长。

修枝主要是将树冠下部受光较少的枝条除掉。修枝要保持树冠相当于树高的 2/3。过多修枝会丧失一部分制造营养物质的树叶，影响树木生长。修枝季节宜在冬末春初。

4.2.4.4 间伐与主伐

当林分郁闭度达 0.9 左右时，对被压木、病虫木等进行间伐（或移栽），间伐比例为株数的 30% 左右，使林分郁闭度达 0.7 左右，随着林分的生长当林分郁闭度又达 0.9 左右时，对霸王木、弯曲木、被压木、多叉木等进行间伐（或移栽），间伐比例为株数的 25% 左右，使林分郁闭度达 0.7 左右。

一般 40～50 年生时进行主伐。主伐后及时进行更新造林。

4.2.4.5 病虫害综合防治技术

（1）人工防治：人工剪除枯梢，人工摘除被害干梢等，集中烧毁。

（2）物理防治：采用太阳能杀虫灯诱杀成虫。按 $5hm^2$ 一盏设置于地势较高、视野开阔处，用光控开关控制电源。

（3）生物防治：用赤眼蜂等寄生蜂防治，在成虫产卵初盛期挂放赤眼蜂，降低卵块孵化率，控制虫口基数。挂放高度 1.5～2m 为宜，用图钉将卵卡钉在树干上，放蜂量，每公顷放置 90 个卵卡。或在林中种植鸟食植物，招引鸟类取食和食虫。

4.3 青冈

4.3.1 概况

青冈优树

青冈（*Cyclobalanopsis glauca*），又名青冈栎，为壳斗科青冈属常绿乔木，是我国亚热带地区常绿阔叶林中的主要优势树种，也是优良的珍贵用材树种与园林观赏树种。该树种木材为散孔材，材色深褐色、纹理美丽、结构细致，木材密度 0.89g/cm^3，材质坚韧有弹性，是制作家具、地板及工艺品等良材。青冈作为石山绿化和植被恢复的优良树种，具有良好的生态功能和经济价值。

4.3.1.1 特性

（1）形态学特性：树冠长圆形或倒卵形。树皮平滑不裂；小枝青褐色、无棱，幼时有毛、后脱落。叶长椭圆形或倒卵状长椭圆形，先端渐尖，基部广楔形，边缘上半部有疏齿，背面灰绿色、有平伏毛，网脉明显，侧脉 8～12 对，叶柄长 1.0～2.5cm。壳斗单生或 2～3 个集生，碗形，包围坚果 1/3～1/2，苞片合生成 5～8 条同心环带，环带全缘；坚果卵形、无毛，果脐微隆起。

青冈树形

（2）生态学生物学特性：生于海拔 2000m 以下山坡、沟谷及溪流两岸，喜温暖多雨气候，幼树稍耐阴，大树喜光，为中性喜光植物。适应性强，对土壤要求不严，喜钙质土，常生于石灰岩山地，在排水良好、腐殖质深厚的酸性土壤上亦生长很好。生长速度中等。抗有毒气体能力较强。青冈萌生能力强且1年多次抽梢，容易形成多个顶梢，影响主干的生长，耐修剪，自然整枝能力差，深根性，花期4～5月，果熟期10～11月。

青冈林分

4.3.1.2 资源现状

（1）资源分布与规模：青冈主要分布于我国长江流域及以南各地，是青冈属中分布范围最广且最北的一种。在湖南的山区及丘陵地带，常与石栎、甜槠、红椿等混生，组成常绿阔叶林或常绿、落叶阔叶混交林；湖南省现有人工林面积近2000hm^2。

（2）资源培育与利用：青冈是湖南、福建、江西等亚热带地区珍贵用材树种，其木材称为“铁椆”，材质坚重，强度大，耐久性好，是家具、地板及工艺品的优良用材。青冈树干高大端直，树冠浓密，四季常绿，根系深且分布广，是优良的水土保持树种。发展青冈造林，既是培育珍贵用材树种资源的需要，也是保护生态环境的需要。

（3）良种选育：湖南省林业科学院开展了青冈种质资源收集、优树选择，种源与家系测定及生理生化研究等。

4.3.2 苗木繁育技术

4.3.2.1 种子采收与处理

选择20年生以上的健壮母树采种。10～11月，果实由青转褐色时即可采收。采收后，用水浸种1～2d(及时清除浮在水面上的种子和杂质)以闷杀坚果中的虫卵、幼虫，选取沉入水底的种子再用多菌灵800倍液浸种杀菌消毒2h，倒去药液，即可储藏或播种。

种子储藏时用洁净湿河沙和消过毒的种子按4:1的比例，放在室内地面沙床层积储藏，厚度不超过50cm，保持湿润。无论是播种还是储藏均要防止鼠害。

青冈种子

青冈果枝

4.3.2.2 苗木培育技术

（1）播种育苗技术：

①苗圃地选择与准备：选择交通便利、排灌方便、肥沃湿润的圃地，土壤以壤土为好。圃地要进行三犁三耙，精耕细作，苗床为高床，床面高20cm，床面宽90cm，床间距30cm。要深开排水沟，中沟、边沟宽40cm，深35cm。整地时要施足基肥。每公顷施复合肥1500kg和钙镁磷肥1500kg作为基肥，均匀撒施于圃地表面后将其埋入土中，5～7d后再播种。

②种子催芽：播种前1个月，给储藏的种子喷雾增湿并用农膜覆盖增温，喷雾增湿和农膜覆盖增温是较好的催芽方法，待种子破胸露白后即可播种。

③大田播种：播种时间宜为2月中旬至3月中旬。播种方法一般采用条播。条距25cm，条沟深3～4cm，播种种间距6～8cm，覆土厚度2～3cm，盖草，当幼苗有50%左右出土时揭草同时用50%多菌灵可湿性粉剂800倍液喷施苗木消毒防病。

青冈苗木培育

④苗期管理：5 月中旬至 6 月进行间苗和补苗，间除生长不良、病虫危害、过密的幼苗，在缺苗处补苗，间苗补苗后及时浇水，每公顷定苗量为 30 万～35 万株。

水肥管理：在幼苗生长期要多次适时勤浇，保持土壤湿润，在苗木生长期 5～7 月间每月施肥 1 次，氮磷钾比 2:1:1，采用浇灌施肥，浓度为 0.5%。

除草：苗圃除草要以“除早，除小，除了”为原则。

富根技术：于 9～10 月间，用铲子从小苗的两侧斜向切下，将苗木主根切断，促进苗木侧根发育。用 GGR6 等促根剂 50mg/kg 液喷施苗木 3 次，每 7d 喷 1 次。

防病：用 50% 多菌灵可湿性粉剂 800 倍液喷施苗木消毒防病。

（2）容器育苗技术：

容器选用无纺布袋，长 15cm、直径 10cm。基质比例为泥炭土：黄心土：钙镁磷肥 =45:50:5，混匀后装袋。容器袋每摆放 2 行后间隔 15cm。当芽苗长出 2～4 片子叶后选择低温阴雨天气移植，移苗时间不宜超过 5 月中旬。移苗时，先将芽苗床用水浇透，捏住芽苗基部轻轻向上提苗同时用小铲相助，用小剪刀剪断芽苗主根长的 1/3～1/2，注意保护芽苗不受伤害，将取出芽苗摆放在盆内，用湿毛巾盖好备用；用竹签在育苗容器的基质中央打 1 个小孔，深 5～6cm，然后将芽苗轻轻放入孔内，做到根系舒展、不弯曲，芽苗根茎部与基质表层持平，并轻按芽苗四周泥土，浇透定根水。

防病：用 50% 多菌灵可湿性粉剂 800 倍液或 70% 甲基托布津可湿性粉剂 800 倍液喷施苗木消毒防病。

水肥管理：在幼苗生长期要多次适时勤浇，保持土壤湿润，在苗木生长期间每月施肥 1 次，氮磷钾比 2:1:1，采用浇灌施肥，浓度为 0.5%。

富根技术：用 GGR6 等促根剂 50mg/kg 液喷施苗木 3 次，每 7d 喷 1 次。

4.3.2.3 造林苗木质量标准

（1）形质指标：苗干通直、单一主干、顶芽健壮、长势旺盛、木质化程度高、根系发达、干皮及根系无劈裂损伤、无检疫性病虫害。

(2) 数量指标：①一般造林苗木规格为苗高 0.8m 以上、地径 0.8cm 以上；②用于生态廊道绿化建设，容器大苗规格均要达到胸径 ≥ 4.0cm、树高 ≥ 3.0m。

4.3.3 人工造林技术

4.3.3.1 立地分类、造林密度及混交树种

立地分类、造林密度及混交树种如表 4–2 所示。

表 4-2 青冈人工林立地分类、造林密度及混交树种

指标	立地类型Ⅰ	立地类型Ⅱ	立地类型Ⅲ	立地类型Ⅳ
海拔	500m 以下	500 ～ 800m	800m 以上	石漠化地区
地貌	平原、丘陵	低山、丘陵	低山	丘陵、低山
母岩母质	石灰岩、花岗岩、白云岩、板页岩、四纪红壤	板页岩、石灰岩、花岗岩、白云岩	板页岩、石灰岩、花岗岩、白云岩	石灰岩、花岗岩、白云岩
土壤类型	红壤、黄壤	红黄壤、黄壤	黄壤、黄棕壤	红壤、红黄壤
土壤厚度	厚	中	中	薄
坡度	无坡度或缓坡	缓坡或斜坡	缓坡或斜坡	缓坡或斜坡
坡向	无坡向	无坡向	无坡向	无坡向
坡位	无坡位、中下部、山谷	中下部	不区分	不区分
混交树种	赤皮青冈、大叶榉树、无患子、小叶栎、黄连木、浙江柿、山乌桕、福建青冈	闽楠、桢楠、大叶榉树、花榈木、无患子、小叶栎、黄连木、山乌桕	黄连木、麻栎、栓皮栎、小叶栎	黄连木、小叶栎、无患子
造林密度	3m × 3m	3m × 3m	2m × 3m	2m × 2m

4.3.3.2 整地与造林

（1）在更新改造中的造林技术：包括采伐迹地更新和火烧迹地更新，秋冬季采用带垦或穴垦整地，挖中穴规格为 50cm × 50cm × 40cm。选择标准苗木造林，要求苗木苗干通直、单一主干、顶芽健壮、长势旺、木质化好、根系发达、干皮及根系无劈裂损伤、无检疫性病虫，苗高 80cm 以上、地径 0.8cm 以上；混交模式为带状或块状。

（2）在低质低效林珍贵化改造中的造林技术：低质低效林珍贵化改造是森林改培模式之一。一是设置造林穴，按株距 3m 左右设置造林穴并清除穴周边 1m^2 以上的杂灌杂草杂藤，挖适宜的穴造林（林中原有的珍贵用材树种应保留）；二是选择标准苗木，要求苗木苗干通直、单一主干、顶芽健壮、长势旺、木质化好、根系发达、干皮及根系无劈裂损伤、无检疫性病虫，苗高 80cm 以上、地径 0.8cm 以上。

（3）在人工商品林中补植珍贵树种实施珍贵化改造的造林技术：人工商品林中补植珍贵树种是森林改培模式之一，要求将人工商品林实施高强度择伐，择伐后每公顷保留 450～750 株。一是设置造林穴，按目标树（包括保留的树木）间距离大于 3m 以上的原则设置栽植穴，清除穴周边 1m^2 以上的杂灌杂草杂藤，挖适宜的穴造林；二是选择标准苗木，要求苗木苗干通直、单一主干、顶芽健壮、长势旺、木质化好、根系发达、干皮及根系无劈裂损伤、无检疫性病虫，苗高 80cm 以上、地径 0.8cm 以上。

（4）在景观化珍贵化（含公益林）改造中的造林技术：公益林景观化珍贵化改造是森林改培模式之一，在公益林景观化珍贵化提质改造中选择适宜地块用青冈实施景观化珍贵化改造技术模式，在对公益林实施透光抚育、生态疏伐、卫生伐、景观疏伐的基础上进行。一是选择小林窗，在小林窗中设置造林穴，每公顷开穴 225 个左右，清除造林穴周围杂木杂灌杂草杂藤面积 1m^2 以上，对造林穴周边可能会影响青冈生长的乔木（非目的树种）也应清除；二是选择标准带土球的苗木（或大容器苗），栽植于造林穴中，要求苗木苗干通直、单一主干、顶芽健壮、长势旺、木质化好、干皮及根系无劈裂损伤、无检疫性病虫，苗高 3m 以上、胸径 4cm 以上，栽植大苗要设立支架防风倒。

（5）在生态廊道及其节点景观化珍贵化改造中的造林技术：包括水系林网、道路林网、山系及四旁区域等。青冈是较好的生态廊道及其节点景观化珍贵化改造树种。一是株间距，按 4～6m 设置株间距，挖适宜的穴栽植青冈；二是要选择标准带土球的苗木（或大容器苗），要求苗木苗干通直、单一主干、顶芽健壮、长势旺、木质化好、根系发达、干皮及根系无劈裂损伤、无检疫性病虫，苗高 3m 以上、胸径 4cm 以上，大苗栽植要设立支架防风倒。

4.3.4 人工林经营技术

4.3.4.1 森林抚育

林分 1～5 年生，每年进行两次除草松土等作业。首次抚育应进行扶苗和培蔸，抚育时间 4～5 月首次，9～10 月第 2 次。林分 6～10 年生每年抚育 1 次，主要进行除草、松土、除萌，时间为 8～9 月。10 年生以后根据情况开展除杂工作。

4.3.4.2 肥水管理

（1）配方施肥：林分 2～10 年生期间，每年每株施复合肥 0.1～0.5kg，施肥前清除苗木周围杂灌草，一般结合松土除草进行，宜于春季雨前施肥，施肥量随树龄增加而增加。施肥方法一般采用沟施法，即沿树冠垂直投影线外侧挖环形沟施入，沟宽 20cm、深 25cm，将肥料均匀施于施肥沟，然后覆土。

（2）地表覆盖：地表覆盖物有谷壳、锯木屑、杂灌杂草杂藤、黑色农膜等，用覆盖物覆盖幼树树干周边地表，以树干为中心，覆盖面积 $1m^2$ 以上，覆盖厚度杂灌杂草杂藤为 8cm 以上、谷壳和锯木屑为 5cm 以上，靠近树干 10cm 左右不覆盖；用黑色农膜覆盖，覆盖前要割除覆盖区域的杂草杂灌，覆盖面积 $1m^2$，靠近树干 10cm 不覆盖，农膜要铺平且四周压实保湿抑草。

青冈人工幼林地表覆盖

4.3.4.3 干形培育

青冈萌生能力强且1年多次抽梢，容易形成多个顶梢，影响主干的生长，对于以用材林为主的林分，林分1～7年生时每年要注意抹芽和去除次顶梢的工作，促进青冈主干生长。青冈自然整枝能力差，幼林郁闭后要适当修剪侧枝，改善林内透光环境，促进主干生长。修枝应及早进行，否则伤口不易愈合，影响干材质量，在侧枝基径1～2cm时修枝的愈合效果最佳，修枝强度以修去树高1/2以下的枝条最好，修枝的季节宜在冬末春初。

4.3.4.4 间伐与主伐

当林分郁闭度达0.9左右时，对被压木、病虫木等进行间伐（或移栽），间伐比例为株数的30%左右，使林分郁闭度达0.7左右。随着林分的生长，当林分郁闭度又达0.9左右时，对弯曲木、被压木、多叉木等进行间伐（或移栽），间伐比例为株数的25%左右，使林分郁闭度达0.7左右。

一般40～50年生时进行主伐。主伐后及时进行更新造林。

4.3.4.5 病虫害综合防治技术

青冈病虫害少，发生及时防治。

（1）人工防治：定期巡视，及时发现病虫害感染源，人工剪除枯梢及病虫害感染枝干，并集中烧毁。

（2）物理防治：一般采用太阳能杀虫灯诱杀成虫。选择林分中地势较高且视野开阔处，按每5hm^2一盏太阳能杀虫灯布设，并由专人负责收蛾和灯具维护。

（3）生物防治：根据虫害发生时间在林中树干上挂放广泛使用的农林害虫天敌赤眼蜂、花绒寄甲等寄生蜂，挂放高度1.5m左右。放蜂量为每公顷放卵卡90个。或在林中套种鸟食植物，招引鸟类捕食害虫。

4.4 闽楠

4.4.1 概况

闽楠优树

闽楠（*Phoebe bournei*），为樟科楠属常绿大乔木，国家二级重点保护野生植物。闽楠素以材质优良而闻名，其干形通直，木材致密坚韧、色泽金黄、芳香耐久、纹理美观，是高档家具、高档装饰装潢、工艺雕刻等良材，为中国珍贵用材树种，具有很高的经济、生态和观赏价值。闽楠树形优美，枝叶繁茂，叶稠密，且1年抽梢3次，嫩叶紫红色，可做优良的行道树、遮阴树或风景树，是理想的园林绿化树种。此外，闽楠林还具有良好的防风和防火效能，可用于营造防护林带。

4.4.1.1 特性

（1）形态学特性：老的树皮灰白色，新的树皮带黄褐色。小枝有毛或近无毛。叶革质或厚革质，披针形或倒披针形，长7～13cm，宽2～3cm，先端渐尖或长渐尖，基部渐狭或楔形，上面发亮，下面有短柔毛，脉上被伸展长柔毛，有时具缘毛，中脉上面下陷，侧脉每边10～14条，上面平坦或下陷，下面凸起，横脉及小脉多而密，在下面结成十分明显的网格状；叶柄长5～11mm。

花序生于新枝中、下部，为紧缩不开展的圆锥花序，最下部分枝长2.0～2.5cm；花被片卵形，长约4mm，宽约3mm，两面被短柔毛；第1、2轮花丝疏被柔毛，第3轮密被长柔毛，基部的腺体近无柄，退化雄蕊三角形，具柄，有长柔毛；子房近球形，与花柱无毛，或上半部与花柱疏被柔毛，柱头帽状。果椭圆形或长圆形，长1.1～1.5cm，直径6～7mm；宿存花被片被毛，紧贴。

闽楠优良林分

（2）生态学生物学特性：分布于中亚热带常绿阔叶林地带，分布区气候温暖湿润，春季多雨，年平均气温17～21℃，1月平均气温5～11℃，年降水量为1000mm以上。表土层深厚肥沃，排水良好，中性或微酸性的沙壤、红壤或黄壤。常与青冈、栲、米槠等混生。为中性树种，幼林时稍耐阴，深根性树种，根部有较强的萌生力。寿命长，病虫害少，能生长成大径材。

闽楠对立地要求严格，适宜生长在气候温暖湿润、云雾较多、相对湿度大、土壤肥沃的地方，特别是山谷、山洼、阴坡下部及河边台地。要求土层深厚、腐殖质含量高、排水良好、土质疏松、湿润，富含有机质的中性或微酸壤土或沙壤土。花期4月，果期10～11月。

（3）文化特性：闽楠是公认的“长寿树”“健康树”，寄托了人们的希望和梦想，具有浓厚的生活气息和文化底蕴。为充分挖掘其文化功能，宜开展以闽楠为主的“文化养生节”“文化旅游节”等活动，如“闽楠文化旅游节”，并通过建立康养基地、文化公园、科技馆、博物馆等充分展示其深厚的历史文化。

4.4.1.2 资源现状

（1）资源分布与规模：闽楠为中国特有植物，产于湖南、江西、福建、浙江南部、广东、广西北部及东北部、湖北、贵州东南及东北部等地，海拔200～1200m。湖南省现有闽楠人工林面积近9200hm^2。

（2）资源培育与利用：闽楠作为珍贵用材林培育，以家具材为主要培育目标，通过木材战略储备项目、珍贵用材树种培育项目、新造林项目的实施促进其发展，也有作为园林绿化中苗和大苗培育，为园林绿化提供优质苗木。

（3）良种选育：湖南省林业科学院已开展了闽楠种质资源调查、优株选择、优株家系子代测定等选育工作，选择与收集闽楠资源 100 多份，在湖南永州金洞国有林场建立了闽楠无性系种子园。

4.4.2 苗木繁育技术

4.4.2.1 种子采收及处理

闽楠种子

当果实由青转变为蓝黑色时，即可采收，宜选 20 年生以上健壮母树采种，采回后，将果实放在盆内水中搓去果皮，放入清水中漂洗干净，种子用代森锰锌或多菌灵 800 倍液浸种杀菌消毒 2h，倒去药液，即可贮藏。

种子失水后易丧失发芽力，故多采用湿润河沙分层贮藏，沙子过干，种子失水，种皮开裂，导致子叶发霉，丧失发芽力。如需催芽播种，可将贮藏的种子加湿（用多菌灵 800 倍液喷雾加湿，既能加湿又能消毒）加温（农膜覆盖）催芽，立春前后种子开始大量萌动，播种后可提早数天出苗。

闽楠苗木培育

4.4.2.2 苗木培育技术

（1）播种育苗技术：

①选苗圃与施基肥：宜选择交通便利、排灌方便，肥沃湿润的圃地，土壤以壤土为好。土质黏重、排水不良、冬季冷空气易汇集的低洼地，不宜作育苗地。圃地要精耕细作，苗床为高床，床面高 20cm、宽 90cm，床间距 30cm。要深开排水沟，中沟、边沟宽 40cm，深 35cm。整地时要施足基肥。施专用肥 3000kg/hm^2 作为基肥，均匀撒施于圃地表面后将其埋入土中，5～7d 后再播种。

②播种前种子处理：播种前种子要经过催芽并用多菌灵 800 倍液浸种杀菌消毒。

闽楠实生苗培育

③播种育苗与苗期管理：播种时间为3月。一般用条播，条间距20～25cm，播种180～225kg/hm²。播种后用黄心土覆盖，厚度为1.5～2.0cm。播种覆盖土后苗床用稻草覆盖，以保持苗床湿润，利于种子的萌发，提高种子发芽率和整齐度。种子发芽出土达50%～60%时，选择阴天或小雨天分2次揭除稻草同时用多菌灵800倍液喷雾消毒。幼苗生长期间，要加强抚育管理，及时除草松土。为防止高温对幼苗造成伤害，在5月开始搭阴棚，阴棚高度1.5～1.8m，用透光度40%～45%的遮阳网遮盖。晴天9：00点以前、16：00点以后也可打开遮阳网让苗木受光，促进生长和增强抗性。9月初可撤除遮阳网。

5月中旬至6月进行间苗和定苗，间除生长不良、病虫危害、过密的幼苗，间苗后及时浇水，每公顷定苗量为30万～37.5万株。5月底至6月中追施1次专用肥，开沟施肥，用土覆盖，每次施肥量90kg/hm²。

富根技术：于9～10月间，用铲子从小苗的两侧斜向切下，将苗木主根切断，促进苗木侧根发育。用GGR6等促根剂50mg/kg液喷施苗木3次，每7d喷1次。

（2）容器育苗技术：

①轻基质的配制：营养土要避免用带病菌的材料，在移栽芽苗前半月配制好营养土。闽楠幼苗在酸性、中性土壤均能生长正常。容器土基质为钙镁磷肥：泥炭土：黄心土=3:57:40。

②容器的规格：容器可选用直径9～10cm、高14～15cm的无纺布容器袋，将配好的基质装入容器袋中即可。

③圃地准备：选择地形平缓、排水良好、交通方便的背风地作为育苗场地。苗床土壤要达到细碎、平整、无石块等要求。随后开沟作垄，苗床为高床，床面高10～15cm，宽90cm，两床之间宽30cm，圃地四周设环通排水沟，宽40cm、深40cm。

闽楠容器育苗

④容器袋进床：在整理好的苗床上铺设地布，再将装有基质的容器平整摆放在地布上，每摆2排容器间隔10cm。搭高度1.5～1.8m的遮阳网（透光度40%～45%），9月初拆除遮阳网。

⑤芽苗培育与移栽：播种时将种子均匀撒播于苗床上，播种种间距3cm左右，随后用过筛的黄心土或细沙覆盖种子，厚度以不见种子为宜，浇透水后喷洒800倍多菌灵液杀菌，之后用小拱棚农膜保湿增温，以促进种子发芽。当芽苗高达3～5cm时可移栽至容器。选择低温阴雨天移植芽苗，晴天移植应在早、晚进行。移植前将芽苗床浇透水，轻拔芽苗并用小铲相助放入盛清水的盆内，用湿透的毛巾盖好备用；移苗时用小竹签在移植点上垂直插一小洞，深度以芽苗根植入不露白根为宜，放入芽苗前应将芽苗主根长切除1/3～1/2，放入芽苗后再用竹签在芽苗旁2cm处斜插一签，将竹签向芽苗方向挤压使苗根与基质密接。移植后随即浇透水同时喷洒800倍多菌灵液杀菌，1周内要坚持每天早、晚浇水。

移苗后需保持基质湿润，一般早、晚各淋水1次，视天气情况适当增减淋水次数。苗木进入速生期前开始追肥。追肥结合浇水进行，用按一定比例的氮、磷、钾混合肥料，配成1/300～1/200浓度的水溶液施用，前期浓度不能过大，严禁干施化肥，根外追氮肥浓度为0.1%～0.2%。根据苗木各个发育时期的要求，不断调整氮、磷、钾的比例和施用量，速生期以氮肥为主，6月后停止施肥，促使苗木木质化，提高苗木抗性和造林成活率。追肥宜在傍晚进行，严禁在午间高温时施肥。

富根技术：用GGR6等促根剂50mg/kg液喷施苗木3次，每7d喷1次。

防病：用50%多菌灵可湿性粉剂800倍液或70%甲基托布津可湿性粉剂800倍液喷施苗木消毒防病。

⑥空气切根：空气切根是轻基质容器育苗至关重要的措施之一。当侧根穿出容器时，要对苗木进行空气切根，即适当减少浇水次数，移动容器苗使其产生间隙，当干燥空气从容器空隙间流过时，从容器壁长出的幼嫩的根尖萎蔫干枯，达到空气切根的目的，可促进侧根的发育。经过1～2次空气切根处理，容器基质里面的侧根成级数增加，根系发育均匀、平衡，并和基质交织在一起形成网络状的富有弹性的根团，使容器

不易破碎，入土后根系可爆发性生长，实现幼苗入土后的无缓苗期快速生长，移栽成活率高。

（3）扦插育苗技术：

①圃地选择：扦插圃要求排灌方便，土壤肥沃、疏松、呈微酸性。将苗圃进行深耕 25cm、整细、除去杂物，结合整地按每公顷施生石灰 750kg 撒在地面进行土壤消毒，结合作床按每公顷施专用肥 3000kg 作基肥。以 90cm 宽开厢，东西向，厢沟宽 30cm，厢沟深 25cm，其余围沟、腰沟依次渐深，苗床上铺一层厚 4～5cm 的过筛干净未耕种过的无菌黄心土，苗床做好后，搭设高 1.8cm 左右的遮阳棚降温，要求遮阳网的透光度为 40%～45%。

②插条采收与处理：扦插插穗可采自 1～4 年母树上的当年生嫩枝，插穗长度为 6～8cm，插穗上部留 3 片 1/2 叶片，插穗口上切口为平口，下端斜切且尽量靠近叶结处。插穗制好后放入多菌灵 800 倍水溶液中消毒 10min，之后将插穗基部浸入 100mg/kg 的 GGR6 生根剂中 1min，然后进行扦插。

③扦插时间与要求：闽楠嫩枝以 5 月扦插效果最佳。

④插后管理：一是覆膜保湿。插后及时浇透水，使插穗与土壤密接同时用多菌灵可湿性粉剂 800 倍液喷雾消毒，插完一垅应及时覆膜。其方法是：用约 2m 长的光滑竹片两头插入苗床两侧其中间成拱形，中间高 50cm，其上覆盖无色透明农膜，用土压膜边，使苗床处于全封闭中。二是喷药防菌、灭菌。主要药品有多菌灵、甲基托布津，进行轮流喷撒，防止霉变发生，浓度为 800 倍液，在扦插后覆膜前喷一次，以后视情况喷撒。三是拆网与揭膜。揭膜时先打开拱膜两端，让其自然通风 3～5d 后，再揭膜，日最高温低于 25℃时拆除遮阳网。四是施肥与促根。水施或喷施专用肥，浓度为 0.5%，喷施 50mg/kgGGR6 液 3 次促根。

（4）中苗大苗培育技术：

①干形培育与抚育：主要技术包括适当密植、修枝与抹芽、平茬养干（截干）彻底改造干形重新培育、割除杂草杂灌。1 年生的苗可以留床培育成 2～3 年生的苗（中苗），也可以将 1～3 年生的圃地苗选择苗干通直、单一主干、顶芽健壮、长势旺、木质化好、根系发达、干皮及

根系无劈裂损伤、无检疫性病虫的苗木重新移栽（株行距 1m 左右）重新培育，对干形弯曲、机械损伤、病虫危害的单株，采用平茬养干（截干）彻底改造干形重新培育，割除影响闽楠苗生长的杂灌杂草杂藤等。

②追肥与地表覆盖：圃地留床苗，可采用水施肥料的方法施追肥；移栽苗采用穴施专用肥，具体施用量据树龄和土壤情况而定，移栽苗宜采用地表覆盖（用杂灌杂草或谷壳或锯木屑等物覆盖闽楠苗干周边地表，以树干为中心，覆盖面积 1m^2 左右、覆盖厚度 5cm 以上、靠近苗干 10cm 左右不覆盖）促进苗木生长。

4.4.2.3 造林苗木质量标准

（1）形质指标：苗干通直、单一主干、顶芽健壮、长势旺、木质化好、根系发达、干皮及根系无劈裂损伤、无检疫性病虫害。

（2）数量指标：①一般造林苗木规格为苗高 0.8m 以上、地径 0.8cm 以上；②用于生态廊道及其节点绿化美化建设，容器（或土球）大苗规格均要达到胸径≥ 4.0cm、树高≥ 3.0m。

4.4.3 人工造林技术

4.4.3.1 立地分类、树种配置、造林密度

立地分类、树种配置、造林密度如表 4–3 所示。

表 4-3 闽楠人工林立地分类、树种配置及造林密度

指标	立地条件 I	立地条件 II	立地条件 III
海拔	400m 以下	400～700m	700～1000m
地貌	丘陵	低山、丘陵	中低山
母岩母质	板页岩、石灰岩、花岗岩、白云岩、四纪红壤	板页岩、石灰岩、花岗岩、白云岩	板页岩、石灰岩、花岗岩、白云岩
土壤类型	红壤	红黄壤、黄壤	黄壤、黄棕壤
土壤厚度	厚	中	中
坡度	无坡度或缓坡	缓坡或斜坡	缓坡或斜坡
坡向	阴坡或半阴坡	无坡向	无坡向
坡位	无坡位、中下部、山谷	中下部	不区分
混交树种	赤皮青冈、大叶榉树、无患子、小叶栎、黄连木、浙江柿、山乌桕	大叶榉树、花榈木、无患子、小叶栎、黄连木、福建青冈、山乌桕	黄连木、麻栎、栓皮栎、小叶栎
造林密度	3m × 3m	2m × 3m	2m × 3m

4.4.3.2 整地与造林

（1）在更新改造中的造林技术：包括采伐迹地更新和火烧迹地更新，秋冬季采用带垦或穴垦整地，挖中穴规格为 50cm × 50cm × 40cm。选择标准苗木造林，要求苗木苗干通直、单一主干、顶芽健壮、长势旺、木质化好、根系发达、干皮及根系无劈裂损伤、无检疫性病虫，苗高 80cm 以上、地径 0.8cm 以上；混交模式为带状或块状。

（2）在低质低效林珍贵化改造中的造林技术：一是设置造林穴，按株距 3m 左右设置造林穴并清除穴周边 $1m^2$ 以上的杂灌杂草杂藤，挖适宜的穴造林（林中原有的珍贵用材树种应保留）；二是选择标准苗木，要求苗木苗干通直、单一主干、顶芽健壮、长势旺、木质化好、根系发达、干皮及根系无劈裂损伤、无检疫性病虫，苗高 80cm 以上、地径 0.8cm 以上。

（3）在人工商品林中补植珍贵树种实施珍贵化改造的造林技术：要求将人工商品林实施高强度择伐，择伐后保留 450～750 株 $/hm^2$。一是设置造林穴，按目标树（包括保留的树木）间距离大于 3m 以上的原则设置栽植穴，清除穴周边 $1m^2$ 以上的杂灌杂草杂藤，挖适宜的穴造林；二是选择标准苗木，要求苗木苗干通直、单一主干、顶芽健壮、长势旺、木质化好、根系发达、干皮及根系无劈裂损伤、无检疫性病虫，苗高 80cm 以上、地径 0.8cm 以上。

（4）在景观化珍贵化（含公益林）改造中的造林技术：在对公益林实施透光抚育、生态疏伐、卫生伐、景观疏伐的基础上进行。一是选择小林窗，在小林窗中设置造林穴，每公顷开穴 225 个左右，清除造林穴周围杂木杂灌杂草杂藤面积 $1m^2$ 以上，对造林穴周边可能会影响闽楠生长的乔木（非目的树种）也应清除；二是选择标准带土球的苗木（或大容器苗），栽植于造林穴中，要求苗木苗干通直、单一主干、顶芽健壮、长势旺、木质化好、干皮及根系无劈裂损伤、无检疫性病虫，苗高 3m 以上、胸径 4cm 以上。栽植大苗要设立支架防风倒。

（5）在生态廊道及其节点景观化珍贵化改造中的造林技术：包括水系林网、道路林网、山系及四旁区域等。闽楠是较好的生态廊道及其节点景观化珍贵化改造树种。一是株间距，按 4～6m 设置株间距，挖适宜的穴栽植闽楠；二是要选择标准带土球的苗木（或大容器苗），要求苗木苗干通直、单一主干、顶芽健壮、长势旺、木质化好、根系发达、干皮及根系无劈裂损伤、无检疫性病虫，苗高 3m 以上、胸径 4cm 以上，大苗栽植要设立支架防风倒。

4.4.4 人工林经营技术

4.4.4.1 森林抚育

造林后 1～5 年内，应加强抚育管理，幼林郁闭前每年全面锄草块状松土两次，抚育时间应安排在闽楠高峰生长季节到来之前，即第 1 次抚育在 4～5 月，第 2 次在 8～9 月。造林当年抚育宜在下半年安排。林分 5 年生后每年抚育 1 次。

4.4.4.2 肥水管理

（1）追肥：林分 2～10 年生期间，每年每株施专用肥 0.3～0.8kg，施肥前清除苗木周围杂灌草，一般结合松土除草进行，宜于春季雨前施肥，施肥量随树龄增加而增加。施肥方法一般采用沟施法，即沿树冠垂直投影线外侧挖环形沟施入，沟宽 20cm、深 25cm，将肥料均匀施于施肥沟，然后覆土。

（2）地表覆盖：地表覆盖物有谷壳、锯木屑、杂灌杂草杂藤、黑色农膜等。用覆盖物覆盖闽楠幼树树干周边地表，以树干为中心，覆盖面积 $1m^2$ 以上，覆盖厚度杂灌杂草杂藤为 8cm 以上、谷壳和锯木屑为 5cm 以上，靠近树干 10cm 左右不覆盖；用黑色农膜覆盖，覆盖前要割除覆盖区域的杂草杂灌，覆盖面积 $1m^2$，靠近树干 10cm 不覆盖，农膜要铺平且四周压实保湿抑草。

4.4.4.3 干形培育

林分 1～7 年生每年及时剪除树根处的萌发枝、树干上的徒长枝、主梢侧边的次顶梢，确保主干的生长。

修枝主要是将树冠下部受光较少的枝条除掉。修枝要保持树冠相当于树高的 2/3。过多修枝会丧失一部分制造营养物质的树叶，而影响树木生长。修枝季节宜在冬末春初。在混交林管护过程中，修枝更为重要，应及时进行修枝、抚育间伐，保证闽楠树冠获得充分的侧方光照与营养空间，使闽楠在适宜的环境条件下生长，在混交林中始终处于优势地位。

4.4.4.4 间伐与主伐

当林分郁闭度达0.9左右时，对被压木、病虫木等进行间伐（或移栽），间伐比例为株数的30%左右，使林分郁闭度达0.7左右，随着林分的生长当林分郁闭度又达0.9左右时，对霸王木、弯曲木、被压木、多叉木等进行间伐（或移栽），间伐比例为株数的25%左右，使林分郁闭度达0.7左右。

一般 40～50 年生时进行主伐。主伐后及时进行更新造林。

4.4.4.5 病虫害综合防治技术

（1）人工防治：定期巡视，及时发现病虫害感染源，人工剪除枯梢及病虫害感染枝干，并集中烧毁。

（2）物理防治：太阳能杀虫灯诱杀成虫。按 $5hm^2$ 一盏设置于地势较高、视野开阔处，安排专人负责收蛾和灯具维护。

（3）生物防治：根据虫害发生时间在林中树干上挂放赤眼蜂、花绒寄甲等寄生蜂，挂放高度1.5m左右。放蜂量为每公顷放卵卡90～120个。或在林中种植鸟食植物，招引鸟类捕食害虫。

桢楠优树

桢楠优良林分

4.5 桢楠

4.5.1 概况

桢楠（*Phoebe zhennan*），为樟科楠属常绿大乔木，是我国二级重点保护野生植物，也是我国特有的珍贵用材树种。桢楠树体高大，树干通直。其材质优良，木材致密坚韧、耐腐蚀、色泽金黄、芳香耐久、木纹美丽、易加工、韧性强，是高档家具、装修装潢等良材，是楠木属中经济价值较高的一种。

4.5.1.1 特性

（1）形态学特性：树干通直，芽鳞被灰黄色贴伏长毛。叶革质，椭圆形，少为披针形或倒披针形，长 7～13cm，宽 2.5～4.0cm，先端渐尖，尖头直或呈镰状。聚伞状圆锥花序十分开展，长 7.5～12cm，果椭圆形，长 1.1～1.4cm，直径 6～7mm。

（2）生态学生物学特性：适生于气候温暖、湿润，土壤肥沃的地方，特别是在山谷、山洼、阴坡下部及河边地，土层深厚疏松，排水良好，中性或微酸性的壤质土壤上生长最好。桢楠属于深根性树种，根部有较强的萌生力，能耐间歇性的短期水浸。寿命长，病虫害少，能生长成大径材。桢楠适宜温暖、湿润的气候，年平均气温 14.9℃以上，年降水量

1000mm 以上区域。花期 4～5 月，果期 10～11 月。

（3）文化特性：桢楠是公认的“长寿树”“健康树”，寄托了人们的希望和梦想。为充分挖掘其文化功能，宜开展以桢楠为主的“文化养生节”“文化旅游节”等活动，并通过建立康养基地、文化公园、博物馆等充分展示其深厚的历史文化。

4.5.1.2 资源现状

（1）资源分布与规模：桢楠主要分布在湖北西部、湖南西部、重庆、四川东部和南部、贵州东部和北部等地。垂直分布海拔高达 2700m，多见于海拔 300～1200m 的湿润河谷、密林山坡及寺庙村口旁，风景区及风水林中。湖南省现有桢楠人工林面积近 2200hm^2。

（2）资源培育与利用：桢楠木材冲击韧性好，端面硬度大为上等高档家具用材。历史上，桢楠专用于皇家宫殿、皇家家具；如今桢楠家具制品已经成为代表中国文化的古典收藏品，长期以来都处于有价无货的局面。

桢楠作为珍贵用材林培育，以高级家具材综合利用为主要方向，以木材战略储备项目、珍贵用材树种培育项目、新造林项目等带动发展，也有作为园林绿化中苗和大苗培育，为园林绿化提供优质苗木。

（3）良种选育：湖南省林业科学院已开展了桢楠种质资源调查、优株选择、优株家系子代测定等选育工作，选择与收集桢楠资源 50 多份。

4.5.2 苗木繁育技术

4.5.2.1 种子采收及处理

桢楠种子成熟期在 10～11 月，不同地理种源种实成熟期有差异，当

桢楠种子

果实颜色由青绿色变为紫黑色即成熟可采种。采回后，将果实放在水中用手搓去果皮并漂洗干净，种子再用代森锰锌或多菌灵 800 倍液浸种杀菌消毒 2h，倒去药液，即可贮藏。

种子失水后易丧失发芽力，故多采用湿润河沙分层贮藏。如需催芽播种，可将贮藏的种子加湿（用多菌灵 800 倍液喷雾加湿，既能加湿又能消毒）加温（农膜覆盖）催芽，立春前后种子开始大量萌动，播种后可提早数天出苗。

4.5.2.2 苗木培育技术

（1）播种育苗技术：

桢楠苗木培育

①选苗圃与施基肥：宜选择交通便利、排灌方便，肥沃湿润的圃地，土壤以壤土为好。土质黏重，排水不良，冬季冷空气易汇集的低洼地，不宜作育苗地。圃地要精耕细作，苗床为高床，床面高 20cm、宽 90cm，床间距 30cm。排水沟的中沟、边沟宽 40cm，深 35cm。整地时要施足基肥。每公顷施复合肥（$N:P_2O_5:K_2O$=19:19:19）1200kg 和钙镁磷肥 1500kg 作为基肥，均匀撒施于圃地表面后将其埋入土中，5～7d 后再播种。

②播种前种子处理：播种前种子要经过催芽并用多菌灵 800 倍液浸种杀菌消毒。

③播种育苗与苗期管理：播种时间为 3 月。一般用条播，条间距离 20～25cm，播种量 180～225kg/hm^2。播种后用黄心土覆盖，厚度为 1.5～2.0cm。播种覆盖土后苗床用稻草覆盖，以保持苗床湿润，利于种子的萌发，提高种子发芽率和整齐度。种子发芽出土达 50%～60%时，选择阴天或小雨天分两次揭除稻草同时用多菌灵 800 倍液喷雾杀菌消毒。幼苗生长期间，要加强抚育管理，及时除草松土。为防止高温对幼苗造成伤害，在 5 月开始搭阴棚，阴棚高度 1.5～1.8m，用透光度 40%～45%的遮阳网遮盖，9 月初可撤除遮阳网。

5月中旬至7月初进行间苗和定苗，间除生长不良、病虫危害、过密的幼苗，间苗后及时浇水，每公顷定苗量为30万～37.5万株。5月底至6月中追施1次复合肥，开沟施肥，用土覆盖，每次施肥量100kg/hm^2。

富根技术：于9～10月间，用铲子从小苗的两侧斜向切下，将苗木主根切断，促进苗木侧根生长。用GGR6等促根剂50mg/kg液喷施苗木3次，每7d喷1次。

桢楠容器苗培育

（2）容器育苗技术：

①轻基质的配制：基质配方为（体积比）钙镁磷肥：泥炭土：黄心土=3:57:40。

②容器的规格：容器可选用直径9～10cm，高14～15cm的无纺布容器袋，将配好的基质装入容器袋中压实即可。

③圃地准备：选择地形平缓、排水良好、交通方便的背风地作为育苗场地。苗床土壤要达到细碎、平整、无杂物等要求。随后开沟作垄，苗床为高床，床面高10～15cm，宽90～100cm，两床之间步道宽30cm，圃地四周设环通排水沟，宽30cm，深40cm。

④容器袋进床：在整理好的苗床上铺设地布，再将装有基质的容器平整摆放在地布上，每摆2排容器间隔10cm。搭高度1.7～1.8m的遮阳网（透光度40%～45%），8月后拆除遮阳网。

⑤播种与芽苗移栽：播种时将种子均匀撒播于苗床上，播种量约100～150粒/m^2，随后用过筛的黄心土与细沙覆盖种子，厚度以不见种子为宜，浇透水后喷洒800倍多菌灵液杀菌，之后用小拱棚农膜保湿增温，以促进种子发芽。当芽苗高生长达3～5cm 时可移栽至容器。选择低温阴雨天移植。移植前将芽苗床浇透水，轻拔芽苗并用小铲相助，放入盛清水的盆内，用湿透的毛巾盖好备用；移苗时用小竹签在容器中垂直插一小洞，深度以芽根植入不露白根为宜，放入芽苗前切除芽苗主根长的1/3～1/2，放入芽苗后再用竹签在芽苗旁2cm处斜插一签，将竹签向芽苗方向挤压使苗根与基质密接。移植后随即浇透水并喷洒800倍多菌灵液杀菌，1周内要坚持每天早、晚浇水。

移苗后需保持基质湿润，一般早、晚各淋水 1 次，视天气情况适当增减淋水次数。当出现初生叶，进入速生期前开始追肥。追肥结合浇水进行，用按一定比例的氮、磷、钾混合肥料，配成 1/300～1/200 浓度的水溶液施用，前期浓度不能过大，严禁干施化肥，根外追氮肥浓度为 0.1%～0.2%。根据苗木各个发育时期的要求，不断调整氮、磷、钾的比例和施用量，速生期以氮肥为主，生长后期停止使用氮肥，适当增加磷、钾肥，促使苗木木质化，提高苗木抗性和造林成活率。追肥宜在傍晚进行，严禁在午间高温时施肥。富根技术：用 GGR6 等促根剂 50mg/kg 液喷施苗木 3 次，每 7d 喷 1 次。防病：用 50% 多菌灵可湿性粉剂 800 倍液或 70% 甲基托布津可湿性粉剂 800 倍液喷施苗木消毒防病。

4.5.2.3 造林苗木质量标准

(1) 形质指标：苗干通直、单一主干、顶芽健壮、长势旺、木质化好、根系发达、干皮及根系无劈裂损伤、无检疫性病虫害。

(2) 数量指标：①一般造林苗木规格为苗高 0.8m 以上、地径 0.8cm 以上；②用于园林绿化，容器（土球）大苗规格均要达到胸径 ≥ 4.0cm、高 ≥ 3.0m。

4.5.3 人工造林技术

4.5.3.1 林地选择

选择湖南西北部海拔 300～1000m 的板页岩、花岗岩、片麻岩、砂砾岩、第四纪红壤等地，土层深厚肥沃的山坡中下部区域。

4.5.3.2 整地与造林

(1) 在更新改造中的造林技术：一是适当密植有利于干形培育，株行距采用 3m × 3m；二是选择标准苗木，要求苗木苗干通直、单一主干、顶芽健壮、长势旺、木质化好、根系发达、干皮及根系无劈裂

桢楠人工林

损伤、无检疫性病虫，苗高 80cm 以上、地径 0.8cm 以上；三是主要混交树种：赤皮青冈、黄连木、小叶栎、青冈、红椿，混交模式为带状或块状。

（2）在低质低效林珍贵化改造中的造林技术：一是设置造林穴，按株距 3m 左右设置造林穴并清除穴周边 1m^2 以上的杂灌杂草杂藤，挖适宜的穴造林（林中原有的珍贵用材树种应保留）；二是选择标准苗木，要求苗木苗干通直、单一主干、顶芽健壮、长势旺、木质化好、根系发达、干皮及根系无劈裂损伤、无检疫性病虫，苗高 80cm 以上、地径 0.8cm 以上。

（3）在人工林林下补植珍贵化改造中的造林技术：要求将人工林实施高强度择伐，择伐后保留 450～750 株 /hm^2。一是设置造林穴，按目标树（包括保留的树木）间距离大于 3m 的原则设置栽植穴，清除穴周边 1m^2 以上的杂灌杂草杂藤，挖适宜的穴造林；二是选择标准苗木，要求苗木苗干通直、单一主干、顶芽健壮、长势旺、木质化好、根系发达、干皮及根系无劈裂损伤、无检疫性病虫，苗高 80cm 以上、地径 0.8cm 以上。

（4）在景观化珍贵化（含生态公益林）改造中的造林技术：在公益林景观化珍贵化提质改造中选择适宜地块用桢楠实施景观化改造技术模式。一是设置小林窗（造林穴区域），每公顷挖穴 225 个左右，在公益林中，选择景观性相对较差（老弱病残林分）的地块，清除杂木杂灌杂草杂藤面积 1m^2 以上，设置小林窗，对林窗周边可能会影响桢楠生长的乔木（非目标树）也应清除，在林窗中挖适宜的穴栽植桢楠；二是选择标准带土球的苗木（或大容器苗），要求苗木苗干通直、单一主干、顶芽健壮、长势旺、木质化好、干皮及根系无劈裂损伤、无检疫性病虫，苗高 3m 以上、胸径 4cm 以上。栽植大苗要设立支架防风倒。

（5）在四旁景观化珍贵化改造中的造林技术：桢楠是较好的四旁景观化珍贵化改造树种。一是株间距，按 4～6m 设置株间距，挖适宜的穴栽植桢楠；二是选择标准带土球的苗木（或大容器苗），要求苗木苗干通直、单一主干、顶芽健壮、长势旺、木质化好、根系发达、干皮及根系无劈裂损伤、无检疫性病虫，苗高 3m 以上、胸径 4cm 以上。栽植大苗要设立支架防风倒。

4.5.4 人工林经营技术

4.5.4.1 森林抚育

在造林后1～6年内，应加强抚育管理，幼林郁闭前每年全面锄草块状松土两次，即第1次抚育在4～5月，第2次在8～9月。造林当年抚育宜在下半年安排。林分6年生后每年抚育1次。

4.5.4.2 肥水管理

（1）施追肥：林分2～10年生期间，每年每株施专用肥0.3～0.8kg，施肥前清除苗木周围杂灌草，一般结合松土除草进行，宜于春季雨前施肥，施肥量随树龄增加而增加。施肥方法一般采用沟施法，即沿树冠垂直投影线外侧挖环形沟施入，沟宽20cm、深25cm，将肥料均匀施于施肥沟，然后覆土。

（2）地表覆盖：地表覆盖物有谷壳、锯木屑、杂灌杂草杂藤、黑色农膜等，用覆盖物覆盖桢楠幼树树干周边地表，以树干为中心，覆盖面积 $1m^2$ 以上，覆盖厚度为5cm以上，靠近树干10cm左右不覆盖；用黑色农膜覆盖，覆盖前要割除覆盖区域的杂草灌，覆盖面积 $1m^2$，靠近树干10cm不覆盖，农膜要铺平且四周压实保湿抑草。

4.5.4.3 干形培育

在林分1～7年时及时剪除树根处的萌发枝、中短剪主梢侧边的次顶梢和树干上的徒长枝，确保主干生长。修枝主要是将树冠下部受光较少的枝条除掉。修枝要保持树冠相当于树高的1/2。过多修枝会丧失一部分制造营养物质的树叶，而影响树木生长。修枝季节宜在冬末春初。

4.5.4.4 间伐与主伐

当林分郁闭度达0.9左右时，对被压木、病虫木等进行间伐（或移栽），间伐比例为株数的30%左右，使林分郁闭度达0.7左右，随着林分的生长当林分郁闭度又达0.9左右时，对弯曲木、被压木、多叉木等进行间伐（或移栽），间伐比例为株数的25%左右，使林分郁闭度达0.7左右。

一般 40～50年生时进行主伐。主伐后及时进行更新造林。

4.5.4.5　病虫害综合防治技术

（1）人工防治：定期巡视，及时发现病虫害感染源，人工剪除枯梢及病虫害感染枝干，并集中烧毁。

（2）物理防治：太阳能杀虫灯诱杀成虫。按每 5hm^2 一盏设置于地势较高、视野开阔处，安排专人负责收蛾和灯具维护。省工、省力，不杀伤天敌，能兼治林中有趋光性的其他蛾类成虫。

（3）生物防治：根据虫害发生时间在林中树干上挂放广泛使用的农林害虫天敌赤眼蜂、花绒寄甲等寄生蜂，挂放高度 1.5m 左右。放蜂量为每公顷放卵卡 90～120 个。或在林中种植鸟食植物，招引鸟类取食和食虫。

4.6　南方红豆杉

4.6.1　概况

南方红豆杉（*Taxus wallichiana* var. *mairei*），为红豆杉科红豆杉属常绿乔木，是珍贵用材树种和名贵观赏树种；其材质优良、木材红褐色、花纹美观、密度大，是上等家具、工艺雕刻、特种装饰等良材。其树干通直，树姿优美，种子成熟时红色夺目，是极好的庭园景观树种。

4.6.1.1　特性

（1）形态学特性：叶通常较宽较长，多呈弯镰状，长 2.0～4.5cm，宽 3.0～5.0mm，上部常渐窄，先端渐尖，下面中脉带上局部有成片或零星的角质乳头状凸起点，稀无角质乳头状凸起点，或与气孔相邻的中脉带两边有一至

南方红豆杉优树

数条角质乳头状凸起点，中脉带明晰可见，其色泽与气孔带相异，呈淡绿色或绿色，绿色边带亦较宽而明显。种子通常较大，长 6～8mm，径 4～5mm，微扁，上部较宽，呈倒卵圆形，或柱状长圆形，椭圆状卵形，有钝纵脊，种脐椭圆形或近三角形。

南方红豆杉果、枝、叶

（2）生态学生物学特性：为喜阴性树种，幼苗期极度需要庇荫，一般分布在海拔 500～1000m 的阴坡、半阴坡，水湿条件好的沟谷溪边、山坡中下部。在日照时间短，云雾天数多的温暖湿润气候条件有利于其生长。

该树种具有较强的耐寒和抗雪压能力，喜土层深厚、肥沃、湿润的微酸性土壤。自然分布于山脚或溪流两岸，常散生于阔叶林中。花期 4～5 月，果期 10～11 月。

4.6.1.2 资源现状

（1）资源分布与规模：南方红豆杉自然分布主要在安徽南部、浙江、台湾、福建、江西、广东北部、广西北部及东南部、湖南、湖北西部、河南西部、陕西南部、甘肃南部、四川、贵州及云南西北部和东北部等地，生长于海拔 1000m 以下的山地。湖南省大部分山地都有分布，现有人工林面积 7660hm^2。

（2）资源培育与利用：南方红豆杉资源培育主要作为珍贵用材林培育，以高级家具和工艺品为综合利用方向，以木材战略储备项目、珍贵用材树种培育项目、新造林项目等带动发展，也有作为园林绿化的中苗和大苗为主的绿化苗木的培育，为园林绿化提供优质中大型苗木。

（3）良种选育：中南林业科技大学开展了南方红豆杉种质资源调查、优树选择及苗木繁育研究，并发现了南方红豆杉常年叶片金黄色的变异植株和结金黄色和紫红色果实的新品种，正在积极申报国家植物新品种权。

4.6.2 苗木繁育技术

4.6.2.1 种子采收及处理

在10～11月，南方红豆杉果实呈深红色时即可采种，种实采回后浸在水中3～5d，每天换水1次，搓去假种皮，洗净，摊放在室内阴凉干燥处阴干1～2d。种子千粒重89g，一般11000粒/kg，优良度90%以上。

采收到的种子应及时去除假种皮，防止种子霉烂。假种皮可食，经人们啃食后达到去除假种皮的目的。大量的种子去皮，可采用与粗沙混合装入箩筐，浸到水中，用木棒搅拌达到去除假种皮的目的。种子去皮后要摊开晾干，但不能在太阳底下暴晒，以免种子过度失去水分而丧失萌芽能力。晾干后的种子再放到杀菌剂溶液中浸泡消毒，浸泡时间掌握在10min左右，然后再行晾干贮藏。

南方红豆杉果实

贮藏容器：用50cm见方的木箱，便于管理和操作。用粗细均匀的河沙和种子以2:1的比例混合。贮藏时，先在箱底铺一层厚10cm的河沙，再倒入混合的种沙30cm，上面再覆一层10cm河沙。放在阴凉干燥处保存。

4.6.2.2 苗木培育技术

（1）播种育苗技术：

①圃地选择：圃地选择在交通方便、土层深厚、结构疏松、富含有机质、排水良好的地段。

②整地：通常在秋季深翻20～25cm，翌春浅翻细耙，在整土同时，施入腐熟的基肥30～45t/hm^2，而后分厢作床，床高15～20cm，宽1.0m，床间距30cm。整平后在床面上填黄心土，厚5cm，用15cm木板压播种沟，深2cm，播种沟间距20cm。

南方红豆杉种子

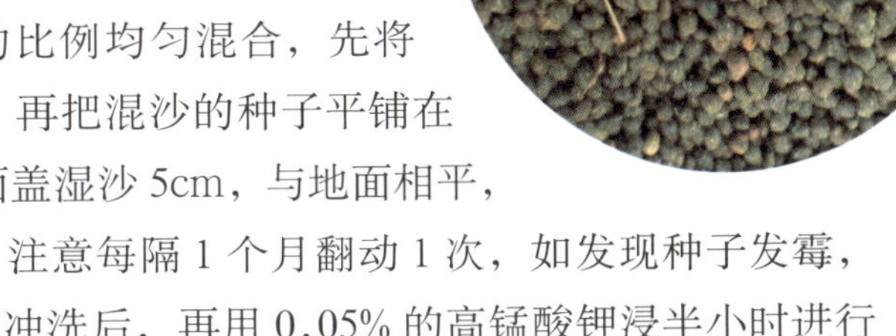

③催芽：南方红豆杉属深休眠种子，播种前必须经过自然变温沙藏层积法处理。具体做法：选择背风、阴凉、不积水的平地，挖深 25cm 土坑，长宽视种子数量而定。把经过消毒的种子和过筛的河沙按 1∶3 的比例均匀混合，先将土坑内垫 5cm 厚的河沙，再把混沙的种子平铺在土坑内，厚度 15cm，上面盖湿沙 5cm，与地面相平，再盖一层白茅护荫保湿。注意每隔 1 个月翻动 1 次，如发现种子发霉，应及时将其筛出，用清水冲洗后，再用 0.05% 的高锰酸钾浸半小时进行消毒，再进行混沙贮藏，种子一般在翌年 10 月下旬开始破胸现白。

④播种：种子经过 15 个月的贮藏，有 30% 的种子裂口发芽时，将种子筛出洗净，用 0.05% 的高锰酸钾溶液浸种消毒 10min，再用清水冲洗干净，晾干明水，而后再均匀地播种于沟内，每行播种沟内放 120～150 粒，播种量 450kg/hm^2。播种后用黄心土盖种，黄心土过筛后均匀撒在播种沟内，盖种厚度以 1cm 为宜，再用苔藓将苗床全部覆盖；幼苗出土后，也不要将苔藓揭去，长期保持在苗床上，其苔藓护苗优点为：以保护苗床不受雨水溅击和阳光直射，使苗木不受阳光灼伤及避免因茎、叶沾泥形成泥棒而窒息死亡，并且经常保持土壤疏松、湿润，减少中耕除草用工。但覆盖苔藓厚度要薄，不能太厚，如遇久旱不雨，可用细黄土压住苔藓，或用喷雾器喷水保持苗床湿润。要掌握种子裂口现白 30% 时播种为最佳，其发芽出土后长势好，成活率高。若在种子发芽后，特别是胚根伸长弯曲后播种，出土后的幼苗长势和成活率均受一定影响。

⑤杀菌及保湿：播种后，每隔 7d 用多菌灵、甲基托布津等杀菌剂（1000 倍）喷洒苗床；根据天气和苗床状况，隔 10～15d 喷水 1 次，保持棚内湿度 85% 以上。

⑥追肥：一般在 5～9 月进行，在芽苗生长前期追肥，以浇施水肥为

南方红豆杉小苗

好，以后每隔半月施 1 次，整个过程追肥 4～5 次。

（2）容器育苗技术：

①基质选择及装袋：基质配比（体积比）为泥炭土 50%+ 黄心土 47%+ 钙镁磷肥 3%，容器规格为高 14cm× 径 9cm 的无纺布袋，装满基质后紧密排列成 1.0m×1.2m 的苗床并固定好。移植前 2d 用 0.2%的高锰酸钾溶液进行消毒。

②小苗移植：将一至二年生地栽苗切根移至育苗袋中继续进行培养成容器杯苗。移植前 1d 先用水将苗床淋透；移植时先用木棍在基质上插个洞，把小苗放入洞里，轻压土壤，注意要保持根系舒展，避免受伤。种植深度以小苗的根颈部位为准，不可过深过浅。种植完成后，及时浇水，避免打水浇灌把小苗将冲倒或冲出。小苗种植完成后马上用竹片、塑料薄膜搭成高度 50cm 左右的密封覆盖的拱棚，达到保持苗床小环境有较高的温度和湿度。

③苗床保湿：小苗移植上杯后至新的生根系恢复期间，必须保证塑料棚内基质的含水量和足够的空气湿度，一般隔 7d 喷水 1 次（喷水得目的是增加空气湿度，以把幼苗叶片基质略湿润为准），视情况约隔 15d 浇 1 次水，喷水（浇水）后马上恢复保湿状态。在该期间均需保持薄膜棚内湿度在 80%以上。

④施肥：待小苗新根长之后，就要适当给予补充营养元素了，主要是以浇施淡薄的水肥为主，适当喷施为辅。初期，间隔 10d 左右浇施 0.2%复合肥浸泡液或 0.2%磷酸二氢钾水肥。当大多数植株已长出新根和明显抽出新芽后，可适量增加施肥浓度。

（3）扦插育苗技术：

①苗床准备：选择水源方便、背风阴凉之地做圃地，将插床整成 1.2m 宽，垫上混合的黄心土和细河沙，比例为 1:1，具有保水、透气之效能，床高 20cm，基质铺平后要用 0.3% 的高锰酸钾溶液灭菌。

②插条的选择：插条应尽量选择使用萌发枝（伐桩萌发枝或干上、干基萌发枝），其次为 10 年生以内的幼树枝或成年大树的树冠中上部粗壮的 1 年生枝条。春季采收休眠枝做扦插枝，插穗长 10～15cm，基部应带老枝长 0.5～1.0cm，基粗 0.2～0.5cm，呈倒“T”形，摘去下半部叶片，

以便扦插与基质密接。

③苗床保湿：插后即喷水，插床用薄膜拱罩保湿，苗床上搭架，用遮阳网覆盖。扦插后1个月内必须严格注意遮阴，扦插3～4个月后，幼苗新根开始生长。

插穗基部切口的吸水能力很弱，保证插穗不失水主要靠频繁的间歇喷雾，增大空气湿度，减少蒸腾量，从而使红豆杉叶子不失水干枯，保持生命活力，每日喷水3～4次，2周后每日喷水1～2次。当大棚膜内无水珠且床面干燥略白时，应喷水保湿。大棚内相对湿度保持在85%，气温控制在25～28℃之间。喷水时，应注意保持基质的通透性能，防止因基质的通透性不好导致插穗幼根缺氧而引起腐烂。

④插床管理：苗木扦插后，要注意及时除草，以利苗木生长。据观察，一般扦插1个月左右，部分插穗基部膨大；2～3个月后，形成明显可见的愈伤组织块，隐现乳白色根尖3～8个。未形成愈伤组织的插条，萌发的新梢枯萎，入土部分全部呈黑褐色，皮层分离；4～6个月后，即展根阶段，每株有根5～10条，根长4～6cm，新生枝生长加快，叶色转深绿。到10月下旬检查，一般扦插成活率达85%以上，当年新梢伸长5～7cm。天气干旱时注意喷水抗旱，最好结合施肥，以用0.4%的尿素或高效复合肥溶液为宜。当年冬季可移植，进一步培育成壮苗。

4.6.2.3 造林苗木质量标准

（1）形质指标：苗干通直、单一主干、顶芽健壮、长势旺盛、木质化程度高、根系发达、干皮及根系无劈裂损伤、无检疫性病虫害。

（2）数量指标：①更新造林或改培造林用苗规格为：Ⅰ级苗规格苗高≥1.0m、地径≥1.0cm，Ⅱ级苗规格苗高0.8～1.0m、地径0.8～1.0cm；②景观绿化珍贵苗造林用苗规格为：Ⅰ级苗规格苗高≥4.0m、地径≥5.0cm，Ⅱ级苗规格苗高3.0～4.0m、地径4.0～5.0cm。

4.6.3 人工造林技术

4.6.3.1 林地选择

南方红豆杉选择在海拔500～1000m之间、坡向为阴坡或半阴坡的中下部、土壤pH5.5～6.5的黄壤或红黄壤上种植。

4.6.3.2 整地施肥

年前秋冬完成林地清理，尽量采用带垦或挖穴的整地方式，避免全垦；基本上是沿等高线挖穴，树穴规格为 50cm × 50cm × 30cm，先将基肥（复合肥 0.1kg/ 穴）与表土拌匀回填至穴底，原底土覆在上面。

4.6.3.3 造林

（1）造林时间与方式：容器苗或土球苗造林适宜时间是 1～4 月，选择阴雨天前后造林更好。造林方式宜采用与阔叶树种混交或在大强度间伐过的杉木林下种植（郁闭度 0.3～0.4），也可以混种些速生树种如无患子用作遮阴，以后逐渐砍伐影响南方红豆杉生长的植物。

（2）造林密度：株行距 3m × 4m 或 4m × 4m。

（3）定植：容器苗或土球苗定植时填土要踩紧，容器或土球不能碎、不能踩，栽植大苗要设立支架防风倒。

4.6.4 人工林经营技术

4.6.4.1 森林抚育

林分郁闭前每年要抚育 2 次，时间安排在 5 月上旬、9 月下旬，除草方式宜采用割草抚育。林分郁闭后每年要抚育 1 次，时间安排在 9 月。

南方红豆杉人工林

4.6.4.2 水肥管理

（1）施追肥：当林分生长欠佳时，进行追肥，在距树蔸两侧 30cm 开两条长 30cm、宽 15cm、深 15cm 的施肥沟，每年施一次，施用氮、磷、钾比例为 1:1:1 的复合肥，株用量为 100g 左右，施入肥料后盖土压实。

（2）地表覆盖保湿：将割草抚育的杂草覆盖在树蔸周围，覆盖厚度 8cm 以上，靠近树干 10cm 不覆盖。

4.6.4.3 干形培育

在林分 1～7 年时及时剪除树根处的萌发枝、中短剪主梢侧边的次顶梢和树干上的徒长枝，确保主干生长。修枝主要是将树冠下部受光较少的枝条除掉。修枝要保持树冠相当于树高的 1/2。过多修枝会丧失一部分制造营养物质的树叶，而影响树木生长。修枝季节宜在冬末春初。

4.6.4.4 间伐与主伐

林分郁闭后，按林分自然整枝和自然稀疏状况进行透光伐，一般林分郁闭度达 0.9、自然整枝高达树高的 1/3 以上时，就要开始间伐；主要伐除下层林木中生长不良的被压木和被害木，同时伐去上层林木中个别的“霸王树”。间伐后随着林分的生长，当林分郁闭度达 0.9 时，要进行第 2 次间伐，本着“择劣而伐”的原则，主要伐除上层林木中树干弯曲、多枝节、尖削度大；或树冠过于庞大的树木，以及病虫木、濒死木、枯立木等。

每次间伐株数控制在 30% 左右，间伐后郁闭度保持在 0.7 左右。

一般 80 年生时进行主伐，主伐后要及时更新造林。

4.6.4.5 病虫害综合防治技术

南方红豆杉苗期的主要病害是根腐病和猝倒病。控制幼苗密度，苗期增施钾、磷肥和草木灰，以增强幼苗的抗病力。控制苗圃地环境，勤除杂草，使幼苗间空气流通顺畅，降低湿度；大棚内加强通风排湿，降低土壤中的水分，露地栽培要筑垅开沟，沟深≥ 50cm，雨后及时排清栽培地中的积水。幼苗期间将石灰粉与草木灰以 1:4 的比例混合均匀撒施；发现病苗及病株及时清除，用多菌灵、托布津 800～1000 倍液喷治，每隔 2～3d 喷 1 次，连续喷 2～3 次。

麻栎优树

麻栎枝叶

4.7 麻栎

4.7.1 概况

麻栎（*Quercus acutissima*），为壳斗科栎属落叶乔木。材质坚硬、材色深红、纹理美丽，是高档家具等良材，对土壤要求不严，是我国南方优良的乡土用材树种。抗污染、抗尘、抗风能力较强，抗火、抗烟能力也较强，可营造城市风景林，也可作为园林绿化、防风防火、水源涵养林树种。

4.7.1.1 特性

(1)形态学特性：树皮深灰褐色，深纵裂，幼枝被灰黄色柔毛，后渐脱落，老时灰黄色，具淡黄色皮孔。冬芽圆锥形，被柔毛。叶片形态多样，通常为长椭圆状披针形，长 8～19cm，宽 2～6cm，顶端长渐尖，基部圆形或宽楔形，叶缘有刺芒状锯齿，叶片两面同色，幼时被柔毛，老时无毛或叶背面脉上有柔毛，侧脉每边 13～18 条；叶柄长 1～5cm，幼时被柔毛，后渐脱落。雄花序常数个集生于当年生枝下部叶腋，有花 1～3 朵，花柱 30，壳斗杯形，包着坚果约 1/2，连小苞片直径 2～4cm，高约 1.5cm；小苞片钻形或扁条形，向外反曲，被灰白色绒毛。坚果卵形或椭圆形，直径 1.5～2.0cm，高 1.7～2.2cm，顶端圆形，果脐凸起。

（2）生态学生物学特性：适宜于温暖湿润气候，喜向阳生境酸性肥沃土壤。适宜生长在阳坡、半阳坡，沙壤土，土层 50cm 左右均可，要求气候温暖、湿润，年平均气温 15℃，年降水量 1000mm 以上。多见于向阳坡地，在湿润荫蔽的溪谷或北向山坡上沙质壤土及石灰质土中生长也较好，与常绿或落叶树混生，常为上层树种。花期 3～4 月，果期翌年 9～10 月。

麻栎天然林

4.7.1.2 资源现状

（1）资源分布与规模：麻栎在我国分布广泛，分布于辽宁以南，在西部为山西、甘肃、陕西以南，东界沿海，西南至川滇，南达华南。水平分布以长江流域及黄河中下游较多，垂直分布在云南省伏牛山，大别山、秦岭、大巴山以及南岭都有麻栎林生长，在湖南各地均有分布，常与枫香、栓皮栎、马尾松、柏树等混交或成小面积成林。湖南省现有人工林面积 2100hm^2。

（2）资源培育与利用：麻栎主要作为珍贵用材林培育，以家具材作为利用方向，以木材战略储备项目、珍贵用材树种培育项目、新造林项目等带动发展，也有作为园林绿化、矿区植被恢复的中大苗培育，为造林提供优质中大型苗木。

（3）良种选育：湖南省林业科学院开展了麻栎种源、家系种质资源的收集与优树选择等研究。

4.7.2 苗木繁育技术

4.7.2.1 种子采收及处理

10～12 月，果实成熟，继而自然脱落，应及时采收。一般中期脱落的果实饱满、重量大、数量多、品质好，采种应在脱落盛期及时从地上拾取，或在树下铺设塑料布收集。

麻栎种子

种子采收后，用水浸种 1～2d(闷杀坚果中的虫卵、幼虫)，选择沉入水中的种子再用代森锰锌或多菌灵 800 倍液浸种杀菌消毒 2h，倒去药液，即可储藏或播种。种子储藏时用洁净湿河沙和消过毒的种子按 4:1 的比例，放在室内地面沙床层积储藏，厚度不超过 50cm，保持湿润。

4.7.2.2 苗木培育技术

（1）播种育苗技术：

①苗圃地选择与准备：选择交通便利、排灌方便，肥沃湿润的圃地，土壤以沙壤土或壤土为好。圃地要进行精耕细作，苗床为高床，床面高 20cm，床面宽 90cm。要深开排水沟，中沟、边沟宽 40cm，深 35cm。整地时要施足基肥。每公顷施复合肥 1500kg 和钙镁磷肥 1500kg 作为基肥，均匀撒施于圃地表面后将其埋入土中，5～7d 后再播种。

②种子催芽：播种前 1 个月，给储藏的种子喷雾加湿并用农膜覆盖增温，待种子破胸露白后即可播种。

③大田播种：播种时间宜为 2 月中旬至 3 月中旬。播种方法一般采用条播。条距 25cm，条沟深 3～4cm，播种种间距 6～8cm，覆土厚

度 2～3cm，盖草，当幼苗有50% 左右出土时揭开草同时用50% 多菌灵可湿性粉剂 800 倍液喷施苗木消毒防病。

麻栎大田苗培育

④苗期管理：5 月中旬至7 月初进行间苗和补苗，间除生长不良、病虫危害、过密的幼苗，在缺苗处补苗，间苗补苗后及时浇水，定苗量为 30 万～35 万株 /hm^2。水肥管理：在幼苗生长期要多次适时勤浇，保持土壤湿润，在苗木生长期 5～7 月间每月施肥 1 次，氮磷钾比 2:1:1，采用浇灌施肥，浓度为 0.5%。除草：苗圃除草要以“除早，除小，除了”为原则。

富根技术：于 9～10 月间，用铲子从小苗的两侧斜向切下，将小苗的主根切断，促进苗木侧根发育。用 GGR6 等促根剂 50mg/kg 液喷施苗木，每 7d 喷 1 次，喷施 3 次。防病：用 50% 多菌灵可湿性粉剂 800 倍液喷施苗木消毒防病。

（2）容器育苗技术：

①圃地选择：选择交通方便、地势平坦、排水良好、背风向阳的壤土地块。为了便于灌溉，最好做低床，苗床宽 1.5m，长视实际情况定。

②基质配制：用泥炭土、珍珠岩、蛭石为原料，按照泥炭土：珍珠岩：蛭石 = 8:1:1 的体积配比配制成育苗基质。采用口径 10cm、高度 15cm 的无纺布袋进行灌袋，将灌好育苗基质的容器袋直立排码在育苗盘内，摆放于架空苗床，用 0.1% 的百菌清溶液杀菌消毒。

③点播：种子经催芽后，陆续挑出胚根长 3cm 以上种子，切除胚根根长的 1/2，播入容器袋，种子横放，每袋一粒，覆盖基质 3cm，喷水至袋内基质湿透，打开遮阳网和塑料薄膜，四周塑料薄膜放下 10～15d，形成高温高湿小气候，有利于种子生根发芽。

④苗期管理：轻基质育苗以“适时适量”为水分管理的原则，晴旱天加强浇水，保持营养土湿润，以利幼苗出土，20d 左右补苗，每杯 1

株健壮苗。真叶长至3~4叶时，进入施肥管理，施肥以“少量多次”为原则。8月以前，每10~15d追施氮肥1次，9~11月每15d追施复合肥或磷肥1次，浓度在0.2%~0.3%，注意做好病虫害的防治。

除杂草本着“除早，除小，除了”的原则进行，用人工拔除，拔前喷水，做到拔草时不会伤幼苗，拔后喷水，根部和基质紧密接触。其余管护措施，按照苗圃常规管理进行。

视侧根生长情况，开展空气切根处理，一般情况下，第1年2~3次空气切根处理，第2年3~5次空气切根处理。

4.7.2.3 造林苗木质量标准

（1）形质指标：苗干通直、单一主干、顶芽健壮、长势旺盛、木质化程度高、根系发达、干皮及根系无劈裂损伤、无检疫性病虫害。

（2）数量指标：①更新造林或改培造林用苗规格为苗高80cm以上、地径0.8cm以上。②景观绿化珍贵苗造林用苗规格为苗高3.0m以上、胸径4.0cm以上。

4.7.3 人工造林技术

4.7.3.1 林地选择

采伐迹地、火烧迹地、低质低效林地或荒山荒地都可用来营造麻栎林。造林地宜选择土壤疏松、肥沃，排水良好，pH值5.5~7.5，土层厚度50cm以上，坡度25°以下的中低山和丘陵区阳坡、半阳坡为好。

4.7.3.2 整地、施肥

（1）造林地清理：对于迹地，先将地上的树枝、树叶和杂草进行清理后直接挖穴造林。对于低产林改造、森林恢复、森林改培中的造林之地，只需清理需要栽树周围的杂草、枯枝。

（2）整地时间：造林前一年度的秋季、冬季整地，以冬季整地最好。冬季整地有利穴土的风化和回穴后的土壤向下坐实，有利于提高造林成活率。同时挖翻起来的杂草更容易被冰雪冻死，有利于翌年夏季的抚育。

（3）整地方式：①带状整地－带状整地是丘陵斜坡地（坡度16°~25°）常用的整地方式，沿着等高线进行；带的宽度一般1m左右，带的长度按地形确定，其形式有水平阶、水平槽、反坡梯田等；②穴状整地－穴状整地是湖南造林广泛采用的方式，麻栎栽培大多采取大穴，规格为60cm×60cm×50cm。剔除穴内杂灌木、根蔸、石块等杂物。

（4）施基肥：定点开挖栽植穴，将表层肥土填入穴内，每穴施放0.25kg磷肥、0.15kg氮肥或复合肥作基肥，与表土混合施入穴底，然后填土至穴深的3/4处。

4.7.3.3 造林

（1）造林密度：造林密度按培育目的、立地条件及经营水平来定。用材林初植密度一般为1110株/hm^2，立地条件好、经营水平高则可稀些。

（2）造林季节：容器苗宜在1～4月进行造林，选择阴天或者雨后初晴天气栽植。

（3）栽植方法：将苗木置于穴内中央，扶正，边埋土边踏实，并确保容器或土球不变形，栽植大苗一般要设支架防风倒，条件许可栽后立即浇水。

（4）混交造林：在麻栎混交模式中，常以带状混交和块状混交为主。带状混交易形成稳定的混交林，便于造林施工和抚育管理，是林业生产中经常采用的一种混交方法。块状混交即是把一个树种栽植成规则的或不规则的块状，与另一个树种的块状地依次配置进行混交的方法。混交树种为赤皮青冈、青冈、无患子、小叶栎、黄连木等。

4.7.4 人工林经营技术

4.7.4.1 森林抚育

林分1～5年生是幼林成林的关键时期，此时植株幼小，一年中应进行2次松土除草，第1次在 5～6月杂草生长旺盛时进行，第2次在9月杂草尚未结籽时进行。可采用栽植穴内及树冠周边松土除草，其他区域刀抚。5年生后每年抚育1次。

4.7.4.2 肥水管理

（1）施追肥：林分2～10年生期间，每年每株施复合肥0.1～0.5kg，一般结合松土除草进行，施肥前清除苗木周围杂灌草，宜于春季雨前施肥，施肥量随树龄增加而增加。施肥方法一般采用沟施法，即沿树冠垂直投影线外侧挖环形沟施入，沟宽 20cm、深 25cm，将肥料均匀施于施肥沟，然后覆土。

（2）地表覆盖：地表覆盖物有谷壳、锯木屑、杂灌杂草杂藤、黑色农膜等，用覆盖物覆盖幼树树干周边地表，以树干为中心，覆盖面积 $1m^2$，实际生产中常就地取材采用杂灌杂草杂藤覆盖，覆盖厚度为 8cm 以上，靠近树干 10cm 左右不覆盖。

4.7.4.3 干形培育

在林分 1～8 年时及时剪除树根处的萌发枝、主梢侧边的次顶梢和树干上的徒长枝，确保主干生长。修枝主要是将树冠下部受光较少的枝条除掉。修枝要保持树冠相当于树高的 1/2。过度修枝会丧失一部分制造营养物质的树叶，而影响树木生长。修枝季节宜在冬末春初。

4.7.4.4 间伐与主伐

林分郁闭后，按林分自然整枝和自然稀疏状况进行透光伐，一般林分郁闭度达 0.9、自然整枝高达树高的 1/3 以上时，就要开始间伐；主要伐除下层林木中生长不良的被压木和被害木，同时伐去上层林木中个别的“霸王树”。间伐后随着林分的生长，当林分郁闭度达 0.9 时，要进行第二次间伐，本着“择劣而伐”的原则，主要伐除上层林木中树干弯曲、多枝节、尖削度大；或树冠过于庞大的树木，以及病虫木、濒死木、枯立木等。

每次间伐株数控制在 30% 左右，间伐后郁闭度保持在 0.7 左右。

一般 50 年生时进行主伐，主伐后要及时更新造林。

4.7.4.5 病虫害综合防治措施

生产上应以营林措施与物理防治为主，结合进行生物防治、化学防治。

目前主要有白蚁、栗实象鼻虫，可用 20mg/kg 的阿维菌素可消灭白蚁，栗实象鼻虫用 50% 杀螟松乳剂 500～1000 倍液。主要病害有径腐病，可用多菌灵 800 倍浓度的溶液喷洒预防。

4.8 红椿

4.8.1 概况

红椿（*Toona ciliata*），为楝科香椿属落叶大乔木，国家二级重点保护濒危种，享有“中国桃花心木”之美誉；其木材曙红、木纹美丽，耐腐性较好，基本密度为 0.52g/cm^3，易加工，主要用于高档家具和高档装饰装潢等，是家具、室内装饰等良材，具有很高的经济价值和开发前景；红椿还具有较强的抗旱性、铅富集和吸收能力，并对镉具有一定的耐受性，能修复土壤，是理想的生态修复乡土树种。

红椿优树

4.8.1.1 特性

（1）形态学特性：树皮呈鳞片状纵裂，灰褐色；嫩枝初被柔毛，后期无毛。羽状复叶，长 20～50cm，叶柄长 6～10cm；小叶对生，7～14 对，纸质，卵状披针形或椭圆状卵形，长 8～16cm，宽 2.5～4cm，先端渐尖，基部稍偏斜，全缘，叶面无毛，叶背仅脉腋有束毛。圆锥花序顶生，与叶等长或稍短；花两性，具短梗，白色（或粉红色），有香气；花萼短，裂片卵圆形；花瓣 5 枚，长圆形，长 4～5mm；雄蕊分离，5 枚，花丝无毛，花药比花丝短；子房 5 室，每室有胚珠 8～10 个，子房和花柱密被粗毛，柱头无毛。蒴果长椭圆形，果皮厚，木质，干时褐色，皮孔明显；种子两端具膜质翅，翅长圆状卵形，长约 1.5cm，先端钝或急尖，通常上翅较长。

（2）生态学生物学特性：喜光树种，喜温暖湿润气候，不耐阴，适生性广，分布区的年平均气温 15～22℃，极端最低气温 -15℃，年降水

1150mm 以上，相对湿度 80% 左右。红椿对土壤要求不严，在黄壤、红壤及砖红壤上均能正常生长，常散生于低山缓坡以及谷地的阔叶林中，在土层深厚、肥沃、湿润且排水良好的疏林中，生长较快。其萌芽更新能力较强，在空地或疏林下，特别是火烧迹地或退耕地天然更新效果很好，但在密林下或庇荫地更新困难。落叶或近常绿乔木，花期 4～7 月，果熟期 7～12 月。

（3）文化特性：红椿因木材红色，颜色喜庆，在古代被视为一种灵木，是兴家旺业的祥物，常被称为“平安树”“吉祥树”“发财树”，自古以来具有“日子红火，安康吉祥”的寓意，我国南方部分地区婚嫁都会用到红椿木，所以又叫“百年好合木”。此外，红椿在古代还象征着长寿之意，《庄子》逍遥游中用“上古有大椿者，以八千岁为春，八千岁为秋”来寓意长寿，宋代常有诗词以“灵椿、椿龄、椿寿”为祝辞，祝福男性长辈长寿多福。

红椿人工林

4.8.1.2 资源现状

（1）资源分布与规模：红椿在湖南省内有零星分布，对土壤的适应性较强，可片植或丛植于山坡、沟谷、林中、河边、村旁，也可植于城市道路两侧做行道树或庭荫树。海拔为200～1500m。我国云南、广东、广西、贵州、海南、湖南、福建、陕西、江西、浙江、河南、安徽等地均有分布，印度东部、孟加拉国、缅甸、马来半岛及大洋洲东部等区域亦有分布。湖南省现有人工林面积近2200hm^2。

（2）资源培育与利用：红椿作为珍贵用材树种培育，以高级家具用材综合利用为方向，目前主要在更新造林、森林改培、木材战略储备、珍贵用材树种培育、森林质量精准提升等项目的带动下发展。此外，由于红椿适生性强，树干通直，树姿挺秀，也常作为生态修复、园林绿化及行道树等培育利用。

（3）良种选育：红椿培育周期长，导致相关研究及发展相对滞后。自20世纪80年代起，虽有了一定的红椿栽培技术，但尚无关于红椿良种选育的报道，直到2002年，湖南最先开始红椿资源调查，初选了一些优良单株，并采种进行了子代测定，选育出5个红椿优良家系良种（红椿家系−02、红椿家系−03、红椿家系−12、红椿家系−15、红椿家系−20）；之后广西、四川等省也相继开展了红椿优树选择及SRAP等分子标记辅助育种；红椿良种选育及造林应用逐渐得到各分布省份重视，湖南、江西、浙江、福建等省已把红椿作为珍贵用材树种造林。2014年，中央财政林业科技推广项目在湖南推广了红椿家系及培育技术，推广示范面积达50hm^2。通过推广应用红椿优良家系及培育技术，推进了红椿栽培良种化、科学化、经营集约化进程，实现了红椿培育高质量发展。

4.8.2 苗木繁育技术

4.8.2.1 种子采收及处理

选择树干通直圆满、生长健壮、无病虫害的15～30年生的优良单株为母树，采收其种子。红椿一般7月底至11月上旬，蒴果由绿转棕色或棕红色时采下，先阴干1～2d，再在阳光下摊晒至蒴果开裂，脱出带膜质翅的种子，去杂，扬净备用。由于红椿种子含脂率较高，夏季高温高湿的环境容易导致种子失活或霉变，因此，红椿新鲜种子一般应即采即播，也可以置于密封塑料袋中低温干燥贮藏。

红椿种子

红椿果实

4.8.2.2 苗木培育技术

（1）播种育苗技术：

①种子处理：种子消毒宜用 800 倍多菌灵溶液浸种 10min，浸时应经常搅拌。然后将消毒的种子放入水中，浸种 20～24h 后与细土混合后准备播种。

②选苗圃及施基肥：选择交通方便、地势平坦开阔、光照充足、无病虫害、靠近水源的地方。土壤宜土层深厚、肥沃、疏松，要求土壤 pH 值在 5～7 之间为好，忌用重黏土和前茬作物是瓜果蔬菜及烤烟等的土壤，若用原来育过红椿苗的圃地育苗，则需用 2250kg/hm^2 生石灰进行土壤消毒与改良。

选好的苗圃于秋季或冬季进行深耕、耙平、整细，除去杂物，结合整地施硫酸亚铁 225kg/hm^2，碾成粉，撒在圃地进行土壤消毒。结合开厢做床，施专用肥 3000kg/hm^2 作基肥，之后浅翻一遍，将肥翻入土中，耙平。苗床高 20cm，床面宽 90cm，床间距 30cm。

③播种与管理：播种时间2月底至3月初。采用条播，条间距25～30cm，种子间距为5cm，播种沟深2～3cm，播种量为15kg/hm^2，播种后覆盖0.5～1cm厚的无菌过筛黄心土，以不见种子为宜，然后用切断的草覆盖（切断长度不超过5cm），以不见土为宜，约20d后种子出芽基本完成，此时喷50%多菌灵可湿性粉剂800倍液防病。幼苗出土至真叶出现约需1周。4月底至5月为苗木生长初期，苗木生长缓慢，嫩弱，此时应注意喷淋保湿并喷50%多菌灵可湿性粉剂800倍液防病。6月进行间苗和补苗，间除生长不良、病虫危害、过密的幼苗，在缺苗处补苗，苗间距10cm左右，间苗补苗后及时浇水，定苗量为15万～20万株/hm^2。6月幼苗生长加快，此时需要加强水肥管理并喷50%多菌灵可湿性粉剂800倍液防病，以后每月1次。定苗后，可适时喷施叶面肥（0.5%的专用肥），及时做好松土除草、排水工作。

红椿苗木培育

富根技术：于9～10月间，用铲子从小苗的两侧斜向切下，将小苗的主根切断，促进苗木侧根发育，切根后要及时喷洒50%多菌灵可湿性粉剂800倍液防切口感病。用GGR6等促根剂50mg/kg液喷施苗木3次，每7d喷1次。

（2）容器育苗技术：

①圃地准备：选择交通方便、地势平坦开阔、光照充足、无病虫害、排灌便利的地方，将圃地整细、除去杂物，苗床高15～20cm，床面宽90cm，步道宽30cm。

②轻基质的配制：泥炭土、黄心土和钙镁磷肥按体积比5:4.5:0.5的比例混合均匀。选用无纺布容器，长宽规格为15cm×10cm。将配制好的轻基质装填到容器杯中，将装好基质的容器杯均匀摆到苗床上，每摆放2行间隔15cm。

③芽苗培育与移栽：

ⅰ.密集撒播：将经过消毒的种子均匀、密集地撒在已经准备好、消了毒的苗床上，种子间距 3cm 左右。

ⅱ.覆土、洒水、消毒：在密集撒播的种子上覆盖约 1.5cm 厚的黄心土和细沙，然后均匀浇透水，再用 50% 多菌灵 800 倍溶液喷洒消毒。

ⅲ.插拱、盖农膜：用竹条（或类似的物品如粗铁丝）横跨苗床作半圆形的拱，拱高 50～60cm。拱做好后，用农膜盖在拱上，随即将苗床两边和两头接地的农膜用土压实。

ⅳ.苗床管理：经常观察苗床内种子发芽情况，如苗床过干，要及时揭开地膜进行补水，如果农膜内温度超过 40℃，用水喷淋薄膜降温或用遮阳网覆盖降温同时揭开两端的薄膜通风降温。用 50% 多菌灵可湿性粉剂 800 倍液喷施芽苗防病。

当苗高 3～5cm 时，即可进行芽苗移栽。移栽前 1～2d，用 0.1%～0.2% 高锰酸钾溶液或 50% 多菌灵可湿性粉剂 500 倍液浇透容器轻基质。起苗前，要对芽苗床淋透水，以方便起苗。起苗时要选择生长健壮、正常、无病虫害的芽苗，从大到小分级分批起苗，以保证苗木品质。移栽前将芽苗的主根长切除 1/3～1/2，移栽完成后，必须浇透定根水，使芽苗根部和基质充分接触。

④苗期管理：芽苗移栽后 15d 内，要保持容器袋内基质湿润且进行适当遮阴。根据天气情况，每天喷淋 1～3 次水，喷水时间一般在 10：00 时以前或 17：00 时以后。随着苗木生长，淋水次数可适当减少。梅雨季节要清沟排水，特别不能让苗床积水。夏秋季高温干旱，要经常浇水以确保基质湿润。期间可根据需要喷施促根剂 1～3 次，如 50mg/kg 的 GGR6 等。当发现苗木侧根穿透容器时，应及时移动容器，以起到断根促发侧根的作用，容器苗移动频率以每隔 1～2 个月移动一次为宜。

（3）扦插育苗技术：

①圃地选择：选择交通方便、地势平坦开阔、光照充足、无病虫害、排灌便利的地方。将苗圃进行深翻 25cm、整细、除去杂物，结合开厢做床每公顷撒生石灰 2250kg 进行土壤消毒。苗床高 15～20cm，床面宽 90cm，步道宽 30cm。

②基质配制和容器选择：扦插育苗基质采用泥炭土、黄心土与珍珠岩按体积比 3:4:3 的比例混合。容器选用无纺布育苗杯，长宽规格为 15cm×10cm。之后将配制好的基质装入容器杯中。扦插前 1～2d，将装好基质的容器杯均匀的摆到苗床上，每摆放 2 行间隔 10cm，用 50% 多菌灵可湿性粉剂 500 倍液浇透基质。

③插条采收与处理：穗条为当年生半木质化的嫩枝，生长健壮、发育正常、无病虫害。穗条采摘时应选择晴天进行。穗条直径为 0.3～0.8cm，将其剪成 6～8cm 长的茎段，下端削成斜口，插穗上部保留 1～2 片复叶基部的 2 对小叶，其余叶片均剪除。剪好的插穗用 500 倍多菌灵液浸泡消毒 10min 之后将穗条基部放入浓度为 100mg/kg 的生根促进剂 GGR6 溶液进行浸泡，浸泡时间为 2min，之后取出在通风处放置 1～2min 即可扦插。

④扦插时间与要求：扦插一般在 5 月进行，扦插时先打孔，再插入插条，以免插条基部受损，影响生根。扦插深度为插条长度的 2/3 左右，插后压紧插条基部的基质，让插条与基质能够充分接触。

⑤插后管理：扦插完毕后，浇透水，再用 500 倍 50% 多菌灵液喷淋一次消毒，立即制作拱棚（高 50cm），用塑料薄膜覆盖，并在薄膜外面设置遮阳网（高 150cm），以消毒、保湿、降温，保持空气相对湿度 90% 以上。插后如有插床变干，则需喷水并用喷雾器喷施 800 倍多菌灵液消毒，3 个月生根稳定之后，每 15d 喷施浓度 10g/L 尿素和 20g/L 磷酸二氢钾，促进苗木生长。

（4）苗期病虫害防治：苗木检疫（发现有病虫害感染和属于检疫对象的，要立即连根拔除并烧毁），并对土壤喷洒 50% 多菌灵 800 倍液消毒，杜绝病原菌扩散传播。对可以有效捕杀和诱杀的害虫，可用环境友好型的人工和光、电、热等辅助办法捕杀、诱杀。

4.8.2.3 造林苗木质量标准

红椿苗木质量分级见表 4–4。

表 4-4 红椿苗木质量分级

级别	苗龄	苗高（cm）	地径（cm）	综合指标
Ⅰ	1 年生	＞90	＞0.9	苗干通直，单一主干，生长旺盛，木质化程度高，根系发达，干皮及根系无劈裂损伤，无检疫性病虫害
	2 年生	＞150	＞1.5	
Ⅱ	1 年生	＞80	＞0.8	
	2 年生	＞120	＞1.2	

4.8.3 人工造林技术

4.8.3.1 林地选择

造林地宜选择土壤疏松、肥沃，排水良好，pH 值 5.5～7.0，土层厚度 50cm 以上，坡度 25° 以下的中低山和丘陵区。以阳坡、半阳坡为好。

4.8.3.2 整地

（1）造林地清理：因地制宜，对于荒地、皆伐作业等类似宜林地，先将地表的树枝、树叶和杂草进行清理；对于低产林改造、森林恢复及重建、生态修复、森林改培的造林地，只需清理栽植穴周围 $1m^2$ 以上的杂草、枯枝。在清理过程中，必须保留目标树种的幼苗和幼树，对影响目标树（包括新栽植的红椿）生长的杂灌杂木应予以清除。

（2）整地时间：秋冬两季或造林前，以秋冬季最好，可以改善土壤、消灭病虫害、清除杂草，还具有蓄水保墒作用。

（3）整地方式：带垦或直接挖穴。对于荒地、皆伐作业等类似宜林地，适宜采用带垦加中穴的整地方式，造林后可林粮间作，穴的规格以 50cm×50cm×40cm 为好；在低产林改造、森林恢复及重建、生态修复、森林改培的造林地，可采用穴垦整地，穴的规格为 50cm×50cm×40cm。栽植穴的大小主要决定于土壤的松紧度，如果土壤较紧，且石砾多，穴的规格应大一些，反之，则可以适当小一些。

4.8.3.3 造林

（1）造林时间：低山和丘陵地区在 2 月下旬至 3 月中旬造林为宜，

中高山地区 3 月中旬至 4 月上旬造林为宜。

（2）造林密度：造林初植密度以 3m × 3m 为宜；低产林改造与森林改培，宜栽 300 ～ 600 株 /hm^2。

（3）基肥：每株施专用肥 1kg 作基肥。

（4）苗木选择：一般选择苗干通直、单一主干，苗高≥ 80cm，地径≥ 0.8cm，根系发达，无病虫害。

（5）栽植方式：选择下雨前后无风的天气造林。栽植之前要对苗木的过长根系进行适当修剪，并用生根粉与水（重量比 1:1500～1:1000）混合加入适量黄心土配制成的泥浆蘸根以提高苗木成活率。1～2 年生裸根苗采用“三覆二踩一提苗”的造林方法，即在已覆土的穴中央挖栽植穴（依苗木大小而定），将苗木根系放入穴中，平展根系，栽植覆土 2/3 后要稍往上提苗（防止窝根），踩实后再覆土踩实，最后覆上一层土；容器苗造林要将容器袋解除，且确保容器中的基质不散，栽植时覆土踩实，且确保容器基质不变形，使容器基质与穴中的土壤充分接触，以利于根系伸展。

红椿栽植常采用截干造林，以减少前期苗木蒸腾，确保成活率。通常在根茎之上 5cm 处进行截干，定植 6 个月后苗木萌条高度在 70cm 左右，选一株健壮枝条留下继续培育，抹去其余萌芽条。

（6）混交林营造：红椿作为热带亚热带珍贵用材树种，虫害相对较多，不宜营造纯林，营造混交林利于形成健康稳定的林分。为避免红椿与混交树种树冠挤压以及种间竞争，建议在混交方式上选用带状或块状混交，且红椿比例宜小，树种交界行距要大，同时应适时修枝、间伐调整林分结构。

红椿主要混交树种：赤皮青冈、黄连木、小叶栎、青冈、浙江柿、大叶桂樱。

4.8.4 人工林经营技术

4.8.4.1 森林抚育

种植后应及时检查，清除死苗或弱苗，及时进行补植，以确保林相整齐。林分 1～5 年生期间，每年的 5 月和 9 月进行全面砍草抚育、块状扩穴培土。林分郁闭后，林地杂草少了，可以每隔 1～2 年除杂松土一次。在丘陵地造林的第一年要预防日灼的危害，如能在林内间种农作物，以耕代抚是促进林木生长较有效的办法。

4.8.4.2 肥水管理

（1）施肥：根据红椿幼林的生长情况进行施肥，于栽植后的第 3 年至第 10 年，每年的早春追肥 1 次，每株肥复合肥 100～150g。立地条件好，树木生长旺盛可不追肥。立地条件不好，或树木生长弱应适当加大追肥量。

施肥方法一般采用环形沟施肥法，即沿树冠垂直投影线外侧挖环形沟，沟宽 20cm、深 25cm，将肥料均匀施于施肥沟，然后覆土。

（2）地表覆盖：地表覆盖可抑制杂草生长，保肥保水保温，减少病虫害，促进幼林林分生态良性循环。地表覆盖物常用杂灌杂草杂藤等可以就地取材的林下废弃资源。覆盖时，以红椿幼树树干为圆心，在周边覆盖杂灌杂草杂藤，覆盖面积 $1m^2$ 左右，覆盖厚度一般在 5～8cm，靠近树干 10cm 左右不覆盖。

4.8.4.3 干形培育

林分 1～7 年生时，每年均要进行抹芽和及时剪除主梢侧边的次顶梢和霸王侧枝，以确保主顶梢的生长，加快主干高生长。抹芽是离地面树高 2/3 以下的嫩芽抹掉，减少养分消耗。修枝主要是将树冠下部受光较少的枝条除掉。造林后第 5 年起，要适当修除红椿主干 1/3 以下的枝条，并剪除枯枝、病虫枝，以培育良好干形。修枝宜在冬末春初进行。

红椿幼林

4.8.4.4　间伐与主伐

红椿主要是作为优质用材培育，培育周期长，当林分郁闭度达到0.9左右时，可进行第1次抚育间伐，间伐强度30%～35%，间伐后郁闭度保持在0.7左右，伐除生长势差、过度被遮或受病虫害危害的植株。当树冠恢复郁闭，侧枝交错，树冠下部自然整枝明显，胸径生长明显下降时安排第2次间伐，间伐强度30%左右。对于混交林，应及时将影响红椿生长的其他树种进行修枝，以防过度遮阴。

一般30～35年为红椿的主伐期。视具体林分，宜采用皆伐或择伐的方法，伐后及时造林更新。

4.8.4.5　病虫害综合防治技术

宜采用人工防治、物理防治、生物防治、化学防治等综合防治方法。

（1）人工防治：定期巡视，及时发现病虫害感染源，人工剪除枯梢及病虫害感染枝干，并集中烧毁。

（2）物理防治：一般采用太阳能杀虫灯诱杀成虫。选择林分中地势较高且视野开阔处，按每5hm^2一盏太阳能杀虫灯布设，并由专人负责收蛾和灯具维护。

（3）生物防治：根据虫害发生时间在林中树干上挂放广泛使用的农林害虫天敌赤眼蜂、花绒寄甲等寄生蜂，挂放高度1.5m左右。放蜂量为每公顷放卵卡90～120个。或在林中套种鸟食植物，招引鸟类捕食害虫。

（4）化学防治：用70%托布津400倍液喷涂红椿树干；50%退菌特可湿性粉剂600～800倍混合液喷雾防治煤污病；用阿维菌素乳油2000倍液、50%杀螟松乳油1000倍液喷雾防治幼虫。

大叶榉树优树

4.9 大叶榉树

4.9.1 概况

大叶榉树（*Zelkova schneideriana*），又名血榉、大叶榉、红榉等，为榆科榉属落叶大乔木，为我国二级重点保护野生植物。大叶榉树木材紫红色、材色鲜艳、材质坚硬，木材基本密度为0.68～0.79g/m^3，花纹美丽，油漆性能优良，耐水湿，耐腐朽，是高档家具和高档装饰装潢等良材，被国家有关部门列为家具用材一类材，特级原木。集约经营人工林轮伐期为35～40年。

4.9.1.1 特性

（1）形态学特性：树皮青紫色，树冠倒圆锥形，单叶互生，叶形椭圆状卵形至窄卵形，羽状脉7～15对，叶表面微粗糙，叶缘具单锯齿，下被淡灰色柔毛。花单性，雌雄同株。小坚果，径约4mm，上部歪斜，果皮有皱纹。

（2）生态学生物学特性：为喜光树种，喜温暖气候和肥厚湿润土壤，在酸性土、中性土上均能生长，常散生，或混生于阔叶林中，在石灰岩山地其伴生树种多为青檀、黄檀喜钙树种。不耐干旱贫瘠，最适宜海拔为50～800m。深根性，侧根广展发达，抗风力强，是优良的水土保持树种、防风树种及净化空气树种。大叶榉树叶秋季变色丰富，不同个体的叶色变化有显著差异，分别有暗红、红、橙、银黄等色相，又因其高大雄伟，树冠广阔，是优良的园林观赏树种。花期4月，果熟10～11月。

（3）文化特性：一是寓意吉祥，古今流传。在我国因“榉”与“举”谐音，古时候上至士绅门第，下至平民百姓均自发的挖取野生榉苗种植于房前屋后，取意“中举”之意。在现代园林绿化和城市建设的过程中，人们也常用大叶榉树来命名街道、庄园或公园，如青岛的“榉林公园”。江苏省金坛市将榉树作为市树，并以榉树挺拔繁茂的品格风貌作为金坛市民的象征。二是情趣高尚，流芳海外。在国外，大叶榉树同样被人们钟爱。在韩国，人们认为榉树与韩国民族的性格和审美情趣相吻合，因此榉树常被誉为代表宽容、忍耐、和平与和睦之树。韩国民间成立有“榉树爱好者协会”，对全国的古老榉树进行调查、建档，发掘与榉树有关的故事和传说。其宗旨为“要让榉树的宽容、和睦和坚毅的品质扎根在韩国民族文化之中”。

4.9.1.2 资源现状

（1）资源分布与规模：大叶榉树分布广泛，在陕西南部、甘肃南部、江苏、安徽、浙江、江西、福建、河南南部、湖北、湖南、广东、广西、四川东南部、贵州、云南和西藏东南部等地均有分布，在云南和西藏可达 1800～2800m。在湖南常生于溪间水旁或山坡土层较厚的稀疏林中，海拔 1100m 以下，湖南省现有人工林面积近 3300hm^2。

大叶榉树人工林

（2）资源培育与利用：大叶榉树资源培育主要有作为珍贵用材林培育，以高级家具为综合利用主要方向，以木材战略储备项目、珍贵用材树种培育项目、森林改培项目等带动发展，也有作为园林绿化中苗和大苗培育，为园林绿化提供优质苗木。

（3）良种选育：湖南省林业科学院开展了大叶榉树资源调查、优势木选择，选择与收集大叶榉树资源 120 多份，在湖南省桑植县建立了全国第一个大叶榉树无性系种子园。

4.9.2 苗木繁育技术

4.9.2.1 种子采收及处理

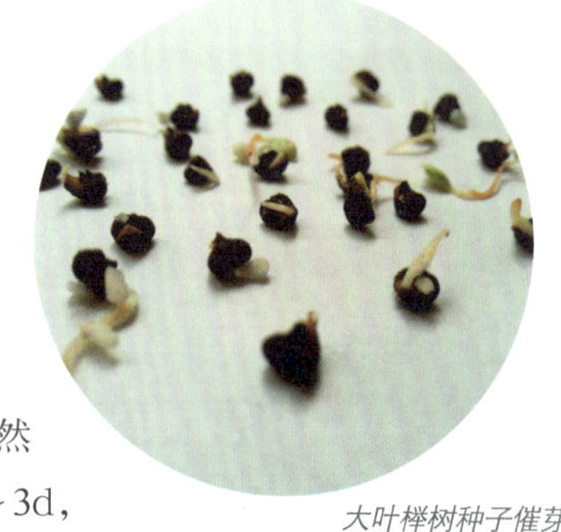
大叶榉树种子催芽

10～11 月，当果实由青转褐色时进行采种。选用种子园种子或从 20 年生以上、生长健壮、干形通直的母树上采种。

采种方法多用自然脱落法或剪枝法在地面收集。种子采收后要先除去枝叶等杂物，然后在室内通风干燥处摊开，让其自然干燥 2～3d，再行风选。去杂阴干后的纯净种子，可袋装置于通风干燥处。

4.9.2.2 苗木培育技术

（1）播种育苗技术：

①选苗圃与施基肥：选择交通方便、背风半阳、土层深厚、肥沃、疏松、排灌方便的壤土，要求土壤 pH 值在 5～6 之间为好，忌用重黏土和前作物是瓜类、薯类、茄子、辣椒、烤烟等的土壤，若用原来育过大叶榉树苗的圃地育苗，则每公顷需用 2250kg 生石灰进行土壤消毒与改良。选好的苗圃于秋季或冬季进行深耕、耙平、整细，除去杂物；结合开厢施 1500kg/hm^2 专用肥作基肥。

②作床：以 0.9m 宽开厢作床，东西向，厢沟宽 0.3m，厢沟深 0.2～0.3m，其余围沟、中沟依次渐深，床面呈龟背形。

大叶榉树苗木培育

③播种：随采随播，或“雨水”至“惊蛰”时播种。播种前种子要浸水 2～3d，除去上浮瘪粒，取下沉的种子条播。条间距 15cm，种子间距 4cm 左右，播种量为 150～180kg/hm^2。播种后，用过筛的黄心土覆盖，以看不见种子为度，再用切短的稻草（长度 3～5cm）覆盖床面，厚度以不见土为宜。

④苗期管理：5 月开始搭阴

棚，阴棚高度1.5～1.8m，用透光度40%～50%的遮阳网遮盖。晴天9：00时以前、16：00时以后也可打开遮阳网让苗木受光，促进生长，8月初可撤除遮阳网。

苗木出土时，用50%多菌灵可湿性粉剂800倍液喷施小苗防病，6月进行补苗，在缺苗处补苗，苗间距4～8cm，补苗后及时浇水并用50%多菌灵可湿性粉剂800倍液喷施芽苗防病，定苗量为60万株/hm^2。

为培育苗木良好的干形，育苗密度宜大，达60万株/hm^2，同时辅以适当修枝。5月底至6月中追施1次专用肥，采用水施，每次施肥量100kg/hm^2。

（2）容器育苗技术：

①基质配比：基质配比（体积比）为泥炭土50%+黄心土47%+钙镁磷肥3%，容器规格为高14cm×径9cm，采用芽苗切根移栽。

②芽苗移栽：搭好阴棚，遮阳网架设高度为1.5～1.8m，遮光率为60%（8月初撤除遮阳网）。移栽前1～2d，用50%多菌灵可湿性粉剂800倍液浇透基质。起苗前，要将苗床淋透水，使基质松软以方便起苗。起苗时要选择生长健壮、正常、无病虫害的小苗，从大到小分级分批起苗，以保证苗木品质。移栽前将芽苗的主根长切除1/3～1/2，移栽完成后，必须浇透定根水，使小苗根部和基质充分接触同时用50%多菌灵可湿性粉剂800倍液喷施芽苗防病。

③苗期管理：6月中旬和7月中旬对苗木进行水施专用肥，施用量为：第1次50kg/hm^2，第2次75kg/hm^2。如果苗木生长旺盛，可不施追肥。要注意及时松土、除草，原则上是有草就除，及时排水和浇灌。小苗多分枝，修枝与抹芽应确保苗木单一主干。幼苗期有小地老虎和蚜虫，食叶害虫有尺蠖、印度赤蛱蝶、袋蛾、芋双线天蛾的幼虫，还有粉白金龟子、赤绒金龟子和茶色金龟子等。大叶榉树苗期虫害虽多，但苗木集中连片，观察、喷药都比较方便。可每月用阿维菌素乳油2000倍液、50%杀螟松乳油1000倍液喷雾防治幼虫。

（3）中苗、大苗培育：

大叶榉树中苗大苗培育应掌握两个关键技术：

①干形培育与抚育：主要技术包括适当密植、扶干、修枝与抹芽、

平茬养干（截干）彻底改造干形重新培育、割除杂草杂灌。

1 年生的苗可以留床培育成 2～3 年生的苗（中苗），也可以将 1～3 年生的圃地苗选择苗干通直、单一主干、顶芽健壮、长势旺、木质化好、干皮及根系无劈裂损伤、无检疫性病虫的苗木重新移栽（株行距 80cm 左右）重新培育，加强干形培育（用竹竿扶干再加修枝与抹芽），对干形弯曲、机械损伤、病虫危害的单株，采用平茬养干（截干）彻底改造干形重新培育，割除影响大叶榉树苗生长的杂灌杂草杂藤等。

②追肥与地表覆盖：圃地留床苗，可采用水施或下雨天撒施肥料的方法施追肥；移栽苗采用穴施专用肥，具体施用量据树龄和土壤情况而定，移栽苗宜采用地表覆盖（用杂灌杂草或谷壳或锯木屑等物覆盖大叶榉树苗周边地表，以树干为中心，覆盖面积 1m^2 以上、覆盖厚度 5cm 以上、靠近苗干 10cm 左右不覆盖）促进苗木生长。

4.9.2.3　造林苗木质量标准

（1）形质指标：苗干通直、单一主干、顶芽健壮、长势旺、木质化好、根系发达、干皮及根系无劈裂损伤、无检疫性病虫害。

（2）数量指标：①更新造林或森林改培造林用苗规格为苗高≥ 0.8m、地径≥ 0.8cm；②景观化珍贵化改造造林用苗规格为苗高≥ 3.0m、胸径≥ 4.0cm。

4.9.3　人工造林技术

4.9.3.1　林地选择

选择海拔高度 50～800m，土壤疏松、肥沃、排水良好，pH 值 5.5～7.0，土层厚度 50cm 以上，坡度 25° 以下的低山、丘陵、岗地。以阳坡、半阳坡为好。

4.9.3.2　整地与造林

（1）在更新改造中的造林

大叶榉树人工幼林

技术：一是适当密植有利于干形培育，株行距采用 3m × 3m；二是选择标准苗木，要求苗木苗干通直、单一主干、顶芽健壮、长势旺、木质化好、干皮及根系无劈裂损伤、无检疫性病虫，苗高 0.8m 以上、地径 0.8cm 以上；三是主要混交树种：赤皮青冈、大叶桂樱、黄连木、小叶栎、青冈、红椿，混交模式为带状或块状。

（2）在低质低效林珍贵化改造中的造林技术：低质低效林珍贵化改造是森林改培模式之一。一是设置造林穴，按株距 3m 左右设置造林穴并清除穴周边 $1m^2$ 以上的杂灌杂草杂藤，挖适宜的穴造林（林中目标树种应保留）；二是选择标准苗木，要求苗木苗干通直、单一主干、顶芽健壮、长势旺、木质化好、干皮及根系无劈裂损伤、无检疫性病虫，苗高 0.8m 以上、地径 0.8cm 以上。

（3）在景观化珍贵化（含生态公益林）改造中的造林技术：对生态公益林实施景观化珍贵化改造是森林改培模式之一。大叶榉树是秋色叶树种，在公益林景观化珍贵化提质改造中选择适宜地块用大叶榉树实施景观化改造技术模式，一是设置小林窗（造林穴区域），225 个 $/hm^2$ 左右，在公益林中，选择景观性相对较差（老弱病残林分）的地块，清除杂木杂灌杂草杂藤，面积 $1m^2$ 以上，设置小林窗，对林窗周边可能会影响大叶榉树生长的非目标树种也应清除，在林窗中挖适宜的穴栽植大叶榉树；二是选择标准带土球的苗木（或大容器苗），要求苗木苗干通直、单一主干、顶芽健壮、长势旺、木质化好、干皮无劈裂损伤、无检疫性病虫，苗高 3m 以上、胸径 4cm 以上。

（4）在四旁景观化珍贵化改造中的造林技术：大叶榉树是较好的四旁景观化珍贵化改造树种。一是株间距，按 4～6m 设置株间距，挖适宜的穴栽植大叶榉树；二是选择标准带土球的苗木（或大容器苗），要求苗木苗干通直、单一主干、顶芽健壮、长势旺、木质化好、干皮无劈裂损伤、无检疫性病虫，苗高 3m 以上、胸径 4cm 以上。

4.9.4 人工林经营技术

4.9.4.1 森林抚育

林分郁闭前每年抚育 2 次，分别于 5 月、9 月进行，割除影响大叶榉树生长的杂木杂灌杂草杂藤（有利于大叶榉树干形培育的杂木作为伴生树种可暂时保留），留桩高度小于20cm。林分郁闭后每年抚育1次，于9月进行。

4.9.4.2 肥水管理

（1）配方施肥：林分2～10年生期间，每年每株施复合肥0.1～0.5kg，施肥前清除苗木周围杂灌草，一般结合松土除草进行，宜于春季雨前施肥，施肥量随树龄增加而增加。施肥方法一般采用沟施法，即沿树冠垂直投影线外侧挖环形沟施入，沟宽20cm、深25cm，将肥料均匀施于施肥沟，然后覆土。

（2）地表覆盖：地表覆盖物有谷壳、锯木屑、杂灌杂草杂藤、黑色农膜等，用覆盖物覆盖大叶榉树幼树树干周边地表，以树干为中心，覆盖面积1m^2以上，覆盖厚度杂灌杂草杂藤为8cm以上、谷壳和锯木屑为5cm以上，靠近树干10cm左右不覆盖；用黑色农膜覆盖，覆盖前要割除覆盖区域的杂草杂灌，覆盖面积1m^2，靠近树干10cm不覆盖，农膜要铺平且四周压实保湿抑草。

4.9.4.3 干形培育

（1）扶干与抹芽：栽植后，用竹竿扶干，树高1m左右时，用小竹竿扶干并抹芽，确保单一主干正常生长，树高3m左右时，用相应高度的竹竿扶干，确保单一主干正常生长。

（2）修枝：有利于大叶榉树干形培育的杂木作为伴生树种可暂时保留，在每年的冬末春初剪除树根根际处的萌发枝和树干上的徒长枝（包括次顶梢），确保单一主干生长，栽植后每年均要修枝，培育干形，待主干高达7m以上时可停止修枝。

4.9.4.4 间伐与主伐

当林分郁闭度达0.9左右时，对被压木、病虫木等进行间伐（或移栽），间伐比例为株数的30%左右，随着林分的生长当林分郁闭度达0.9左右时，对被压木、多叉木、弯曲木等进行间伐（或移栽），移除比例为株数的25%左右。

一般35～40年进行主伐。

4.9.4.5 病虫害综合防治技术

（1）人工防治：定期巡视，及时发现病虫害感染源，人工剪除枯梢及病虫害感染枝干，并集中烧毁。

（2）物理防治：一般采用太阳能杀虫灯诱杀成虫。选择林分中地势较高且视野开阔处，按每 5hm^2 一盏太阳能杀虫灯布设，并由专人负责收蛾和灯具维护。

（3）生物防治：根据虫害发生时间在林中树干上挂放广泛使用的农林害虫天敌赤眼蜂、花绒寄甲等寄生蜂，挂放高度 1.5m 左右。放蜂量为每公顷放卵卡 90 个，或在林中套种鸟食植物，招引鸟类捕食害虫。

（4）化学防治：大叶榉树主要有食叶害虫危害，如果虫害暴发，用阿维菌素乳油 2000 倍液、50% 杀螟松乳油 1000 倍液喷雾防治幼虫。

4.10 小叶红豆

4.10.1 概况

小叶红豆（*Ormosia microphylla*），又名苏檀木树、紫檀等，豆科红豆属常绿乔木，边材浅黄褐色，心材新鲜时鲜红色，久置则紫红至暗紫色，气干密度 0.82g/cm^3，纹理美观，是高级家具及工艺品等良材。

小叶红豆木材

4.10.1.1 特性

（1）形态学特性：大树树皮光滑，灰色，不裂；裸芽，芽、嫩枝、叶轴、小叶柄、叶背密被黄色（或锈色）柔毛。奇数羽状复叶，小叶 11～15 片，长圆形，长 2～5cm，宽 1～2cm，先端尖，基部圆，侧脉 5～7 对。荚果菱形或长圆形，长 3～7cm，顶端具短喙，厚革质或木质；种子 2～4 粒，长约 1.5cm，平滑有光泽。

小叶红豆枝叶

小叶红豆树形

（2）生态学生物学特性：小叶红豆生长在海拔400～900m的山林中。天然群落分布于亚热带温暖季风气候区，以山地、低山、中低山为主。分布区水热条件优越，年均降水量为1200mm以上，相对湿度80%以上。对土壤要求不苛，适生在酸性或微酸性的红壤或红黄壤，但以土层深厚、肥沃的环境生长良好。种子外皮坚硬，不易吸水发芽。林下天然更新较差，但根系萌蘖力强，伐根上能迅速长出萌条。花期3～4月，种子成熟期10～11月。

（3）文化特性：因种子红色，寓意红豆。自古以来，红豆是用来表达爱情、抒发怀念之情的信物，人们把红豆作为一种假宝石，镶在戒指上，嵌在项链中，闺阁名媛对红豆尤为喜爱，情窦初开的青年男女，往往把它作为定情之物相互馈赠，表达倾慕相思之情或夫妻长久和合之意。红豆便成了文人墨客寄寓相思的一个写不尽的永恒题材，屡见于文学作品之中。

4.10.1.2 资源现状

（1）资源分布：湖南、广西、福建、广东、贵州等地有分布。在湖南主要生于400～900m的低山、丘陵区，散生于阔叶林中。

（2）资源培育与利用：主要作为珍贵用材林培育，以制作高级家具为主要利用方向，以木材战略储备项目、珍贵用材树种培育项目、森林改培项目等带动发展，也有作为园林绿化中苗和大苗培育，为园林绿化提供优质苗木。

（3）良种选育：开展了资源调查、优势木选择及苗木培育等研究。

4.10.2 苗木繁育技术

4.10.2.1 种子采收及处理

（1）种子采收：选择30年生以上树干通直、生长健壮、无病虫害的优良母树，于10～11月当荚果由青褐色变成深褐色，并有部分开裂时，及时从树上收集，最好分批及时收集。将采收的荚果进行暴晒或风干，脱粒后去除杂质，净化种子，常温下干藏或0～5℃冷藏。

小叶红豆种子

（2）种子处理：种子坚硬，表皮含有蜡质类物质，致使其透水性差，因此在自然条件下萌芽能力很弱，经过催芽处理方可提高其萌发效果。催芽采用高温浸种和人工机械破皮相结合的方法。先用80℃高温的水浸泡种子，待其自然冷却后拣出膨胀的种子；未膨胀的种子再用60℃的热水浸泡，冷却后拣出膨胀的种子；余下的种子再用40℃的温水反复浸泡；仍未膨胀的种子，用小刀等锋利的工具将种皮割破后浸泡，但不应伤及种脐，直到全部种子膨胀为止。膨胀的种子可直接播种到准备好的苗床上；也可把膨胀的种子通过湿沙贮藏催芽，当种子大部分裂开，并长出胚根再进行播种。

4.10.2.2 苗木培育技术

（1）播种育苗技术：

①选苗圃与施基肥：宜选择交通便利、排灌方便，肥沃的圃地，土壤以沙壤土或壤土为好。土质黏重，排水不良，冬季冷空气易汇集的

低洼地，不宜作育苗地。圃地要进行精耕细作，床面高 20cm，床面宽 90cm，床间距 30cm。中沟、边沟宽 40cm，深 35cm。整地时要施足基肥。施复合肥 1500kg/hm^2 作为基肥，均匀撒施于圃地表面后将其埋入土中，5～7d 后再播种。

②播种前种子处理：播种前种子要经过催芽并用多菌灵 800 倍液浸种杀菌消毒。

③播种育苗与苗期管理：播种时间为 3 月。一般用条播，条间距离 20～25cm，播种后用黄心土覆盖，厚度为 1.5～2.0cm。播种覆盖土后苗床用稻草覆盖，以保持苗床湿润，利于种子的萌发。种子发芽出土达 50%时，选择阴天雨天分两次揭除稻草同时用多菌灵 800 倍液喷施苗木杀菌消毒。幼苗生长期间，要加强抚育管理，及时除草松土。为防止高温对幼苗造成伤害，在 5 月开始搭阴棚，阴棚高度 1.5～1.8m，用透光度 40%～50%的遮阳网遮盖。晴天 9：00 时以前、16：00 时以后也可打开遮阳网让苗木受光，促进生长。到 9 月初可撤除遮阳网。

5～6 月进行间苗和补苗，间除生长不良、病虫危害、过密的幼苗，空苗处进行补苗，间苗补苗后及时浇水并用 50% 多菌灵可湿性粉剂 800 倍液喷施芽苗防病，每公顷定苗量为 30 万～37.5 万株。5 月底至6 月中旬追施 1 次复合肥，开沟施肥，用土覆盖，每次施肥量 100kg/hm^2。

富根技术：于 9～10 月间，用铲子从小苗的两侧斜向切下，将苗木主根切断，促进苗木侧根发育。用 GGR6 等促根剂 50mg/kg 液喷施苗木 3 次，每 7d 喷 1 次。

（2）容器苗培育技术：

①圃地准备：选择地势平坦、排水良好、光照条件好、交通方便、接近水源和电源的平地或缓坡做圃地。清除杂草、石块，将圃地整平，四周及中间开设排水沟，苗床覆盖黑色地布。

②容器选择：选用口径 10cm、高 15cm 规格的无纺布容器袋。

③基质配比：基质配比（按体积比计算）为黄心土 40%、泥炭土 55% 和钙镁磷肥 5%。黄心土碾碎过筛，基质充分拌匀。

④基质装填和摆放：装袋时基质要分层灌紧，每袋的装填量，达育

苗袋的 95%，并松紧一致。将育苗袋排放整齐，相互靠紧、放平，每摆放 2 行间隔 15cm。

⑤芽苗培育：播种时间在 1～2 月。将经过催芽处理的种子均匀散播到准备好的苗床上，种子间距 3～5cm。播后用过筛的黄心土或细沙土覆盖，厚度以不见种子为宜。然后浇透水，用多菌灵 800 倍液喷施杀菌消毒，做小拱棚，用农膜保温保湿。

⑥芽苗移栽：移栽前 1～2d，用 0.1%～0.2% 高锰酸钾溶液或 50% 多菌灵可湿性粉剂 800 倍液浇透容器轻基质消毒。当芽苗高达 3～5cm 时就可移植。将芽苗床浇透水，随起随栽，移栽前切除芽苗主根长的 1/3，移植入袋，压实并浇透水，用多菌灵 800 倍液喷施杀菌消毒。

⑦圃地管理：5～8 月用遮光率 60% 的遮阳网遮阴，阴棚高度 1.5～1.8m。幼苗生长期及时浇水，保持基质湿润，雨季注意排水。施肥在芽苗移栽后的 45～50d，用浓度 0.2%～0.3% 尿素或复合肥喷施 2～3 次，每次间隔 7～10d，用 GGR6 等促根剂 50mg/kg 液喷施苗木 3 次，每 7d 喷 1 次。

4.10.2.3 造林苗木质量标准

（1）形质指标：苗干通直、单一主干、顶芽健壮、长势旺、木质化好、根系发达、干皮及根系无劈裂损伤、无检疫性病虫害。

（2）数量指标：①更新造林或改培造林用苗规格为苗高 0.8 以上、地径 0.8cm 以上；②景观化珍贵化改造造林用苗规格为苗高 3.0m 以上、胸径 4.0cm 以上。

4.10.3 人工造林技术

4.10.3.1 林地选择

选择海拔 400～900m 由板页岩、花岗岩、砂砾岩发育的山地、丘陵地。一般选择土壤 pH 值 4.5～6.0、土层深厚肥沃的山坡中下部、排水良好的地方。

4.10.3.2 整地与造林

（1）在低质低效林珍贵化改造中的造林技术：一是设置造林穴，按株距 3m 以上设置造林穴并清除穴周边 1m² 以上的杂灌杂草杂藤，挖适宜的穴造林（林中目标树种应保留）；二是选择标准苗木，要求苗木苗干通直、单一主干、顶芽健壮、长势旺、木质化好、根系发达、干皮及根系无劈裂损伤、无检疫性病虫；苗高 0.8m 以上、地径 0.8cm 以上。

（2）在人工林林下补植珍贵化改造中的造林技术：要求将人工林实施高强度择伐，择伐后保留 450～750 株 /hm²。一是设置造林穴，按目标树（包括保留的树木）间距离大于 3m 的原则设置栽植穴，清除穴周边 1m² 以上的杂灌杂草杂藤，挖适宜的穴造林；二是选择标准苗木，要求苗木苗干通直、单一主干、顶芽健壮、长势旺、木质化好、根系发达、干皮及根系无劈裂损伤、无检疫性病虫；苗高 0.8m 以上、地径 0.8cm 以上。

（3）在更新改造中的造林技术：一是株行距采用 3m × 3m；二是选择标准苗木，要求苗木苗干通直、单一主干、顶芽健壮、长势旺、木质化好、根系发达、干皮及根系无劈裂损伤、无检疫性病虫；苗高 0.8m 以上、地径 0.8cm 以上。林分中新生的树种只要不影响目标树生长就任其生长；三是主要混交树种：赤皮青冈、大叶桂樱、黄连木、小叶栎、青冈、红椿，混交模式为带状或块状。

（4）在景观化珍贵化（含公益林）改造中的造林技术：在公益林景观化珍贵化提质改造中选择适宜地块用小叶红豆树等实施景观化珍贵化改造技术模式。一是设置小林窗（造林穴区域），每公顷开穴 225 个左右，在公益林中，选择景观性相对较差（老弱病残林分）的地块，清除杂木杂灌杂草杂藤面积 1m² 以上，设置小林窗，对林窗周边可能会影响小叶红豆生长的乔木也应清除，在林窗中挖适宜的穴栽植小叶红豆树；二是选择标准带土球的苗木（或大容器苗），要求苗木苗干通直、单一主干、顶芽健壮、长势旺、木质化好、干皮及根系无劈裂损伤、无检疫性病虫，苗高 3m 以上、胸径 4cm 以上；栽植大苗要设立支架防风倒。

（5）在四旁景观化珍贵化改造中的造林技术：小叶红豆是较好的四旁景观化珍贵化改造树种。一是株间距，按 4～6m 设置株间距，挖适宜的穴栽植小叶红豆；二是选择标准带土球的苗木（或大容器苗），要求苗木苗干通直、单一主干、顶芽健壮、长势旺、木质化好、根系发达、干皮及根系无劈裂损伤、无检疫性病虫，苗高 3m 以上、胸径 4cm 以上；栽植大苗要设立支架防风倒。

4.10.4 人工林经营技术

4.10.4.1 森林抚育

割除小叶红豆周边 $1m^2$ 的杂草杂灌杂藤，培养和保护顶芽，减少分叉，剪去基部萌芽条，第 1～6 年每年抚育 2 次，于 5 月、9 月进行，林分 6 年生后每年抚育 1 次，于 9 月进行。

4.10.4.2 肥水管理

（1）施肥：林分 2～10 年生期间，每年每株施复合肥 0.1～0.5kg，施肥前清除苗木周围杂灌草，一般结合松土除草进行，宜于春季雨前施肥，施肥量随树龄增加而增加。施肥方法一般采用沟施法，即沿树冠垂直投影线外侧挖环形沟施入，沟宽 20cm、深 25cm，将肥料均匀施于施肥沟，然后覆土。

（2）地表覆盖：用割除的杂草杂灌覆盖树干周边地表，以树干为中心，覆盖面积 $1m^2$ 以上，靠近树干 10cm 不覆盖。

4.10.4.3 干形培育

林分 1～8 年生期间及时剪除树根处的萌发枝、树干上的徒长枝、次生顶梢，确保单一主干的正常生长。

4.10.4.4 间伐与主伐

当林分郁闭度达 0.9 左右时，对被压木、病虫木等进行间伐（或移栽），间伐比例为株数的 30% 左右，随着林分的生长当林分郁闭度达 0.9 左右时，对霸王树、被压木、多叉木、弯曲木等进行间伐（或移栽），间伐比例为株数的 25% 左右。

一般林分 50 年生时进行主伐。

4.10.4.5 病虫害综合防治技术

（1）人工防治：人工剪去枯枝、病虫害枝，剪下的病虫枝放入袋中，集中收纳焚烧。

（2）物理防治：采用太阳能杀虫灯诱杀成虫。按 $5hm^2$ 一盏设置于地势较高、视野开阔处，用光控开关控制电源，安排专人负责收蛾和灯具维护。

（3）生物防治：赤眼蜂是全世界范围内农林害虫应用最广泛的一类寄生蜂，特别是在抑制许多鳞翅目害虫大发生时起着十分重要的作用。在成虫产卵初盛期挂放赤眼蜂，降低卵块孵化率，控制虫口基数。挂放高度，1.5～2m 为宜。用图钉将卵卡钉在树干上。每公顷放置 90 个卵卡。

木荚红豆树形

4.11 木荚红豆

4.11.1 概况

木荚红豆（*Ormosia xylocarpa*），为豆科红豆属常绿乔木，木材硬度大、耐磨、耐冲击，心材紫红色，纹理美，结构细匀，径面和弦面都具有细致的花纹，是高级的室内装饰、家具和雕刻工艺等良材，具有广泛的用途和较高的经济价值，是我国南方优良的珍贵用材树种。顶芽发达，树干通直、圆满，自然整枝良好，其人工林凋落量较大，是一个枯枝落叶返还量较大的优质珍贵阔叶树种，有利于改良森林土壤，其树冠浓荫覆地，也是优良的庭院绿化树种。

4.11.1.1 特性

（1）形态学特性：树皮灰色或灰绿色，平滑。枝密被紧贴的褐黄色短柔毛。奇数羽状复叶，长

11～24.5cm，叶柄长 3～5cm，叶轴长 3.2～5.4cm，叶轴在最上部一对小叶处延长 1.7～2.5cm 生顶小叶，叶柄及叶轴被黄色短柔毛或疏毛；小叶 2～3 对，厚革质，长椭圆形或长椭圆状倒披针形，长 3～14cm，宽 1.3～5.3cm，先端钝圆或急尖，基部宽楔形，边缘微向下反卷，上面无毛，下面贴生极短的褐黄色毛，或脱落较疏，但中脉两侧较密；小叶柄长 7～12mm，上面有沟槽，密被短毛。圆锥花序顶生，花冠白色或粉红色。荚果倒卵形至长椭圆形或菱形，长 5～7cm，宽 2～4cm，厚 1.5cm，压扁，着种子处微隆起，果瓣厚木质，腹缝边缘向外反卷，外面密被黄褐色短绢毛，内壁有横隔膜，有种子 1～5 粒；种子横椭圆形或近圆形，微扁，长 0.8～1.3cm，宽 6～8mm，厚 4～5mm，种皮红色，光亮，种子千粒重 194.45g。

木荚红豆果实

木荚红豆枝叶

（2）生态学生物学特性：为较喜光树种，天然林中的大树处于林冠上层，喜温暖湿润气候和深厚肥沃湿润土壤，在酸性红壤、微酸性黄壤生长良好，适于海拔 200～1000m 的低山丘陵地。花期 6～7 月，果期 10～11 月。

（3）文化特性：因种子红色，似豆子大小，寓意红豆。自古以来，红豆是用来表达爱情、抒发怀念之情的信物，人们把红豆作为一种假宝石，镶在戒指上，嵌在项链中，情窦初开的青年男女，往往把它作为定情之物相互馈赠，表达倾慕相思之情或夫妻长久和合之意。红豆便成了文人墨客寄寓相思的一个写不尽的永恒题材，屡见于文学作品之中。

4.11.1.2 资源现状

(1) 资源分布：主要分布于湖南、江西、福建、广东、海南、广西、贵州（东部）等地区。在湖南主要分布于湘南、湘西南地区的通道、洞口、城步、绥宁、江永、道县、炎陵、桂东、资兴、宜章等地，海拔200～1000m的山地沟谷、林中。

(2) 资源培育与利用：主要作为珍贵用材林培育，以木材战略储备项目、珍贵用材树种培育项目、森林改培项目等带动发展，也有作为园林绿化的中苗和大苗为主的绿化苗木的培育，为园林绿化提供优质中大型苗木。

(3) 良种选育：湖南省森林植物园从江华引进种质资源，开展了种子采种、种子贮藏、种子催芽与播种及芽苗移栽等研究。

木荚红豆果实 A

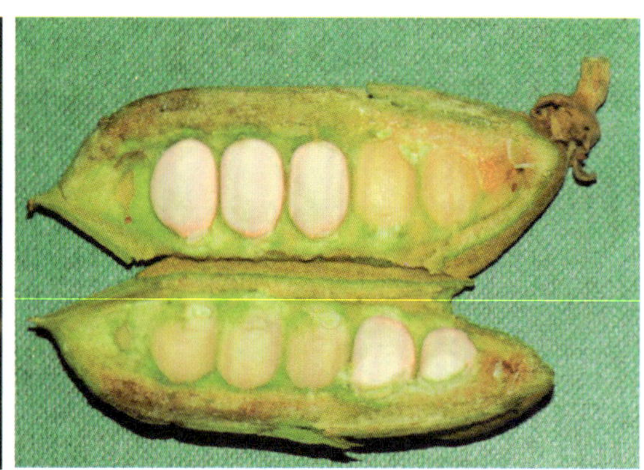
木荚红豆果实 B

4.11.2 苗木繁育技术

4.11.2.1 种子采收及处理

(1) 采种：在11月中旬，选择生长健壮、主干明显、通直、树冠发达、无病虫害的20～30年生的树作采种母树，当果实的果皮从红色变亮红色，当荚果将要开裂时采收，荚果采收后摊开使其自行开裂脱粒。处理后的种子，阴干，切忌在日光下暴晒。

(2) 种子贮藏：种子阴干后，放入通风袋中或混沙贮藏，最佳贮藏方式是保持含水量为 4.7%，室内常温干藏。

4.11.2.2 苗木培育技术

（1）播种苗培育技术：

①圃地选择：宜选择在交通便利、地势平坦和排灌方便处，要求是土层深厚、结构疏松和富含有机质的土壤 pH 值在 5.0～6.5 的壤土、沙壤土。

②整地：宜秋季整地，两次翻耕，翻耕深度宜 25～30cm。

③施基肥：基肥宜以复合肥或饼肥为主，第二次翻耕前撒施。饼肥要充分腐熟。应施饼肥 2250kg/hm^2 或氮、磷、钾总养分≥ 45% 的复合肥 1500kg/hm^2。

④作床：圃地平整后作苗床，苗床宜宽 100～120cm、高 20～25cm，长依地形而定；步道宽 30cm。四周设置排水沟，要求畦沟浅，围沟深。

⑤土壤消毒：宜用 70% 甲基托布津 900～1350g/hm^2，兑水 800 倍液喷雾。用地膜覆盖 3～5d 即可使用。

⑥种子催芽：播种前，可采用热水处理或机械破皮加热水处理。机械破皮后将种子置于桶或缸中，倒入 40℃温水，浸种 1d，种子如未充分吸水，去掉冷水再倒入 40℃温水，再浸泡 1d，经过处理的种子播下后，约 1 个月即可开始发芽，发芽率可达 85%。

⑦播种时期：宜在 12 月下旬至翌年2 月上旬。

⑧播种方法：将催芽的种子开沟条播，沟深 2.0～2.5cm，沟间距 20～25cm，种子间距 8～10cm。播种后浇透水，2h 后用 70% 甲基托布津进行一次消毒。

⑨覆盖：播种后，覆盖黄心土，覆盖厚度以不见种子为度，播种覆土后直接盖上稻草，并适当压实。宜在出芽 60%时，阴天或傍晚逐渐揭除稻草。

⑩管理：夏季高温期搭设遮阳网遮阳，幼苗速生期 7～9 月开始追肥，可施用 0.2%～0.3% 尿素或复合肥 2～3 次，每隔 15d 浇施 1 次，10 月喷施 0.2%～0.5% 磷酸二氢钾溶液，连喷 2 次。应及时拔除杂草，坚持“除早，除小，除了”的原则，确保无杂草。病害可选用 800 倍液的多菌灵、甲基托布津交替喷雾防病；虫害可用 1.8% 阿维菌素乳油 2000 倍溶液予以防治。

富根技术：于 9～10 月间，用铲子从小苗的两侧斜向切下，将苗木主根切断，促进苗木侧根生长；用 GGR6 等促根剂 50mg/kg 液喷施苗木 3 次，每 7d 喷 1 次。

（2）容器苗培育技术：

①圃地准备：应选择地势平坦、排水良好、光照条件佳的平地或缓坡。要求清除杂草、石块、圃地平整，四周及中间开设排水沟，地面覆盖黑色地布。

②容器类型和规格：宜选无纺布网袋容器，培育 1 年生育苗容器多采用 10cm × 15cm，培育 2～3 年生苗育苗容器多采用 15cm × 20cm。

③基质选择：培育 1 年生容器苗基质及配比（体积比）为黄心土：泥炭土：珍珠岩 =2:1:1，培育 2～3 年生容器苗基质及配比（体积比）为黄心土：泥炭土：珍珠岩 =2:2:1。

④移栽时间：播种苗长出 2～4 片真叶时移栽。

⑤苗期管理：水分管理：以表土不干燥发白为原则，速生期应多喷水，生长后期需控水。喷水宜早晚进行，雨季及时清沟排水；追肥与促根：容器苗在速生期喷施 0.3% 尿素或复合肥 2～3 次，每隔 10d 一次，生长后期每 2 周喷施 0.3% 磷酸二氢钾溶液，连喷 3 次。用 GGR6 等促根剂 50mg/kg 液喷施苗木 3 次，每 7d 喷 1 次；降温：夏季高温干旱期搭设遮阳网遮阳；除草：应及时拔除杂草，坚持“除早，除小，除了”的原则，确保无杂草；病虫害防治：病害可选用 800 倍液的多菌灵、甲基托布津交替喷雾防病；虫害可用 1.8% 阿维菌素乳油 2000 倍溶液予以防治。

4.11.2.3 造林苗木质量标准

（1）形质指标：单一主干、苗干通直，生长健壮、顶芽完整，根系发达，无损伤和病虫害。

（2）数量指标：①更新造林或改培造林用苗规格为苗高 80cm 以上、地径 0.8cm 以上；②园林景观绿化珍贵苗造林用苗规格为 Ⅰ 级苗规格苗高 4m 以上、胸径 5cm 以上，Ⅱ 级苗规格苗高 3～4m、胸径 4～5cm。

4.11.3 人工造林技术

4.11.3.1 林地选择

（1）海拔高度：200～1000m。

（2）母质母岩：选择板页岩、花岗岩、砂砾岩发育的土壤种植。

（3）立地条件：一般选择土壤 pH 值 4.5～6.0、土层深厚肥沃、水分充足的山坡中下部、排水良好的山洼及四旁。

4.11.3.2 整地与造林

木荚红豆枝、叶、果

（1）在低产林珍贵化改造中的造林技术：

①林地清理：保留造林地上目标树种，把造林地上的非目标树种、杂草、灌木、竹类等割掉、砍倒，并及时清除。

②整地：宜秋冬整地，采用中穴整地方式，穴规格为 50cm×50cm×40cm，并将表土与底土分别堆放在穴的两边。

③苗木选择：选择标准苗木，要求苗干通直，单一主干，苗木生长健壮，根系发达，无病虫害，苗高 80cm 以上、地径 0.7cm 以上。

④栽植：采用“三覆二踩一提苗”的造林技术，分层覆土，将肥沃的表层与基肥混合后垫入穴底，再放入苗木，将底土填于根际，轻轻提苗，填土至穴满，踏实。如是容器苗，就只要使穴土与无纺布容器密接即可，并适当深栽。

（2）在森林改培珍贵树种中的造林技术：

将林分实施高强度择伐，择伐后保留 450～750 株 /hm^2，一是设置造林穴，按目标树（包括保留的树木）间距离大于 3m 的原则设置栽植穴，清除穴周边 1m^2 以上的杂灌杂草杂藤，挖穴造林，穴规格 50cm×50cm×40cm，选择标准苗木，要求苗干通直、单一主干、顶芽健壮、根系发达，无损伤和病虫害，苗高 80cm 以上、地径 0.8cm 以上。

（3）在更新改造中的造林技术：

穴规格 50cm × 50cm × 40cm。密植有利于干形培育，株行距采用 3m × 3m。采用大块状混交模式造林，主要混交树种：赤皮青冈、黄连木、小叶栎、青冈、红椿、闽楠、大叶榉树等。

（4）在四旁景观化珍贵化改造中的造林技术：

木荚红豆是较好的四旁景观化珍贵化改造树种。一是株间距，按 4～6m 设置株间距；二是选择标准带土球的苗木（或大容器苗），要求苗木苗干通直、单一主干、顶芽健壮、长势旺、木质化好、干皮无劈裂损伤、无检疫性病虫，苗高 3m 以上、胸径 4cm 以上。

木荚红豆古树

4.11.4 人工林经营技术

4.11.4.1 森林抚育

割除木荚红豆周边 1m 杂草杂灌杂藤，培养和保护顶芽，减少分叉，剪去基部萌芽条，第 1～6 年每年抚育 2 次，林分 6 年生以后每年抚育 1 次；木荚红豆树皮薄，幼树树皮一旦被碰撞擦破，易导致整株死亡，要做好防止牲畜践踏和防火工作。

4.11.4.2 肥水管理

（1）配方施肥：林分 2～10 年生期间，每年每株施复合肥 0.1～0.5kg，施肥前清除苗木周围杂灌草，一般结合松土除草进行，宜于春季雨前施肥，施肥量随树龄增加而增加。施肥方法一般采用沟施法，即沿树冠垂直投影线外侧挖环形沟施入，沟宽 20cm、深 25cm，将肥料均匀施于施肥沟，然后覆土。

（2）地表覆盖：用割除的杂草杂灌覆盖树干周边地表，以树干为中心，覆盖面积 $1m^2$ 以上。

4.11.4.3 干形培育

林分 1～8 年生及时剪除树根处的萌发枝、树干上的徒长枝、次顶梢，确保单一主干正常生长。

4.11.4.4 间伐与主伐

当林分郁闭度达 0.9 左右时，对被压木、病虫木等进行间伐（或移栽），间伐比例为株数的 30% 左右，使林分郁闭度达 0.7 左右。随着林分的生长，当林分郁闭度又达 0.9 左右时，对霸王树、弯曲木、被压木、多叉木等进行间伐（或移栽），移除比例为株数的 30% 左右，使林分郁闭度达 0.7 左右。

一般林分 50 年生时进行主伐。

4.12 红豆树

4.12.1 概况

红豆树（*Ormosia hosiei*），又名鄂西红豆，为豆科红豆属常绿乔木，为我国特有树种，国家二级重点保护野生植物，是红豆属中分布最北、最耐寒的珍贵用材树种。红豆树以其鲜红艳丽的种子、优美的树姿和优质的木材著称于世，为闻名的材用、景观、森林文化和庭院绿化树种。红豆树木材坚硬细致，纹理美丽，有光泽，边材浅黄褐色，心材褐色，气干密度 0.75g/cm^3，为优良的高级家具和工艺美术品等用材，与红木齐名。

红豆树树形

红豆树枝叶 A

红豆树枝叶 B

红豆树种子

4.12.1.1 特性

（1）形态学特性：树皮灰绿色，平滑；小枝绿色；冬芽有褐黄色细毛；奇数羽状复叶，长 12.5～23cm；叶柄长 2～4cm，叶轴长 3.5～7.7cm，叶轴在最上部一对小叶处延长 0.2～2cm 生顶小叶；小叶 2～4 对，薄革质，卵形或卵状椭圆形，长 3～10.5cm，宽 1.5～5cm，先端急尖，基部圆形，幼叶疏被细毛，老则脱落无毛，侧脉 8～10 对，小叶柄长 2～6mm，圆形，无凹槽。花梗长 1.5～2cm；花萼钟形，花冠白色或淡紫色；荚果近圆形，扁平，长 3.3～4.8cm，宽 2.3～3.5cm，先端有短喙，果颈长 5～8mm，果瓣近革质，厚 2～3mm，无毛，有种子 1～2 粒；种子近圆形或椭圆形，长 1.5～1.8cm，宽 1.2～1.5cm，厚约 5mm，种皮红色。

（2）生态学生物学特性：红豆属中分布于纬度最北地区的种类，较为耐寒。生于海拔 200～900m 河旁、山坡、山谷林内。幼年喜湿耐阴，中龄以后喜光，对土壤肥力要求中等，但对水分要求较高，深根性，主根明显，根系发达，寿命较长，具根瘤菌，萌芽力强，能天然下种更新。在自然群落结构中处于上层林冠，常和樟树、栲树、树参、石栎、冬青、枫香树等树种混生。圆锥花序顶生或腋生，下垂；花疏，有香气；花期 4～5 月，果期 10～11 月。

(3) 文化特性：种子鲜红亮丽，玲珑可爱，色彩历久不变，收藏多年如初，常用来赠送亲友，以寄思念之情。历史文人留下众多诗作，以唐朝“诗佛”王维的《相思》为代表，至今读来，仍让人意犹未尽，颇为深刻。

自古以来，人们对红豆怀有一种特殊感情，一些地方的青年男女，把红豆树种子作为珍贵聘物相互馈赠，充当爱情的无价信物，寄托相爱情意。还有用红豆串成项链、耳饰，或者作为手镯、戒指等首饰的镶嵌物。可见红豆文化之魅力。

4.12.1.2 资源现状

(1) 资源分布：主要分布于江苏、浙江、安徽、江西、福建、湖北、湖南、陕西（南部）、甘肃（东南部）、四川、重庆和贵州等地区，多生于海拔 200～900m 的丘陵、河边或山谷常绿阔叶林中。湖南主要分布于桑植、石门、洞口，800m 以下山地沟谷林中。

其自然繁衍能力和传播扩散能力较差，再加上由于拥有独特的文化价值和很高的经济价值，因而常被砍伐利用，天然林的资源已经濒临枯竭，发展人工造林，增加种群规模，成为当务之急。目前在浙江和福建等省广为推广种植，湖南一些林场已进行成片造林。

(2) 资源培育与利用：主要作为珍贵用材林培育，以木材战略储备项目、珍贵用材树种培育项目、森林改培项目等带动发展，也有作为园林绿化的中苗和大苗为主的绿化苗木的培育，为园林绿化提供优质中大型苗木。

(3) 良种选育：近年来，在湖南、浙江、江西和福建等地，红豆树作为珍贵用材树种越来越被重视，红豆树育苗和造林关键技术取得突破，并开展了天然林和人工林的优树选择工作。

4.12.2 苗木繁育技术

4.12.2.1 种子采收及处理

(1) 种子采收：选择 30 年生以上树干通直、生长健壮、无病虫害的优良母树，于 10 月下旬至 11 月上旬，当荚果由青褐色变成深褐色，并有部分开裂时，及时从树上分批收集。将采收的荚果进行暴晒或风干，脱粒后去除杂质，净化种子，常温下干藏或 0～5℃冷藏。

（2）种子催芽：其种子坚硬，透水性差，在自然条件下萌芽能力很弱，经过催芽处理方可提高其萌发效果。催芽采用高温浸种和人工机械破皮相结合的方法。先用 80℃高温的水浸泡种子，待其自然冷却后拣出膨胀的种子；未膨胀的种子再用 60℃的热水浸泡，冷却后拣出膨胀的种子；余下的种子再用 40℃的温水反复浸泡；仍未膨胀的种子，用小刀等锋利的工具将种皮割破后浸泡，但不应伤及种脐，直到全部种子膨胀为止。膨胀的种子可直接播种到准备好的苗床上；也可把膨胀的种子通过湿沙贮藏催芽，当种子大部分裂开，并长出胚根，再进行播种。

4.12.2.2 苗木培育技术

（1）播种育苗技术：

①圃地选择与整地：宜选择在交通便利、地势平坦和排灌方便处，要求是土层深厚、结构疏松和富含有机质的土壤，pH 值在 5.0～6.5 的壤土、沙壤土。宜秋季整地，两次翻耕，翻耕深度宜 25～30cm。

②施基肥与作床：基肥宜以复合肥或饼肥为主，第二次翻耕前撒施。饼肥要充分腐熟。应施饼肥 2250kg/hm^2 或氮、磷、钾总养分≥45% 的复合肥 1500kg/hm^2。圃地平整后作苗床，苗床宜宽 90cm、高 25cm；步道宽 30cm。四周设置排水沟，要求畦沟浅，围沟深。

③播种时期与方法：宜在 12 月下旬至2 月上旬播种。将催芽的种子开沟条播，沟深2.0～2.5cm，沟间距 20～25cm，种子间距 8～10cm。播种后浇透水，2h 后用 70% 甲基托布津进行一次消毒。

红豆树苗木培育

④覆盖：播种后，覆盖黄心土，覆盖厚度以不见种子为度，播种覆土后直接盖上稻草，并适当压实。宜在出芽 60% 时，选择阴天或傍晚逐渐揭除稻草。

⑤苗期管理：夏季高温期搭设遮阳网遮阳，幼苗速生期7～9月开始追肥，可施用0.2%～0.3%尿素或复合肥2～3次，每隔15d浇施1次，10月喷施0.2%～0.5%磷酸二氢钾溶液，连喷2次。应及时拔除杂草，坚持“除早、除小、除了”的原则，确保无杂草。病害可选用800倍液的多菌灵、甲基托布津交替喷雾防病；虫害可用1.8%阿维菌素乳油2000倍溶液喷杀防治。

⑥富根技术：于9～10月间，用铲子从小苗的两侧斜向切下，将苗木主根切断，促进苗木侧根生长。用GGR6等促根剂50mg/kg液喷施苗木3次，每7d喷1次。

（2）容器育苗技术：

①圃地准备：选择地势平坦、排水良好、通风、光照条件好、交通方便、接近水源和电源的平地或缓坡做圃地。清除杂草、石块，将圃地整平，四周及中间开设排水沟，地面覆盖黑色地布。

②容器选择：选用口径10cm、高15cm规格的无纺布容器袋。

③基质配比：基质及配比（按体积比计算）是黄心土：泥炭土：钙镁磷肥=50∶45∶5，黄心土碾碎过筛，基质充分拌匀。

④基质装填和摆放：装袋时基质要分层灌紧，每袋的装填量，达育苗袋的95%，并松紧一致。将育苗袋排放整齐，相互靠紧，每摆放2行需间隔15cm。

⑤芽苗培育：播种时间在1～2月。将经过催芽处理的种子均匀散播到准备好的苗床上，种子间距3～5cm。播后用过筛的黄心土或细沙土覆盖，厚度以不见种子为宜。然后浇透水，做小拱棚，覆盖农膜保温保湿。

⑥芽苗移栽：当芽苗高达3～5cm时可移植。将芽苗床浇透水，随起随栽，移栽前切除芽苗主根长的1/3，移植入袋内，压实并浇透水。

⑦圃地管理：6～10月用遮光率60%的遮阳网遮阴，阴棚高度1.5～1.8m。幼苗生长期及时浇水，保持基质湿润，雨季注意排水。施肥在芽苗移栽后的45～50d，用浓度0.2%～0.3%尿素或复合肥喷施2～3次，每次间隔7～10d。用GGR6等促根剂50mg/kg液喷施苗木3次，每7d喷1次。

4.12.2.3 造林苗木质量标准

（1）形质指标：苗干通直、单一主干、顶芽完整、根系发达、无损伤和病虫害。

（2）数量指标：①更新造林或改培造林用苗规格为苗高 80cm 以上、地径 0.8cm 以上；②园林景观绿化珍贵苗造林用苗规格为 Ⅰ 级苗规格苗高 4m 以上、胸径 5cm 以上，Ⅱ 级苗规格苗高 3～4m、胸径 4～5cm。

4.12.3 人工造林技术

红豆树人工林

4.12.3.1 林地选择

（1）海拔高度：选择 900m 以下的低山区、山洼、谷地、溪边、平原及四旁等地种植。

（2）母质母岩：选择土壤 pH 值 5.0～6.5、土层深厚肥沃，由花岗岩、板页岩、砂砾岩和红色黏土类等发育的土壤种植。

（3）立地条件：立地条件以肥沃型和中等肥沃型为宜。

4.12.3.2 整地与造林

（1）在低质低效林珍贵化改造中的造林技术：按 450～750 株 /hm^2 栽植，保留林中原有目标树种，清除栽植穴周围 1m^2 范围内的所有灌木和杂草。采用穴垦整地，穴规格 50cm × 50cm × 40cm。栽植季节 1 月至 3 月上旬，芽未萌动之前栽植为最好。选用 2 年生的容器苗，剪除基部萌芽条、上部竞争枝芽和过长根系及部分叶片。每穴均匀施入 0.25kg 磷肥作基肥。选阴天或多云天气、土壤湿润时栽植。

（2）在人工林珍贵化改造中的造林技术：在人工林纯林（如杉木人工林）中造林，应选择 2 个以上树种与红豆树混交，补栽红豆树 450～750 株 /hm^2。将人工林纯林择伐，清除栽植穴周围 1m^2 范围内的所有灌木和杂草。采用穴垦整地，穴规格 50cm × 50cm × 40cm。栽植季节 1 月至 3 月上旬，芽未萌动之前栽植为最好。选用 3 年生的容器苗，剪除基部萌芽条、上部竞争枝芽和过长根系及部分叶片。每穴均匀施入 0.25kg 磷肥作基肥。选阴天或多云天气、土壤湿润时栽植。

（3）在更新改造中的造林技术：采用与松杉树种混交造林。混交时红豆树与伴生树种的混交比例为 1∶2，株行距 3m × 3m。穴垦整地，穴规格 50cm × 50cm × 40cm。栽植季节 1 月至 3 月上旬，芽未萌动之前栽植为最好。选用 2 年生的容器苗，剪除基部萌芽条、上部竞争枝芽和过长根系及部分叶片。每穴均匀施入 0.25kg 磷肥作基肥。选阴天或多云天气、土壤湿润时栽植。因红豆树竞争力不如松杉等，要及时对松杉等伴生树种间伐利用。

4.12.4 人工林经营技术

4.12.4.1 森林抚育

林分 1～5 年生期间，每年抚育 2 次，分别于 5 月和 9 月各抚育 1 次。以全面锄草和劈除杂灌木为主。林分 5 年生后每年抚育 1 次。

4.12.4.2 水肥管理

（1）施肥：林分 2～6 年生期间，每年 4 月施肥 1 次，结合幼林抚育在树冠周围开沟每株施复合肥 0.25 kg。施肥选择阴雨天气土壤湿润时进行。

（2）地表覆盖：用割除的杂草杂灌覆盖树干周边地表，以树干为中心，覆盖面积 1m^2 以上。

4.12.4.3 干形培育

林分 1～10 年生及时剪除树根处的萌发枝、树干上的徒长枝、次顶梢，确保主干正常生长。

4.12.4.4 间伐与主伐

当林分郁闭度达 0.9 左右时，对被压木、病虫木等进行间伐（或移栽），间伐比例为株数的 30% 左右，使林分郁闭度达 0.7 左右。随着林分的生长当林分郁闭度达 0.9 左右时，对霸王树、弯曲木、被压木、多叉木等进行间伐（或移栽），间伐比例为株数的 30% 左右，使林分郁闭度达 0.7 左右。

一般林分 50 年生时进行主伐。

4.12.4.5 病虫害综合防治技术

主要病虫害为角斑病和食叶害虫。角斑病可交替使用 50% 多菌灵可湿性粉剂 600 倍溶液或 50% 甲基托布津可湿性粉剂 800 倍溶液等杀菌剂喷雾防治，10～15d 喷 1 次，连喷 3 次。食叶害虫可用 1.8% 阿维菌素乳油 2000 倍溶液喷杀防治。

花榈木树形

4.13 花榈木

4.13.1 概况

花榈木（*Ormosia henryi*），又名花梨木，豆科红豆树属常绿乔木，国家二级重点保护野生植物。木材结构细致，材质硬重，气干密度 0.74g/cm^3，耐腐蚀，边材淡红褐色，心材新鲜时黄色，后变橘红色，经久为深栗褐色，花纹美观，有光泽，是高档家具、工艺雕刻和特种装饰品等良材。又因其树皮青绿光滑，树姿优美，可作为行道树、庭荫树、孤植、列植、丛植均适宜，是优质园林绿化树种。

花榈木开花

4.13.1.1 特性

（1）形态学特性：树皮灰绿色，平滑，有浅裂纹。小枝、叶轴、花序密被绒毛。奇数羽状复叶，长13～35cm；小叶1～3对，革质，椭圆形或长圆状椭圆形，长4.3～17cm，宽2.3～6.8cm，先端钝或短尖，基部圆或宽楔形，叶缘微反卷，上面深绿色，光滑无毛，下面及叶柄均密被黄褐色绒毛，侧脉6～11对，与中脉成45°角；小叶柄长3～6mm。花序长11～17cm，密被淡褐色绒毛；花长2cm，径2cm；花梗长7～12mm；花萼钟形，5齿裂，裂至2/3处，萼齿三角状卵形，内外均密被褐色绒毛；花冠中央淡绿色，边缘绿色微带淡紫，旗瓣近圆形，基部具胼胝体，半圆形，不凹或上部中央微凹，翼瓣倒卵状长圆形，淡紫绿色，长约1.4cm，宽约1cm，柄长3mm，龙骨瓣倒卵状长圆形，长约1.6cm，宽约7mm，柄长3.5mm；雄蕊10，分离，长1.3～2.5cm，不等长，花丝淡绿色，花药淡灰紫色；子房扁，沿缝线密被淡褐色长毛，其余无毛，胚珠9～10粒，花柱线形，柱头偏斜。荚果扁平，长椭圆形，长5～12cm，宽1.5～4cm，顶端有喙，果颈长约5mm，果瓣革质，厚2～3mm，紫褐色，无毛，内壁有横隔膜，有种子4～8粒，稀1～2粒；种子椭圆形或卵形，长8～15mm，种皮鲜红色，有光泽，种脐长约3mm，位于短轴一端。

花榈木枝叶

（2）生态学生物学特性：具有较强的适应性，喜温暖湿润气候，但有一定的耐寒性。幼树耐阴，长大后喜光，为喜光树种。对光照的要求有较大的弹性，全光照或阴暗均能生长。海拔分布为100～1200m。土壤为酸性、中性条件下，均能正常生长。在土壤肥沃、水分充足的地方生长较快。属深根性树种，主、侧根皆较发达，具根瘤菌。萌芽力较强，寿命长，可达300年，老树仍能保持旺盛生长。圆锥花序顶生，或总状花序腋生；花期 6～7 月，果期 10～11 月。

4.13.1.2 资源现状

(1) 资源分布：花榈木主要分布在我国长江以南各地，如安徽、浙江、江西、湖南、湖北、广东、广西、福建、海南、贵州、四川、云南等地。湖南省内主要分布会同、通道、芷江、新晃、沅陵、辰溪等县区，多栖息于山谷、山坡和溪边杂木林内，海拔分布为 100～1200m。

(2) 资源培育与利用：花榈木作为珍贵用材林培育，以制作高档家具、工艺雕刻和特种装饰品等为综合利用方向，以木材战略储备项目、珍贵用材树种培育项目、森林改培项目等带动发展；树干通直，枝叶繁茂多姿，四季常青，繁花满树，荚果吐红，可作为园林绿化的中苗和大苗培育，为园林绿化提供优质苗木。

(3) 良种选育：湖南省林业科学院已开展了资源调查、种质资源收集与评价、优树选择、苗木繁育等研究。

4.13.2 苗木繁育技术

4.13.2.1 种子采收及处理

采种时宜选择生长健壮、发育正常、干形通直、无病虫害的植株作为母树。果实一般于每年 11 月成熟，当果皮由黄绿变成黄褐色时荚果开裂前采收，采回后阴干，使其全部裂开，种子就会从果壳内掉出来，然后清除杂质，干燥，切忌暴晒。种子不能长时间置放，最好随采随播或沙贮，否则会影响发芽率。

花榈木果实

4.13.2.2 苗木培育技术

(1) 播种育苗技术：

①苗圃地的选择、施肥与作床：应选择交通方便、地势平缓、排灌条件良好、土层深厚疏松的旱坡地或水田，土质为沙质壤土或轻壤土。深翻圃地、施足基肥（复合肥 1500kg/hm^2）、整平作床，苗床宽

90cm、高 20cm，步道宽 30cm，南北向，四周开好排水沟。采用开沟条播法播种，沟深约 4cm，条间距约 25cm，种子间距约 6cm。

②催芽与播种：花榈木的种皮很致密坚硬，播种前要用温水浸种催芽，常采用 40℃温水浸种 24h，倒入簸箕中，盖上稻草，每天用 30℃温水浇淋种子，进行催芽 3d。在播种时，将种子的胚根朝下进行，放好种子后覆黄心土厚度约 1cm，播种完成后均匀浇透水并在苗床上均匀覆盖一层薄稻草，具有保持土壤湿度的作用。种子播种后，要早晚淋水，保持湿润。

③苗期管理：苗木出土后需立即搭阴棚遮阴降温，透光度 50% 左右，遮阴时间不超过 3 个月。5 月上旬至 6 月下旬，苗木处于生长初期，地上部分生长缓慢，根系生长较快，需及时除草、松土并适量施肥，根据天气适时灌水。7 月初至 9 月中旬，苗木生长迅速，需注意浇水保湿，同时做好除草工作。每隔 10～15d 在距离根部 10cm 处穴施或沟施尿素或水施，施用量为 45kg/hm^2。9 月下旬后应停止施肥，前期每隔 15d 喷施 1 次 0.2%～0.5% 的磷酸二氢钾溶液，减少浇水，以促进苗木木质化，安全越冬。花榈木苗期一般病虫害较少，高温高湿环境下易发生角斑病，可采用 50% 多菌灵可湿性粉剂 500 倍药液防治；虫害以豆荚野螟、小卷蛾为主，可用阿维菌素乳油进行防治。

富根技术：于 9～10 月间，用铲子从小苗的两侧斜向切下，将苗木主根切断，促进苗木侧根生长。用 GGR6 等促根剂 50mg/kg 液喷施苗木 3 次，每 7d 喷 1 次。

（2）容器育苗技术：

①圃地准备：选择地势平坦、排水良好、光照条件好、交通方便、接近水源的平地或缓坡做圃地。清除杂草、石块，将圃地整平，四周及中间开设排水沟，床面覆盖黑色地布。

②容器选择：选用口径 10cm、高 15cm 的无纺布容器袋。

③基质配比：基质及配比（按体积比计算）是黄心土∶泥炭土∶钙镁磷肥 =50∶45∶5，黄心土碾碎过筛，基质充分拌匀。

④基质装填和摆放：装袋时基质要灌紧，每袋的装填量，达育苗袋的 95%，并松紧一致。将育苗袋排放整齐，相互靠紧，每摆放 2 行需间隔 15cm。

⑤芽苗培育：播种时间在1～2月。将经过催芽处理的种子均匀散播到准备好的苗床上，种子间距3～5cm。播后用过筛的黄心土或细沙土覆盖，厚度以不见种子为宜。然后浇透水，做小拱棚，覆盖农膜保温保湿。

⑥芽苗移栽：当芽苗高达3～5cm时可移植。将芽苗床浇透水，随起随栽，移栽前切除芽苗主根长的1/3～1/2，移植入袋内，压实并浇透水。

⑦圃地管理：6～8月用遮光率60%的遮阳网遮阴，阴棚高度1.5～1.8m。幼苗生长期及时浇水，保持基质湿润，雨季注意排水。施肥在芽苗移栽后的45～50d，用浓度0.2%～0.3%尿素或复合肥喷施2～3次，每次间隔7～10d。用GGR6等促根剂50mg/kg液喷施苗木3次，每7d喷1次。

4.13.2.3 造林苗木质量标准

（1）形质指标：苗干通直、单一主干、顶芽健壮、长势旺、木质化好、根系发达、干皮及根系无劈裂损伤、无检疫性病虫害。

（2）数量指标：①更新造林或改培造林用苗规格为苗木高0.8m以上、地径0.8cm以上；②景观化珍贵化改造造林用苗规格为苗木高≥3.0m、胸径≥4.0cm。

4.13.3 人工造林技术

4.13.3.1 林地选择

选择海拔为100～1000m，土层深厚、肥沃的山坡中下部地段。

4.13.3.2 整地与造林

采用自然造林法整地，清除穴周围1m范围内的杂草和灌木。造林采用穴垦，每穴施农家肥2.5～5kg或复合肥200g以上。

（1）在更新改造中的造林技术：包括采伐迹地更新和火烧迹地更新，秋冬季采用带垦或穴垦整地，挖中穴规格为50cm×50cm×40cm。选择标准苗木造林，要求苗木苗干通直、单一主干、顶芽健壮、长势旺、木质化好、根系发达、干皮及根系无劈裂损伤、无检疫性病虫，苗高0.8m以上、地径0.8cm以上；混交模式为带状或块状。一般初植密度为3m×3m。混交树种有黄连木、小叶栎、青冈、红椿、闽楠、大叶榉树、大叶桂樱等。

(2) 在低质低效林珍贵化改造中的造林技术：低质低效林珍贵化改造是森林改培模式之一，一是设置造林穴，按株距3m左右设置造林穴并清除穴周边1m^{2}以上的杂灌杂草杂藤，挖适宜的穴造林（林中原有的珍贵用材树种应保留）；二是选择标准苗木，要求苗木苗干通直、单一主干、顶芽健壮、长势旺、木质化好、根系发达、干皮及根系无劈裂损伤、无检疫性病虫，苗高0.8m以上、地径0.8cm以上。

(3) 在人工商品林中补植珍贵树种实施珍贵化改造的造林技术：人工商品林中补植珍贵树种是森林改培模式之一，要求将人工商品林实施高强度择伐，择伐后保留450～750株/hm^2。一是设置造林穴，按目标树（包括保留的树木）间距离大于3m以上的原则设置栽植穴，清除穴周边1m^{2}以上的杂灌杂草杂藤，挖适宜的穴造林；二是选择标准苗木，要求苗木苗干通直、单一主干、顶芽健壮、长势旺、木质化好、根系发达、干皮及根系无劈裂损伤、无检疫性病虫，苗高0.8m以上、地径0.8cm以上。

(4) 在景观化珍贵化（含公益林）改造中的造林技术：公益林景观化珍贵化改造是森林改培模式之一，在公益林景观化珍贵化提质改造中选择适宜地块用花榈木实施景观化珍贵化改造技术模式，在对公益林实施透光抚育、生态疏伐、卫生伐、景观疏伐的基础上进行。一是选择小林窗，在小林窗中设置造林穴，每公顷挖穴225个左右，清除造林穴周围杂木杂灌杂草杂藤面积1m^{2}以上，对造林穴周边可能会影响花榈木生长的乔木（非目的树种）也应清除；二是选择标准带土球的苗木（或大容器苗），栽植于造林穴中，要求苗木苗干通直、单一主干、顶芽健壮、长势旺、木质化好、干皮及无劈裂损伤、无检疫性病虫，苗高3m以上、胸径4cm以上；栽植大苗要设立支架防风倒。

(5) 在生态廊道及其节点景观化珍贵化改造中的造林技术：包括水系林网、道路林网、山系及四旁区域等。花榈木是较好的生态廊道及其节点景观化珍贵化改造树种。一是株间距，按4～6m设置株间距，挖适宜的穴栽植花榈木；二是要选择标准带土球的苗木（或大容器苗），要求苗木苗干通直、单一主干、顶芽健壮、长势旺、木质化好、根系发达、干皮及根系无劈裂损伤、无检疫性病虫，苗高 3m 以上、胸径 4cm 以上，大苗栽植要设立支架防风倒。

4.13.4 人工林经营技术

4.13.4.1 森林抚育

林分 1～5 年生期间，应加强抚育管理，幼林郁闭前每年全面锄草块状松土两次，抚育时间应安排在林分高峰生长季节到来之前，即第 1 次抚育在 4～5 月，第 2 次在 8～9 月。林分 5 年生后每年抚育 1 次。

4.13.4.2 肥水管理

（1）追肥：林分 2～10 年生期间，结合松土除草进行，每年每株施复合肥 100～200g，施肥前清除苗木周围杂灌草，宜于春季雨前施肥，施肥量随树龄增加而增加。施肥方法一般采用沟施法，即沿树冠垂直投影线外侧挖环形沟施入，沟宽 20cm、深 25cm，将肥料均匀施于施肥沟，然后覆土。

（2）地表覆盖：地表覆盖物有谷壳、锯木屑、杂灌杂草杂藤、黑色农膜等，用覆盖物覆盖幼树树干周边地表，以树干为中心，覆盖面积 $1m^2$ 以上，覆盖厚度杂灌杂草杂藤为 8cm 以上、谷壳和锯木屑为 5cm 以上，靠近树干 10cm 左右不覆盖；用黑色农膜覆盖，覆盖前要割除覆盖区域的杂草杂灌，覆盖面积 $1m^2$，靠近树干 10cm 不覆盖，农膜要铺平且四周压实保湿抑草。

4.13.4.3 干形培育

1～10 年生林分每年及时剪除树根处的萌发枝、树干上的徒长枝、主梢侧边的次顶梢，确保主干正常生长。

修枝主要是将树冠下部受光较少的枝条除掉。修枝要保持树冠相当于树高的 2/3。过多修枝会丧失一部分制造营养物质的树叶，而影响树木生长。修枝季节宜在冬末春初。

4.13.4.4 间伐与主伐

当林分郁闭度达 0.9 左右时，对被压木、病虫木等进行间伐（或移栽），间伐比例为株数的 30% 左右，使林分郁闭度达 0.7 左右，随着林分的生长当林分郁闭度又达0.9左右时，对霸王树、弯曲木、被压木、多叉木等进行间伐（或移栽），移除比例为株数的25%左右，使林分郁闭度达0.7左右。一般50年生时进行主伐。

4.13.4.5 病虫害综合防治技术

（1）物理防治：主要是利用成虫的趋光性，在成虫羽化盛期用太阳能黑光灯诱杀，每5hm^{2}可安装1盏。

（2）生物防治：注意保护花榈木害虫的天敌，并在林中保护益鸟，如豆荚野螟的天敌，除捕食性天敌蜘蛛、草蛉和瓢虫外，还有卵寄生蜂、幼虫期寄生蜂。保护害虫天敌可以对病虫害起到防治作用。

4.14 榔榆

4.14.1 概况

榔榆（*Ulmus parvifolia*），又名小叶榆、细叶榆，为榆科榆属落叶乔木。榔榆材质坚硬、材色深、密度大，是高档家具等良材，为珍贵用材树种；其树形优美，姿态潇洒，树皮斑驳，枝叶细密，在庭院中孤植、丛植，或与亭榭、山石配置都很合适。特别是其萌生性强、耐修剪、可塑性大，是制作盆景、桩景、树景的绝佳材料，值得大力开发利用；是优良园林景观树种，也可选作街道、居民住宅区、厂矿区和石漠化地区绿化及生态修复树种。

榔榆

4.14.1.1 特性

榔榆枝、叶、花

（1）形态学特性：树冠广圆形；树干基部有时呈板状根；树皮灰色或灰褐色，裂成不规则鳞状薄片剥落；当年生枝密被短柔毛，深褐色；冬芽卵圆形，红褐色，无毛。叶质地厚，披针状卵形或窄椭圆形，稀卵形或倒卵形，叶面深绿色，有光泽，除中脉凹陷处有疏柔毛外，余处无毛，侧脉部凹陷，叶背色较浅，幼时被短柔毛，后变无毛或沿脉有疏毛，或脉腋有簇生毛；叶柄长2～6mm，仅上面有毛。3～6数在叶脉簇生或排成簇状聚伞花序，花被上部杯状，下部管状，花被片4，深裂至杯状花被的基部或近基部，花梗极短，被疏毛。翅果椭圆形或卵状椭圆形，长10～13mm，宽6～8mm，除顶端缺口柱头面被毛外，余处无毛，果翅稍厚，基部的柄长约2mm，两侧的翅较果核部分为窄，果核部分位于翅果的中上部，上端接近缺口，花被片脱落或残存，果梗较管状花被为短，长1～3mm，有疏生短毛。

（2）生态学生物学特性：喜光，耐旱，耐寒，耐瘠薄，耐湿、不择土壤，适应性很强。萌芽力强，耐修剪。生长速度中等，寿命长。具抗污染性，叶面滞尘能力强。生长于海拔300～800m的平原、丘陵及山坡谷地。花期8～9月，果期9～10月。

4.14.1.2 资源现状

榔榆果实

（1）资源分布：分布于河北、山东、江苏、安徽、浙江、福建、台湾、江西、广东、广西、湖南、湖北、重庆、贵州、四川、陕西、河南等地。日本、朝鲜等地也有分布。在湖南生长于海拔300～800m的丘陵及山坡谷地。

（2）资源培育与利用：榔榆作为珍贵用材树种和景观树种培育，也可选作矿区、石漠化地绿化与生态修复树种。以木材战略储备项目、珍贵用材树种培育项目、森林改培项目等带动发展，也有作为园林绿化的中苗和大苗为主的绿化苗木的培育，为园林绿化提供优质中大型苗木。

（3）良种选育：国外开展榔榆良种选育工作较早，例如北美 20 世纪 40 年代开始引种亚洲榆，主要是白榆和榔榆，用以开展榆属抗病育种，目前已成功培育出 11 个速生、干形通直、叶形优美或抗病性强的榔榆品种。国内榔榆研究工作起步较晚，早期研究多集中在繁殖技术、盆景应用景观配置等研究方面，而对榔榆材用品种培育及木材加工利用较少。

4.14.2 苗木繁育技术

4.14.2.1 种子采收及处理

选择生长健壮的母树，于 10 月中旬至 11 月下旬当果翅呈黄褐色时及时采收阴干，用手轻轻搓去果翅，筛去杂质，袋装，放低温、干燥处贮藏，注意防霉烂。翅果寿命极短，可随采随播，提高出苗率。也可贮藏后，于翌年 3 月中旬播种，播种前种子可与湿沙混拌，每天翻动两次，3～5d 天后等小部分种子出现白色根点时立即播种。

4.14.2.2 苗木培育技术

（1）播种育苗技术：

①圃地选择及施基肥：圃地苗床选择地势平坦，无病虫害，土壤质地疏松，便于灌溉、排涝，通风向阳的地块。苗床整地要做到“三犁三耙”，精耕细作。第 1 犁在冬至前进行，清除杂草，深翻土地，但不必整碎，通过冬季冰冻，疏松土壤，并杀死部分越冬害虫。第 2 犁在 2 月初进行，结合施用基肥，施有机肥 2000kg/hm^2 或复合肥 1500kg/hm^2。第 3 犁在 2 月底进行，同时施 3% 呋喃丹颗粒剂 2.5kg，进行土壤杀虫。苗床宽 90cm、高 25cm、床间距 30cm。

榔榆种子

②播种与管理：播种时间为 3 月，采用条播，条间距 25cm，播种沟

深 3cm，播种做到沟平、条直、深浅一致、播种均匀。种子间距 5～7cm，播种后用细黄心土覆盖 1～2cm，以不见种子为度，再覆盖以稻草。

播种后 20d 种子开始萌动，胚根伸出种皮之外，约 25d 种子出土萌发，发芽整齐度一般，出苗期持续 10d 左右，种子发芽至 75% 时选阴天撤掉稻草，设立遮阳网，能有效地避免了幼苗高温灼伤，8 月初撤掉遮阳网。

出苗后 50d 左右进行第 1 次施肥，浇 0.2% 的尿素水，此后每隔 15d 浇 1 次，遇到雨天可以直接撒施尿素 38kg/hm^2，但要注意撒施均匀，以促进幼苗生长。5～6 月进行补苗，间密补稀。6 月后改施复合肥 75kg/hm^2。

种子萌发期、苗木速生期、高温三伏天、久旱不雨等情况，都应及时进行灌溉，以保证苗木生长所需的水分，高温三伏天在早晨、傍晚和夜间进行灌溉，白露后基本停止灌溉，降雨或灌溉后及时排除积水，土壤板结时要及时松土除草。

幼苗出土后，每隔 7～10d 喷施 1 次 800～1000 倍液甲基托布或多菌灵，连续 3～4 次，防治苗木茎腐病、猝倒病，注意杀菌剂的交替使用。幼苗出土 1 周后，发现地下害虫小地老虎、蝼蛄等危害幼苗，用 3% 呋喃丹颗粒剂，均匀撒施于苗床上面，有效地防治了地下害虫的危害。6～9 月有食叶害虫榆毒蛾、尺蠖及蚜虫危害幼苗，榆毒蛾、尺蠖可采用 2% 甲氨基阿维菌素苯甲酸盐微乳剂 1000～1500 倍液，或 4.5% 高效氯氰菊酯乳油 750～1000 倍液进行喷雾防治，蚜虫可用 70% 吡虫啉水分散粒剂 4000～5000 倍液进行喷雾防治，利用以上药剂能有效地防治此类食叶害虫对幼苗的危害。

（2）容器育苗技术：

①圃地准备：择排水良好、交通方便、接近水源的平地或缓坡做圃地。清除杂草、石块，将圃地整平，四周及中间开设排水沟，地面覆盖黑色地布。

②容器选择：选用直径 10cm、高 15cm 规格的无纺布容器袋。

③基质配比：配比（按体积比计算）是黄心土∶泥炭土∶钙镁磷肥=45∶50∶5，黄心土碾碎过筛，基质充分拌匀。

④基质装填和摆放：装袋时基质要灌紧灌足，并松紧一致。将育苗袋排放整齐，相互靠紧。

⑤芽苗培育：播种时间在 1～2 月。将经过催芽处理的种子均匀散播

到准备好的苗床上，种子间距 3～5cm。播后用过筛的黄心土或细沙土覆盖，厚度以不见种子为宜。然后浇透水，做小拱棚，以保温保湿。

⑥芽苗移栽：当芽苗高达 3～5cm 时可移植。将芽苗床浇透水，随起随栽，移栽前切除芽苗主根长的 1/3～1/2，移植入袋内，压实并浇透水。

⑦圃地管理：5～7 月用遮光率 60% 的遮阳网遮阴，阴棚高度 1.5～1.8m。幼苗生长期及时浇水，保持基质湿润，雨季注意排水。施肥在芽苗移栽后的 45～50d，用浓度 0.2%～0.3% 尿素或复合肥喷施 2～3 次，每次间隔 7～10d。

4.14.2.3 造林苗木质量标准

（1）形质指标：苗干通直、单一主干、顶芽健壮、长势旺、木质化好、根系发达、干皮及根系无劈裂损伤、无检疫性病虫害。

（2）数量指标：①更新造林或改培造林用苗规格为 Ⅰ 级苗规格苗高 ≥ 1.0m、地径 ≥ 1.0cm，Ⅱ 级苗规格苗高 0.8～1.0m、地径 0.8～1.0cm；②景观化珍贵化改造造林用苗规格为 Ⅰ 级苗规格苗高 ≥ 4.0m、胸径 ≥ 5.0cm，Ⅱ 级苗规格苗高 3.0～4.0m、胸径 4.0～5.0cm。

4.14.3 人工造林技术

4.14.3.1 林地选择

（1）海拔高度：选择海拔高度 300～800m、光照条件好的平原、丘陵、山坡及谷地，排水良好的立地作为造林地。

（2）母质母岩：榔榆对土壤、母质母岩适应性广，任何类型母质母岩均可造林，但要选择不积水、排水良好的地段栽植。

（3）立地指数：榔榆对林地的立地条件要求不甚严格，栽植地立地指数要求在 12 以上，或者选择土层 50cm 以上土壤栽植。因对有毒气体烟尘抗性较强，榔榆还可选作厂矿区绿化树种。

4.14.3.2 整地与施肥

（1）整地：整地前先清除造林地上的不必要灌木、杂草、杂木、竹类等植被，或采伐迹地上的枝丫、伐根、梢头、倒木等剩余物，但要保留目标树种的幼树幼苗。林地清理时间为秋冬季。

秋冬季整地一般要求12月底完成。整地方式为带状整地或穴状整地方式。挖穴规格50cm×50cm×40cm，株行距为3m×3m。

（2）施肥：造林前每穴施钙镁磷肥500g作基肥。

4.14.3.3 造林

榔榆为喜光树种，但幼树有一定的耐阴性，适宜于营造纯林或混交林，但也可在具有较大空间的林窗下造林。

（1）在低产林珍贵化改造中的造林技术：选择适宜于榔榆生长的低产林地进行改造造林，首先清除林中杂灌草、枯死木、病虫木、断顶断梢木、树皮树枝受损木及生长发育不正常的“小老头”树和低价值短寿命林木等，但要保留一定的坚果、浆果类植物及目标树种，根据形成的天窗补植榔榆，天窗在4.0～8.0m^2补植1株，天窗在8.1～12.0m^2补植2株，天窗在12.1～20.0m^2补植3株，方式可均匀分布，也可呈团块状或丛簇状，但团块状或丛簇状补植数量可适当增加。

（2）在林下补植珍贵化改造中的造林技术：选择适宜于榔榆生长的拟改造林分，首先进行林地清理，清除病死木、断梢木，保留目标树种，然后进行强度间伐。

按照生长伐的原则对林分进行间伐，间伐强度为35%～45%，公益林强度控制在15%～25%，间伐后林分郁闭度为0.6～0.7，在林中较大天窗下补植榔榆，补植数量450～750株/hm^2，整地规格、株间间距、施肥等参照常规造林技术标准。

（3）在更新改造中的造林技术：选择立地指数为12以上的更新迹地按前节所述技术措施造林。一是适当密植有利于干形培育，株行距采用3m×3m；二是选择标准苗木，要求苗木苗干通直、单一主干、顶芽健壮、长势旺、木质化好、根系发达、干皮及根系无劈裂损伤、无检疫性病虫，苗高1m以上、地径1cm以上；三是配置混交树种：赤皮青冈、黄连木、小叶栎、青冈、红椿，混交模式为带状或块状，混交比例榔榆50%～60%，伴生树种40%～50%。

4.14.4 人工林经营技术

4.14.4.1 森林抚育

造林成活率低于 85%，来年春季应进行补植。未成林前 3 年每年抚育 2 次，分别在 6 月、9 月进行，方式有刀抚、锄抚、扩穴、林农间作等。对穴外影响幼树生长的高密杂草，要及时割除，连续进行 4～6 年，每年 1～2 次。混交林则视林木生长的具体情况，必要时，对影响其生长的非目标树，进行必要的早期修枝或者伐除。

4.14.4.2 肥水管理

（1）配方施肥：林分 2～10 年生期间，每年每株施复合肥 0.1～0.5kg，施肥前清除苗木周围杂灌草，一般结合松土除草进行，宜于春季雨前施肥，施肥量随树龄增加而增加。施肥方法一般采用沟施法，即沿树冠垂直投影线外侧挖环形沟施入，沟宽 20cm、深 25cm，将肥料均匀施于施肥沟，然后覆土。

（2）地表覆盖：新栽植的幼树，新根发育慢，吸收水分的能力不足，旱季应注意灌溉、中耕除草、覆稻草杂草保墒等措施。

4.14.4.3 干形培育

（1）修枝：榔榆造林后一定要进行修枝抹芽，以培养其良好干形。每年春季当榔榆树干上新芽发出至 1cm 左右时，应及时抹掉过密、过粗的侧芽，保留树干上芽间距离为 20cm、均匀分布于四个方向的侧芽。造林后的第 1～6 年春季修剪掉过粗的侧枝或徒长枝或次顶梢。

根据榔榆的生长发育进程，要进行主干修枝，以培养其良好干形。幼龄期（10 年以下）一般修剪树干 1/4 高度以下侧枝，待树龄达成熟龄阶段时一般修枝高度达 6～8m。

（2）除萌：进行幼林抚育时应剪除根际萌芽条，抚育完成后每 2 年剪除一次。

4.14.4.4 间伐与主伐

初次间伐一般在造林后 10～12 年时进行，当胸径达到 10～12cm，树冠互相挤压之时即可间伐，间伐强度为株数的 35% 左右，方式为下层疏伐法。生长 6~8 年后可进行第 2 次间伐，间伐强度为株数的 25%~30%。

一般榔榆用材林主伐年龄在 50 年，采伐方式为择伐。

4.14.4.5 病虫害综合防治技术

榔榆虫害较多，常见的榆叶金花虫、介壳虫、天牛、刺蛾和蓑蛾等。

（1）人工防治：天牛危害树干，可人工用石硫合剂堵塞虫孔；榆树丛枝病主要危害新梢、叶，表现为新梢丛生，直立向上，病枝展叶早且小，分枝密集等症状。丛枝病病菌以菌丝体在被害枝梢上越冬，第 2 年抽新梢时侵入危害。冬季对剪除榆树丛生枝梢，集中烧毁。

（2）物理防治：主要是利用鳞翅目成虫的趋光性，在成虫羽化盛期用太阳能黑光灯诱杀，每 $5hm^2$ 可安装 1 盏。对天牛成虫可摇树使其落地加以捕杀。

（3）生物防治：注意保护害虫的天敌，并在林中保护益鸟，还有卵寄生蜂、幼虫期寄生蜂。保护害虫天敌可以对病虫害起到防治作用。

（4）化学防治：榆叶金花虫、介壳虫、天牛、刺蛾和蓑蛾等可在幼虫期喷洒 50% 杀螟松乳油 1000 倍液喷雾防治；丛枝病可在早春芽萌动前喷洒 5 波美度的石硫合剂，效果显著。

4.15 毛果青冈

4.15.1 概况

毛果青冈（*Cyclobalanopsis pachyloma*），又名秀丽青冈，为壳斗科青冈属常绿乔木。常生于海拔 100~900m 的湿润山地、山谷森林中。干形通直圆满，木材坚硬、淡红褐色、材性稳定、质重、强度大、耐腐、耐撞击和耐磨损，为高档家具、地板、工艺等良材。

毛果青冈果实

4.15.1.1 特性

毛果青冈

（1）形态学特性：树皮灰色，不裂；叶薄革质，倒卵状长椭圆形或披针形，长7～14cm，宽2～5cm，渐尖或尾尖，基部楔形，中部以上具钝锯齿，侧脉每边8～11对，幼叶被黄色卷曲毛，老时无毛，叶背灰绿色，叶柄长1.5～2cm；雄花序长约8cm，花序轴及苞片被棕色绒毛；雌花序长1.5～3cm，有花2～5，密被棕色绒毛。壳斗钟形，先端略张开甚至反卷，包坚果1/3～1/2，高2～3cm，密被黄色绒毛，具7～8环带，全缘；坚果长椭圆形或倒卵形，直径1.2～1.6cm，高2～3cm，幼时被黄褪色绒毛，老时仍残存短绒毛。该种以壳斗密被黄色绒毛、壳斗先端张开（甚至略反卷）、坚果高、宽略相等、叶缘有锯齿为重要识别特征。

（2）生态学生物学特性：喜温暖湿润气候，适宜生长在年平均气温17～21℃、年降水量为900mm以上的地区，微酸性土壤里生长良好。花期3～4月、果期9～10月。

4.15.1.2 资源现状

（1）资源分布：毛果青冈产南亚热带，南岭山脉两侧及以南地区，湖南、福建、台湾、广东、广西、云南、浙江、江西、贵州等地有分布。在湖南生长于海拔100～900m的湿润山地、山谷森林中。

（2）资源培育与利用：毛果青冈主要用作珍贵用材树种，以高级家具作为主要利用方向，以珍贵用材树种培育项目、森林改培项目等带动发展，也有作为园林绿化的中苗和大苗为主的绿化苗木的培育，为园林绿化提供优质苗木。

（3）良种选育：相关研究工作起步较晚，主要开展了资源调查、优树选择和繁殖技术研究等。

4.15.2 苗木繁育技术

4.15.2.1 种子采收及处理

毛果青冈种子成熟较迟，种子无休眠期，可随采随播，采回的种子浸入水中24h，杀灭种子中的害虫，同时及时掏出上浮种子及害虫，弃之，取沉于水下的种子先经0.2%高锰酸钾溶液浸种2h，倒去药液，用清水淘洗干净，然后进行种子储藏。

种子储藏时用干净湿河沙和消过毒的种子按4:1的比例，放在室内或室外地面沙床层积储藏，厚度不超过50cm，并适时喷水保持湿润；室外层积沙藏，应于床面覆盖一层塑料薄膜，保持沙藏床面湿润。

4.15.2.2 苗木培育技术

（1）播种育苗技术：

①苗圃地选择与整理：选择交通方便、地势平坦开阔、光照充足、无病虫害、靠近水源的地方。土壤宜土层深厚、肥沃、疏松，要求土壤pH值在5～7之间为好，忌用重黏土和前茬作物是瓜果蔬菜及烤烟等的土壤。

选好的苗圃于秋季或冬季进行深耕、耙平、整细，除去杂物，结合开厢作床，施复合肥1500kg/hm^2、磷肥1500kg/hm^2作基肥，之后浅翻一遍，将肥翻入土中，耙平。苗床高20～30cm，床面宽90cm，步道宽30cm。

②种子催芽：播种前1个月，给沙藏的种子增湿增温，喷雾增湿和农膜覆盖增温是较好的催芽方法，待种子破胸露白后即可播种。

③播种：播种时间宜为2月中旬至3月中旬。播种方法一般采用条播。条距25cm，条沟深3～4cm，播种种间距5～6cm，覆黄心土厚度2～3cm，盖草，当幼苗有50%左右出土时揭开草同时用50%多菌灵可湿性粉剂800倍液喷施苗木消毒防病。

④苗期管理：

ⅰ. 搭建阴棚：阴棚高度1.5～1.8m，用透光度30%～40%的遮阳网遮盖。

ⅱ. 间苗与补苗：5月中旬至6月初进行间苗和补苗，间除生长不良、病虫危害、过密的幼苗，在空缺处及时补苗，间苗补苗后及时浇水，每公顷定苗量为30万～35万株。

ⅲ. 水肥管理：在幼苗生长期要多次适时勤浇，保持土壤湿润，在苗木生长期间每月施肥1次，氮磷钾比2∶1∶1，采用浇灌施肥，浓度为0.5%。

ⅳ. 除草：苗圃除草要以"除早，除小，除了"为原则。

ⅴ. 富根技术：于9～10月间，用铲子从小苗的两侧斜向切下，将小苗的主根切断，促进苗木侧根发育；用GGR6等促根剂50mg/kg液喷施苗木3次，每7d喷1次。

ⅵ. 防病：用50%多菌灵可湿性粉剂800倍液或70%甲基托布津可湿性粉剂800倍液喷施苗木消毒防病。

（2）容器育苗技术：

①容器育苗圃地选择：选择地势平坦，排水良好，背风向阳，土质疏松，无病虫害，交通方便，接近水源和电源的地方做圃地。

②基质配制及装袋：基质配方为黄心土50%、轻型基质（树皮等有机材料）45%和钙镁磷肥5%。基质、肥料碾碎过筛，充分拌匀，并堆放2个月左右充分腐熟待用。

选择直径10cm、高15cm的无纺布育苗袋。装袋时基质要灌紧。将装满基质的无纺布育苗袋排放整齐，相互靠紧，每摆放2行要间隔15cm。育苗袋容器要与地面隔绝，使之形成发达的根团。同时保持通气性，排水良好，利于苗木蒸腾，促进根系生长，形成完整的根团。

③芽苗培养：

ⅰ. 密集撒播：将经过催芽消毒的种子均匀、密集地撒在已经准备好、消了毒的苗床上，种子间距3～5cm。

ⅱ. 覆土、洒水、消毒：种子撒播后覆盖约1.5cm厚的黄心土或细沙，然后浇透水，用600倍多菌灵溶液喷撒一次均匀消毒。

ⅲ. 插拱、盖地膜：用竹条（或类似的物品如粗铁丝）横跨苗床作半圆形的拱，拱高 50～60cm。拱做好后，用地膜盖在拱上，随即将苗床两边和两头接地的地膜用土压实。

ⅳ. 苗床管理：经常观察苗床内种子发芽情况，如苗床过干，要及时揭开地膜进行补水，如果地膜内温度超过 40℃，要及时揭开薄膜两头通气降温或适当遮阴降温。用 50% 多菌灵可湿性粉剂 800 倍液喷施芽苗防病。

④芽苗移栽与管理：

ⅰ. 芽苗移栽时间：当芽苗高生长达 3～5cm 时可移栽。

ⅱ. 芽苗移栽方法：移栽前 1～2d，用 0.1%～0.2% 高锰酸钾溶液或 50% 多菌灵可湿性粉剂 800 倍液浇透容器轻基质。将芽苗床浇透水，轻轻拔出芽苗或用刁子将芽苗拔出，放入盛芽苗的容器内，移栽前剪去芽苗主根长度的 1/3～1/2，移植宜选择低温阴雨天进行，移植后随即浇透水。芽苗移栽时，要边栽边起苗，尽量减短芽苗的根在空气中停留的时间。

ⅲ. 防病：芽苗移栽完成即用 50% 多菌灵可湿性粉剂 800 倍液或 70% 甲基托布津可湿性粉剂 800 倍液喷施苗木消毒防病。

ⅳ. 水肥管理：在幼苗生长期要多次适时勤浇，保持土壤湿润，在苗木生长期间每月施肥 1 次，氮磷钾比 2∶1∶1，采用浇灌施肥，浓度为 0.5%。

ⅴ. 富根技术：用 GGR6 等促根剂 50mg/kg 液喷施苗木 3 次，每 7d 喷 1 次。

ⅵ. 空气切根：空气切根是轻基质容器育苗至关重要的措施之一。当发现侧根穿出容器时，要对苗木进行空气切根，即适当减少浇水次数，移动容器苗使其产生间隙，当干燥空气从容器空隙间流过时，从容器壁长出的幼嫩的根尖萎蔫干枯，达到空气切根的目的，可促进侧根的发育。经过 1～2 次空气切根处理，容器基质里面的侧根成级数增加，根系发育均匀、平衡，并和基质交织在一起形成网络状的富有弹性的根团，使容器不易破碎，入土后根系可爆发性生长，实现幼苗入土后无缓苗期的快速生长，移栽成活率高。

4.15.2.3 造林苗木质量标准

（1）形质指标：单一主干、苗干通直，生长健壮、顶芽完整，根系发达，无损伤和病虫害。

（2）数量指标：①更新造林或改培造林用苗规格为苗木高 0.8m 以上、地径 0.8cm 以上；②园林景观绿化珍贵苗造林用苗规格为苗木高 ≥ 3.0m、胸径≥ 4.0cm。

4.15.3 人工造林技术

4.15.3.1 林地选择

在湘南地区，选择海拔高度 700m 以下的土层深厚、土壤肥沃、湿润、排水良好地段。

4.15.3.2 整地与造林

秋冬季带状整地或穴垦整地。每穴施腐熟的农家肥及饼肥 1～2kg 或磷肥 0.25kg 作基肥。

（1）在更新改造中的造林技术：包括采伐迹地更新和火烧迹地更新，秋冬季采用带垦或穴垦整地，挖中穴，穴规格为 50cm × 50cm × 40cm。选择标准苗木造林，苗高 0.8m 以上、地径 0.8cm 以上；一般初植密度为 3m × 3m。混交模式为带状或块状，混交树种有大叶桂樱、黄连木、小叶栎、青冈、红椿，闽楠、大叶榉树等。

（2）在低质低效林珍贵化改造中的造林技术：低质低效林珍贵化改造是森林改培模式之一。一是设置造林穴，按株距 3m 左右设置造林穴并清除穴周边 1m^2 以上的杂灌杂草杂藤，挖适宜的穴造林（林中原有的珍贵用材树种应保留）；二是选择标准苗木，要求苗木苗干通直、单一主干、顶芽健壮、长势旺、木质化好、根系发达、干皮及根系无劈裂损伤、无检疫性病虫，苗高 0.8m 以上、地径 0.8cm 以上。

（3）在景观化珍贵化（含公益林）改造中的造林技术：公益林景观化珍贵化改造是森林改培模式之一，在公益林景观化珍贵化提质改造中选择适宜地块用毛果青冈实施景观化珍贵化改造技术模式，在对公益林实施透光抚育、生态疏伐、卫生伐、景观疏伐的基础上进行。一是选择小林窗，在小林窗中设置造林穴，每公顷开穴 225 个左右，清除造林穴周围杂木杂灌杂草杂藤面积 1m^2 以上，对造林穴周边可能会影响毛果青冈生长的乔木（非目的树种）也应清除；二是选择标准带土球的苗木（或大容器苗），栽植于造林穴中，要求苗高 3m 以上、胸径 4cm 以上，栽植大苗要设立支架防风倒。

（4）在生态廊道及其节点景观化珍贵化改造中的造林技术：包括水系林网、道路林网、山系及四旁区域等。毛果青冈是较好的生态廊道及其节点景观化珍贵化改造树种。一是株间距，按 4～6m 设置株间距，挖适宜的穴栽植毛果青冈；二是要选择标准带土球的苗木（或大容器苗），要求苗高 3m 以上、胸径 4cm 以上，栽植大苗要设立支架防风倒。

4.15.4 人工林经营技术

4.15.4.1 森林抚育

毛果青冈初期生长慢，易受杂草竞争而影响造林成活和幼林生长。因此在造林后 1～5 年内，应加强抚育管理，幼林郁闭前每年全面锄草块状松土两次，抚育时间应安排在林分高峰生长季节到来之前，即第 1 次抚育在 4～5 月，第 2 次在 8～9 月。造林当年抚育宜在下半年进行。林分 5 年生后每年抚育 1 次，于 9 月进行。

4.15.4.2 肥水管理

（1）追肥：林分 2～10 年生期间，每年每株施复合肥 0.1～0.5kg，施肥前清除苗木周围杂灌草，一般结合松土除草进行，宜于春季雨前施肥，施肥量随树龄增加而增加。施肥方法一般采用沟施法，即沿树冠垂直投影线外侧挖环形沟施入，沟宽 20cm、深 25cm，将肥料均匀施于施肥沟，然后覆土。

（2）地表覆盖：地表覆盖物有谷壳、锯木屑、杂灌杂草杂藤、黑色农膜等，用覆盖物覆盖幼树树干周边地表，以树干为中心，覆盖面积 $1m^2$ 以上，覆盖厚度杂灌杂草杂藤为 8cm 以上、谷壳和锯木屑为 5cm 以上，靠近树干 10cm 左右不覆盖。

4.15.4.3 干形培育

林分 1～8 年生每年及时剪除树根处的萌发枝、树干上的徒长枝、主干顶梢侧边的次顶梢，确保主干的生长。修枝主要是将树冠下部受光较少的枝条除掉。修枝要保持树冠相当于树高的 2/3。过多修枝会丧失一部分制造营养物质的树叶，而影响树木生长。修枝时节宜在冬末春初进行。

4.15.4.4 间伐与主伐

当林分郁闭度达0.9左右时，对被压木、病虫木等进行间伐（或移栽），间伐比例为株数的30%左右，使林分郁闭度达0.7左右，随着林分的生长当林分郁闭度又达0.9左右时，对霸王树、弯曲木、被压木、多叉木等进行间伐（或移栽），间伐比例为株数的25%左右，使林分郁闭度达0.7左右。

一般 50～60 年生时进行主伐。主伐后及时进行更新造林。

4.15.4.5 病虫害综合防治技术

（1）人工防治：人工剪除枯梢。10 月下旬至来年 3 月中旬越冬幼虫出蛰前人工摘除被害干梢，集中烧毁，可有效压低虫口密度。

（2）物理防治：太阳能杀虫灯诱杀成虫。按每 $5hm^2$ 一盏设置于地势较高、视野开阔处，安排专人负责收蛾和灯具维护。

（3）生物防治：赤眼蜂、花绒寄甲等是全国范围内农林害虫应用最广泛的一类寄生蜂，根据虫害发生时间挂放赤眼蜂、花绒寄甲，挂放高度 1.5m 为宜。用图钉将卵卡钉在树干上。放蜂量为每公顷放卵卡 90 个。或在林中种植鸟食植物，招引鸟类取食和食虫。

4.16 水青冈

4.16.1 概况

水青冈（*Fagus longipetiolata*）为壳斗科水青冈属落叶乔木，又名长柄水青冈。其木材材质优良、坚质耐腐、不翘不裂，木材棕褐色，纹理美丽，为家具、地板及居室装修等良材。其秋叶金黄，是亚热带重要的秋色叶树种。

水青冈枝、叶、果

4.16.1.1 特性

（1）形态学特性：冬芽细长，单叶互生，小枝上皮孔明显，果序梗长达6cm左右，壳斗外有条状小苞片，每壳斗内有坚果2枚。小枝皮孔窄长圆形或兼有近圆形。叶卵形、卵状披针形或长圆状披针形，长6～15cm，宽4～6cm，先端渐尖或短渐尖，基部宽楔形或近圆，叶缘波状，具锯齿，上面无毛，下面被近平伏绒毛，后脱落，或近无毛，侧脉9～14对，直达齿端；叶柄长1～2.5cm。壳斗长1.8～3cm，密被褐色绒毛，4瓣裂，壳斗小苞片线形或钻状，下弯或"S"形弯曲，稀直伸，总梗粗，长1.5～7cm，斜展、稍下弯或直伸，每壳斗具2果，果三棱形，棱脊顶部有窄而稍下延窄翅。

（2）生态学生物学特性：较喜光、喜温暖湿润气候和肥厚湿润土壤，常散生，或混生于阔叶林中。在土壤深厚肥沃的壤土和轻度黏重的黄壤和黄棕壤上生长良好。分布区气候温凉湿润，年平均气温10.0～11.5℃、年降水量1600mm以上。花期4～5月，果期10～11月。

4.16.1.2 资源现状

水青冈分布秦岭以南、五岭南坡以北的我国中部、东部地区，海拔700～1400m区域，是我国水青冈属植物中分布最广泛、最常见的种。亚热带山地同一座山的中坡部位常有水青冈分布，而上坡至山顶则是水青冈属的另一种亮叶水青冈。主产于四川、湖北、湖南、贵州、云南、广西、广东、福建、浙江、江西、安徽、陕西南部和甘肃南端。

水青冈分布范围虽广，但多是残存于保护区或风景名胜区的阔叶林中，非保护地区域则很少有水青冈林分，水青冈常呈单株散生于山地落叶阔叶林或常绿落叶阔叶混交林中，仅局部地区存在以水青冈占优势的或与其他阔叶树种共优势的林分，很少有纯林。

4.16.2 苗木繁育技术

4.16.2.1 种子采收及处理

在现有林分中选择优良单株采收种实。选择树干通直、树冠茂密且无病虫害的健壮树作

水青冈果实和种子

为母树，当壳斗由青黄色变为褐色且壳斗部分开裂时即可进行果实采收。采种时要防止折枝。生产上通常等果实成熟脱落后，直接从地面拾集。未脱粒的种子放在通风、干燥的地方，以防发热影响种子质量。种子采收后，用水浸 1～2d（及时除去浮在水面上的空粒、破损粒和杂质，闷杀坚果中的虫卵、幼虫），再用代森锰锌或多菌灵 800 倍液浸种消毒 2h，倒去药液，即可储藏或播种。

种子储藏时用洁净湿河沙和消过毒的种子按 4:1 的比例，放在室内地面沙床层积储藏，厚度不超过 50cm，保持湿润。无论是播种还是储藏均要防止鼠害。

4.16.2.2 苗木培育技术

（1）播种育苗技术：

①苗圃地选择：选取排水良好、土壤疏松、肥沃的壤土作育苗圃地。苗床一般高 20cm，宽 90cm。施肥量：复合肥 1500kg/hm^2、磷肥 1500kg/hm^2。

②种子催芽：播种前 1 个月，增加储藏的种子与沙的湿度并用农膜覆盖增温，喷雾增湿和农膜覆盖增温是较好的催芽方法，待种子破胸露白后即可播种。

③播种：播种时间宜为 2 月中旬至 3 月中旬。播种方法一般采用条播。条距 25cm，条沟深 3～4cm，播种种间距 8～10cm，覆黄心土厚度 2～3cm，盖草，当幼苗有 50% 左右出土时揭开草，注意防鼠害。

④苗期管理：

ⅰ. 搭建阴棚：阴棚高度 1.5～1.8m，用透光度 30%～40%的遮阳网遮盖。

ⅱ. 定苗：5 月中旬至 7 月初进行间苗和定苗，间除生长不良、病虫危害、过密的幼苗，间苗后及时浇水，定苗量为 15 万～20 万株 /hm^2。

ⅲ. 水肥：在幼苗生长期要多次适时勤浇，保持土壤湿润，在苗木生长期间每月施肥 1 次，氮磷钾比 2:1:1，采用浇灌施肥，浓度为 0.5%。

ⅳ. 除草：苗圃除草要以“除早，除小，除了”为原则。

ⅴ. 富根技术：于 9～10 月间，用铲子从小苗的两侧斜向切下，将小苗的主根切断，促进苗木侧根生长；用 GGR6 等促根剂 50mg/kg 液喷施苗木 3 次，每 7d 喷 1 次。

（2）容器育苗技术：

①圃地选择：选择在造林地附近、运输方便、排水良好且灌溉方便、地势平坦、通风顺畅的地方设置圃地，方便后期管理。对圃地土壤进行打碎处理，使床面保持平整。

②基质配制及装袋与容器袋进床：应当预先准备好直径 10cm、高 15cm 无纺布容器袋，将常规园土与泥炭土以 1∶1 的比例充分混合均匀，然后过筛，并装入无纺布袋备用。

在整理好的圃地上铺设地布，再将装有基质的容器平整摆放在地布上，每摆 2 排容器袋间隔 10cm。搭高度 1.5～1.8m 的遮阳网（透光度 40%～50%），8 月初拆除遮阳网。

③芽苗培养：芽苗培养圃地土壤整平整细再铺一层 3～5cm 厚的纯净细河沙，并用 70% 甲基托布津可湿性粉剂 800 倍液喷施床面消毒，后在沙上均匀撒播种子，种间距 3～5cm，上面盖 2cm 厚的黄心土，再用塑料小拱（高 50cm）加农膜保湿保温促发。注意温度变化，随时揭膜降温。

④芽苗移栽与管理：

ⅰ. 芽苗移栽时间：当芽苗高生长达 5cm 左右时移栽。

ⅱ. 芽苗移栽方法：将培育芽苗的苗床浇透水，轻轻拔出芽苗或用刁子将芽苗拔出，放入盛芽苗的容器内，移栽前剪去小苗主根长度的 1/3～1/2，移植宜在低温阴雨天进行，移植后随即浇透水。芽苗移栽时，要边栽边起苗，尽量减短芽苗的根在空气中停留的时间。

ⅲ. 防病：用 50% 多菌灵可湿性粉剂 800 倍液喷施苗木消毒防病。

ⅳ. 水肥管理：在幼苗生长期要多次适时勤浇，保持土壤湿润，在苗木生长期间每月施肥 1 次，氮磷钾比 2∶1∶1，采用浇灌施肥，浓度为 0.5%。

ⅴ. 富根技术：用 GGR6 等促根剂 50mg/kg 液喷施苗木 3 次，每 7d 喷 1 次。

4.16.2.3 造林苗木质量标准

（1）形质指标：单一主干、苗干通直，生长健壮、顶芽完整，根系发达，无损伤和病虫害。

（2）数量指标：①更新造林或改培造林用苗规格为Ⅰ级苗规格苗高≥0.8m、地径≥0.8cm，Ⅱ级苗规格苗高0.7～0.8m、地径0.7～0.8cm；②园林景观绿化珍贵苗造林用苗规格为Ⅰ级苗规格苗高≥4.0m、地径≥5.0cm，Ⅱ级苗规格苗高3.0～4.0m、地径4.0～5.0cm。

4.16.3 人工造林技术

4.16.3.1 林地选择

以适地适树为原则，造林地宜选在海拔700～1400m，土层深厚、湿润、肥沃的山坡或山谷，土壤以呈酸性的黄壤或黄棕壤为宜。

4.16.3.2 整地

当造林地选好之后，应视地块的情况进行整地。在新采伐迹地，宜采取带状整地，深度20cm，种植穴的规格为50cm×50cm×40cm；在土壤易流失的陡坡地带，宜选用穴状整地，种植穴的规格为40cm×40cm×30cm。前一年秋冬季完成整地。

水青冈优树

4.16.3.3 造林

造林密度3m×3m，带状或块状混交造林，混交树种为赤皮青冈、红椿、黄连木、无患子、小叶栎等。

4.16.4 人工林经营技术

4.16.4.1 森林抚育

林分郁闭前应加强抚育管理，每年抚育 2 次，时间为 5 月和 9 月，以割草抚育为主。林分郁闭后每年抚育 1 次，于 9 月进行。

4.16.4.2 水肥管理

（1）施追肥：林分 1～8 年生期间，根据林分生长加施追肥，一般每株施复合肥 200g 左右。

（2）地表覆盖：地表覆盖保湿抑草，将林分抚育就地割除的杂草等覆盖在树干周围，覆盖厚度 8cm 以上，树干周围 10cm 左右不覆盖。

4.16.4.3 干形培育

林分 1～8 年生每年及时剪除树根处的萌发枝、树干上的徒长枝、主梢侧边的次顶梢，确保主干生长。修枝主要是将树冠下部受光较少的枝条剪除。修枝高度不超过树高的 2/3。过多修枝会丧失一部分制造营养物质的树叶，而影响树木生长。修枝季节宜在冬末春初进行。

4.16.4.4 间伐与主伐

当林分郁闭度达 0.9 左右时，对被压木、病虫木等进行间伐（或移栽），间伐比例为株数的 30% 左右，使林分郁闭度达 0.7 左右，随着林分的生长当林分郁闭度又达 0.9 左右时，对弯曲木、被压木、多叉木等进行间伐（或移栽），间伐比例为株数的 30% 左右，使林分郁闭度达 0.7 左右。

一般 50 年生时进行主伐。主伐后及时进行更新造林。

4.16.4.5 病虫害综合防治技术

营造混交林或在林中建立生态鸟岛，即种植鸟食植物，招引鸟类取食和食虫等防治病虫害。

光叶水青冈

4.17 光叶水青冈

4.17.1 概况

光叶水青冈（*Fagus lucida*），又名亮叶水青冈，为壳斗科水青冈属落叶乔木树种。在湖南省多生长于土壤肥沃、湿润、多雾的中高海拔山地，是湖南省海拔1000m以上首选的珍贵造林树种。其木材为散孔材、红褐色、纹理美、结构细、质重、富韧性、耐腐，是高级家具、地板、工艺品等的优良用材。种子可榨油，供食用或工业用。

4.17.1.1 特性

（1）形态学特性：1、2年生枝紫褐色，有长椭圆形或近圆形皮孔，3年生枝苍灰色。叶卵形，长6～11cm，宽3.5～6.5cm，顶部短至渐尖，基部宽楔形或近于圆，两侧略不对称，叶缘有锐齿，侧脉每边9～12条，直达齿端，新生嫩叶的叶柄、叶背中脉及侧脉被黄棕色长柔毛，壳斗成熟时，叶片的毛全或几全部脱落；叶柄长6～20mm。花单性同株。总梗长5～15mm。成熟壳斗4瓣裂，裂瓣长10～15mm，小苞片钻尖状，伏贴，很少其顶尖部分向上斜展，长1～2mm，与壳斗壁同被褐锈色微柔毛；

光叶水青冈枝、叶、果

坚果与裂瓣约等长或稍较长，有坚果2或1个，坚果脊棱的顶部无膜质翅或几无翅。

（2）生态学生物学特性：喜多云雾潮湿中山生境、肥沃湿润酸性土壤，喜光照，在弱光条件下，其幼苗、幼树更新的数量少，生长速度也较慢，怕涝、不耐积水，常与多脉青冈、香桦等混生为稳定的阔叶混交林，但在冷湿、风大的山顶形成单优群落，是中亚热带中山山地最优良的水源涵养林，一旦被破坏难以恢复。其年平均温度在9～11℃之间，7月平均气温在20.4～22℃之间，相对湿度大于88%。其生长的母岩主要有花岗岩、页岩、砂岩和石英岩，以花岗岩为主。

寿命长，萌发性较强，其后代繁衍主要依靠种子。花期4～5月，果期9～10月。6～10年生开始开花结实，15年后进入正常结实期。其结实有大小年现象，丰年间隔期为1～2年。

4.17.1.2 资源现状

为中国特有分布种，主要产于安徽、福建、广东、广西、贵州、湖北、湖南、江西、四川、浙江等地，为分布区中山区域落叶阔叶林的主要建群树种，有时形成单优群落。在湖南多分布于桑植、石门、新宁、城步、资兴、浏阳、南岳等地区的海拔1000～2000m处。

4.17.2 苗木繁育技术

4.17.2.1 种子采收及处理

（1）种子采收：其壳斗变褐色，并稍开裂时在树上及时采收。如果树体高大，不便于从树上采收，则当壳斗开裂，其坚果从壳斗落于地上时及时收集。

（2）种子处理：每天采收或从地面上收集后的果实应及时放到干燥通风处阴干，使带有壳斗的尽快开裂，使坚果尽快从壳斗中自动脱落，及时清除杂质和去除壳斗，并通过水洗方法把不饱满的种子、虫蛀的种子清除。再用多菌灵800倍液浸种消毒2h，倒去药液，即可储藏或播种。

（3）种子储藏：

①流水贮藏：将水选并消毒的坚果装入透水容器中、然后长期置于流水中贮藏。

②湿沙贮藏：用消过毒的润沙和消过毒的种子混合贮藏，做到沙多子（坚果）少，并经常检查沙的湿润度和坚果贮藏质量，一旦发现坚果有变坏的可能，要及时将贮藏的坚果和沙进行重新消毒处理，最好是将沙全部换掉。种子（坚果）与湿沙的体积比约为1:4。在整个贮藏过程中要严防鼠害。

（4）种子特征：其坚果通常长过于宽，三棱，果脐呈三角形，每果有种子1粒，种子（坚果）无胚乳，子叶褶扇状，种子萌发时子叶出土。

带壳斗果实长0.8～1.2cm、径0.4～0.6cm，去掉壳斗的坚果长0.6～0.8cm、宽0.2～0.4cm、厚0.2～0.3cm。

（5）出种率和千粒重：出籽率为18%、净度为90%～97%、千粒重为110～130g。

（6）种子发芽能力：23～25℃的温度条件下，15d的发芽势为6%，25d的发芽率为10%。

4.17.2.2 苗木培育技术

（1）芽苗移栽地苗培育技术：

①整地和作床：做到深耕细整，清除草根、石块，土碎地平。翻耕深度20～25cm。翻耕前施钙镁磷肥3000kg/hm^2。在平整的圃地上划分苗床与步道，苗床一般宽100～120cm，高约20cm，床长依地形而定，步道宽25～30cm。准备好的苗床用于播种或芽苗移栽。

②播种时期：宜在1～2月。

③播种量：约1kg/m^2。

④播种方法和管理：

ⅰ.密集撒播：将经过消毒的种子均匀、密集地撒在已经准备好、消了毒的苗床上。

ⅱ.覆土、洒水、消毒：在密集撒播的种子上覆盖约1.2cm厚的黄心土，然后用撒水壶将覆盖的土和种子撒透水，2h后用0.5%的高锰酸钾溶液进行一次均匀消毒。

ⅲ.插拱、盖地膜：用竹条（或类似的物品如粗铁丝）横跨苗床作半圆形的拱，拱高50～60cm，拱与拱的隔距100～120cm。拱插好后，用约200cm宽的地膜均匀盖在拱上，长度依苗床的长度确定，随即将苗床两边和两头接地的地膜用土压实。

ⅳ.苗床管理：经常观察苗床内种子发芽情况，如苗床过干，要及时揭开地膜进行补水，如果地膜内温度超过40℃，要及时揭开薄膜两头通气或适当遮阴。

⑤芽苗移栽：

ⅰ.芽苗移栽时间：种子出土萌发、长出1～3片初生发育叶时移栽。

ⅱ.芽苗移栽方法：将培育芽苗的苗床浇透水，轻轻拔出芽苗或用刁子将芽苗拔出，放入盛芽苗的容器内，栽前剪去1/3的主根，用尖锥形的工具将芽苗栽植于已准备好的苗床上，株行距为10cm×10cm。移植宜在晴天的早、晚或阴雨天进行，移植后随即浇透水。注意：芽苗移栽时，要边栽边起苗，尽量减短芽苗的根在空气中停留的时间。

（2）芽苗移栽容器育苗技术：

①育苗容器：多采用高15cm、直径10cm的无纺布容器。

②容器育苗基质：容器育苗基质配比为黄心土：泥炭土：钙镁磷肥=50∶45∶5。为预防苗木发生病虫害，基质要严格进行消毒，每立方米用硫酸亚铁25kg，翻拌均匀后，用不透气的材料覆盖24h以上，或翻拌均匀后装入容器，在圃地薄膜覆盖7～10d后备用。

③芽苗栽植方法：先用已配制好的基质填至容器袋，将准备好的芽苗（移栽前剪去小苗主根长度的1/3～1/2）用工具栽植于容器中央，移植深度掌握在根颈以上0.5～1cm，移植时用手轻轻提苗，使根系舒展，并充分压实，使根土密接。防止栽植过深、窝根或露根，每个容器移芽苗1株。容器苗栽好并摆好后，要浇透水。

④空气切根：空气切根是轻基质容器育苗壮苗至关重要的措施之一。当发现侧根穿出容器时，要对苗木进行空气切根，即适当减少浇水次数，移动容器苗使其产生间隙，当干燥空气从容器空隙间流过时，从容器壁长出的幼嫩的根尖萎蔫干枯，达到空气切根的目的，可促进侧根的发育。

经过 1～2 次空气切根处理，容器基质里面的侧根成级数增加，根系发育均匀、平衡，并和基质交织在一起形成网络状的富有弹性的根团，使容器不易破碎，入土后根系可爆发性生长，实现幼苗入土后无缓苗期的快速生长，移栽成活率高。

（3）圃地管理：

①遮阴管理：在高温的 5～9 月要用 70% 的遮阳网进行遮阴，遮阳网的高度为 1.8～2.0m，其长度和宽度都应大于栽苗地 2m。在大雨之前应及时将遮阳网卷起放到棚架的一边，以防遮阳网的集中滴水冲打已栽苗木和栽苗土。

②水分管理：苗期要保持苗床湿润。在幼苗生长初期要多次适量勤浇，保持培养基质湿润；速生期应量多次少，在基质达到一定的干燥程度后再浇水；生长后期要控制浇水。

③杂草管理：宜在播种前和芽苗移栽前 2 个月将杂草除尽，然后再整地翻耕。如果是容器苗培育，则省去此项。芽苗移栽后苗床或容器中的除草要掌握“除早、除小、除了”的原则。

④肥料管理：

i. 原则：苗木生长初期，要用速效性肥料，以施腐熟人粪尿为宜；苗木速生期，前期、中期以施氮素化肥为主；速生期后期以施磷、钾肥为主。

ii. 干施的方法：将复合肥均匀撒于苗床上，施肥后，用扫帚或类似工具将附在苗木上的肥料抖落到苗床上，然后浇透水，或在小雨的天气进行。施肥量为每次 45～75kg/hm^2。一年施 3～4 次。第 1 次施肥在芽苗移栽后的 45～50d。

iii. 水施的方法：用浓度 0.3%～0.5% 复合肥，全面喷洒于苗床上（喷洒后用水冲洗苗株）或浇灌于苗行间。

⑤富根技术：用 GGR6 等促根剂 50mg/kg 液喷施苗木 3 次，每 7d 喷 1 次。

⑥病虫害防治：幼苗在 6～9 月易受金龟子幼虫危害，在苗床上撒施 5% 的辛硫磷来防治。

4.17.2.3 造林苗木质量标准

（1）形质指标：单一主干、苗干通直，生长健壮、顶芽完整，根系发达，无损伤和病虫害。

（2）数量指标：①更新造林或改培造林用苗规格为苗高 70cm 以上、地径 0.7cm 以上；②园林景观绿化珍贵苗造林用苗规格为苗高 ≥ 4.0m、胸径≥ 5.0cm。

4.17.3 人工林造林技术

4.17.3.1 林地选择

（1）海拔高度：1000～1500m 的山地种植。

（2）母质母岩：选择花岗岩、砂砾岩、板页岩发育的土壤种植。

（3）立地指数：要求由花岗岩、板页岩、砂砾岩发育的中等肥沃至肥沃型土壤，土壤厚度大于或等于 40cm。

4.17.3.2 整地

整地前的林地清理采用生态清理方法，只对杂草进行清理，对灌木类的植物种类应保留，只清除栽植穴周围 $1m^2$ 范围内的所有灌木和杂草。整地采用中穴整地，穴规格为 50cm × 50cm × 40cm。

4.17.3.3 造林

（1）在低产林珍贵化改造中的造林技术：在低产林分中采用穴垦整地方法，根据低产林的情况，栽植光叶水青冈 750～1110 株 $/hm^2$。

（2）在林下补植珍贵化改造中的造林技术：先对林分进行强度疏伐后，补植 450～750 株 $/hm^2$ 光叶水青冈。其整地方法采用穴垦整地。

（3）在更新改造中的造林技术：采用生态清理、穴垦整地，造林密度宜为 4m × 4m，宜与 2 个以上树种混交造林，混交树种宜选择黄连木、赤皮青冈、川黔紫薇等适宜湖南省中山造林的树种，如要营造用材与景观兼用林，可配置鹅掌楸、伯乐树、无患子和槭属树种等。

4.17.4 人工林经营技术

4.17.4.1 森林抚育

造林第 1～5 年进行生态抚育，生态抚育方法是确保造林穴的 $1m^2$ 范围内的无灌木和杂草，即对造林穴 $1m^2$ 范围内的所有灌木和杂草及时清除，有利于提高新造的光叶水青冈等苗木的成活率，有利于防治造林时带来的水土流失，有利于保存造林地的生物多样性，增强新造苗木的抗病虫害能力。

4.17.4.2 肥水管理

（1）施追肥：林分 2～5 年生期间，每年每株施复合肥 0.1～0.5kg，施肥前清除苗木周围杂灌草，一般结合松土除草进行，宜于春季雨前施肥，施肥量随树龄增加而增加。施肥方法一般采用沟施法，即沿树冠垂直投影线外侧挖环形沟施入，沟宽 20cm、深 25cm，将肥料均匀施于施肥沟，然后覆土。

（2）地表覆盖：用森林抚育割除的杂木杂灌杂草杂藤覆盖在苗木周边 $1m^2$ 地表，靠近树干周围约 10cm 左右不覆盖。

4.17.4.3 干形培育

1～7 年生林分每年及时剪除树干根茎处的萌发枝、树干上的徒长枝、主梢侧边的次顶梢，确保单一主干的生长。修枝主要是将树冠下部受光较少的枝条除掉。修枝要保持树冠相当于树高的 2/3。过多修枝会丧失一部分制造营养物质的树叶，而影响树木生长。修枝季节宜在冬末春初。

4.17.4.4 间伐与主伐

当林分郁闭度达 0.9 左右时，对被压木、病虫木等进行间伐（或移栽），间伐比例为株数的 30% 左右，使林分郁闭度达 0.7 左右，随着林分的生长当林分郁闭度又达 0.9 左右时，对弯曲木、被压木、多叉木等进行间伐（或移栽），间伐比例为株数的 20% 左右，使林分郁闭度达 0.7 左右。

一般 50～60 年生时进行主伐。主伐后及时进行更新造林。

4.18 米心水青冈

4.18.1 概况

米心水青冈群落

米心水青冈(*Fagus engleriana*)，又名米心树，为壳斗科水青冈属落叶乔木，是我国中山地带最有价值的造林树种。寿命长，为亚热带中山地带的建群树种；秋叶色金黄，为著名秋色叶树种。木材红色，硬重，木材纵剖面有非常均匀的黑色斑点，是制作高档家具、地板、装饰面板的高档用材，是我国水青冈属中木材最漂亮的种类，其材质、颜色、点状斑点比欧洲水青冈木材更优，其利用价值高。

4.18.1.1 特性

（1）形态学特性：树高可达25m，冬芽细长达2.5cm。小枝皮孔近圆形。叶菱状卵形或卵状披针形，长5～9cm，宽2.5～4.5cm，先端短尖或渐尖，基部宽楔形或近圆，中上部具波状圆齿或全缘，幼叶被长绢毛，后近无毛，侧脉10～13对，近叶缘上弯连结；叶柄长0.4～1.2cm，无毛。壳斗基部小苞片叶状匙形、绿色、无毛，上部小苞片线形、褐色、被毛，或仅具线形褐色小苞片。每壳斗具2果，稀3枚，总梗纤细下垂，果三棱形，棱脊顶部有窄而稍下延窄翅，果柄长2～7cm。

（2）生态学生物学特性：米心水青冈较耐阴，喜温暖湿润气候和肥厚湿润土壤，常散生，或混生于阔叶林中。在土壤深厚肥沃的丘陵和山地上的红壤、黄壤或石灰性土类型的土壤上生长良好。分布区气候要求温凉湿润，水分充足，相对湿度大。花期4～5月，果期8～10月。

4.18.1.2 资源现状

米心水青冈产于湖南、浙江、安徽、河南西部、陕西西南部、湖北西部、贵州东北部、云南省东北部和四川东部的盆地周围山地，海拔高度1500m以上的山地。米心水青冈资源少，急需开展资源培育与保育。

4.18.2 苗木繁育技术

4.18.2.1 种子采收及处理

（1）种子采收：选择与造林地气候及土壤相近的地区进行采种工作。以树干通直、树冠开阔匀称、长势旺盛、无病虫害的20～30年生优良植株作为采种母树。9～10月，米心水青冈果实生长定型，果实成熟时壳斗由绿色变为黄褐色，坚果自行脱落。在脱落盛期的果实饱满，数量较多，品质最好，应及时从地上拾取， 或在树下铺布收集。

（2）种子处理：种子采收后用水洗法剔除病虫损害及异常的种子，获得优良种子。种子富含淀粉，易被栗实象鼻虫侵害，用55℃温水浸种10min即可全部杀死种内害虫，也可在水中浸泡2d杀死种内象鼻虫。经浸泡的种子用500倍多菌灵液消毒后进行贮藏。

（3）种子贮藏：选通风干燥的室内，先铺一层沙，接着铺一层种子，厚度为8～10cm，一层沙一层种子交替堆放，堆放高度控制在50～80cm以内。细沙湿度以手握不成形为原则，过湿种子易霉烂，过干影响发芽率。贮藏期间，根据沙子湿度情况定期用喷雾器喷水保湿，并定期检查，防止种子发热、发霉，防止鼠害。

4.18.2.2 苗木培育技术

（1）播种育苗技术：

①圃地选择：圃地宜选在土层深厚、疏松、肥沃、便于排水与灌溉的位置，不宜选在风口处、易被水冲洗的地段。整地要细致，做到深耕，细整，清除草根、石块等。采取秋翻春整，对改良土壤，保墒蓄水，减少杂草，消灭虫害都有显著作用。

②播种：播种时间宜为2月中旬至3月中旬。播种方法一般采用条播。条距25cm，条沟深3～4cm，播种种间距10cm，覆盖黄心土厚度2～3cm，盖草，当幼苗有50%左右出土时揭开草。

③苗期管理：

ⅰ.搭建阴棚：阴棚高度1.5～1.8m，用透光度30%～40%的遮阳网遮盖。

ⅱ. 定苗补苗：5 月中旬至 7 月初进行间苗和补苗，间除生长不良、病虫危害、过密的幼苗，对缺苗多处进行补苗，间苗补苗后及时浇水，定苗量为 15 万～20 万株 /hm^2。

ⅲ. 水肥：在幼苗生长期要多次适时勤浇，保持土壤湿润，在苗木生长期间每月施肥 1 次，氮磷钾比 2∶1∶1，采用浇灌施肥，浓度为 0.5%。

ⅳ. 除草：苗圃除草要以“除早，除小，除了”为原则。

ⅴ. 防病害：每隔 10～15d 用 800 倍多菌灵或 1000 倍百菌清液喷洒苗床防治。

ⅵ. 富根技术：于 9～10 月间，用铲子从小苗的两侧斜向切下，将小苗的主根切断，促进苗木侧根生长。6 月用 50mg/kgGGR6 促根剂喷施苗木 3 次，每 7d 喷 1 次。

（2）容器育苗技术：

①圃地选择：选择运输方便、排灌方便、地势平坦的地方设置圃地，对圃地土壤进行平整。

②基质配制及装袋：选用直径 10cm、高 15cm 无纺布袋，将常规园土与泥炭土以 1∶1 的比例充分混合均匀，然后过筛，并装入无纺布袋备用。

③芽苗培养：将圃地土壤整平整细，并用 70% 甲基托布津可湿性粉剂 800 倍液喷施床面消毒，后均匀撒播种子，种间距 3cm 左右，上面盖 2cm 厚的黄心土，再用塑料小拱（高 50cm）加农膜保湿保温。注意温度变化，随时揭膜降温。

④芽苗移栽与管理：

ⅰ. 芽苗移栽：当芽苗高生长达 5cm 左右时移栽。

ⅱ. 方法：将培育芽苗的苗床浇透水，轻轻拔出芽苗或用刁子将芽苗拔出，放入盛芽苗的容器内，移栽前剪去芽苗主根长度的 1/3～1/2，移植宜在低温阴雨天进行，移植后随即浇透水。

ⅲ. 防病：用 50% 多菌灵可湿性粉剂 800 倍液喷施苗木消毒防病。

ⅳ. 水肥管理：在幼苗生长期要多次适时勤浇，保持土壤湿润；5～7 月每月施肥 1 次，氮磷钾比 2∶1∶1，采用浇灌施肥，浓度为 0.5%。

v. 富根技术：用 50mg/kgGGR6 促根剂喷施苗木 3 次，每 7d 喷 1 次。

4.18.2.3 造林苗木质量标准

(1) 形质指标：单一主干、苗干通直，生长健壮、顶芽完整，根系发达，无损伤和病虫害。

(2) 数量指标：①更新造林或改培造林用苗规格为苗高≥ 0.8m、地径≥ 0.8cm；②园林景观绿化珍贵苗造林用苗规格为苗高≥ 3.0m、胸径≥ 4.0cm。

4.18.3 人工造林技术

4.18.3.1 林地选择

选择海拔 1500m 以上的地段造林。

4.18.3.2 整地

整地前的林地清理采用生态清理方法，只对杂草进行清理，对灌木类的植物种类应保留，只清除栽植穴周围 $1m^2$ 范围内的所有灌木和杂草。整地采用中穴整地，穴规格为 50cm × 50cm × 40cm。整地应在造林前一年秋季进行。

4.18.3.3 造林

(1) 造林密度：米心水青冈造林在落叶后至放叶前均可进行（除冰冻期外），一般株行距为 4m × 4m，立地条件优可适当稀植，立地条件差的可适当密植。

(2) 混交技术：根据米心水青冈群落物种组成，营造混交林，以增强其对环境的适应能力。合理选择混交树种。如常绿树种与落叶搭配，深根系树种与浅根系树种搭配，喜光树种与阴性树种搭配，喜光树种与耐阴树种搭配，阔叶树种与针叶树种搭配等；主要混交树种为红豆杉、红椿、亮叶水青冈等。

(3) 在更新改造中的造林技术：包括采伐迹地更新和火烧迹地更新，秋冬季采用带垦或穴垦整地，挖中穴 50cm × 50cm × 50cm，然后回表土拌匀。选择标准苗木造林，要求苗木苗干通直、单一主干、顶芽健壮、长势旺、木质化好、根系发达、干皮及根系无劈裂损伤、无检疫性病虫，苗高 0.8m 以上、地径 0.8cm 以上；混交模式为带状或块状。一般初植密度为 3m × 4m。

（4）在低质低效林中改造中的造林技术：低质低效林珍贵化改造是森林改培模式之一。一是设置造林穴，按株距 3m 左右设置造林穴并清除穴周边 1m² 以上的杂灌杂草杂藤，挖适宜的穴造林（林中原有的珍贵用材树种应保留）；二是选择标准苗木，要求苗木苗干通直、单一主干、顶芽健壮、长势旺、木质化好、根系发达、干皮及根系无劈裂损伤、无检疫性病虫，苗高 0.8m 以上、地径 0.8cm 以上。

4.18.4 人工林经营技术

4.18.4.1 森林抚育

造林第 1～6 年进行生态抚育，生态抚育方法是确保造林穴的 1m² 范围内无灌木和杂草，就是说对造林穴 1m² 范围内的所有灌木和杂草及时清除，这样有利于提高新造的米心水青冈等苗木的成活率，有利于防治造林时带来的水土流失，有利于保存造林地的生物多样性，增强新造苗木的抗病虫害能力。

米心水青冈人工林

4.18.4.2 肥水管理

（1）施追肥：林分 2～5 年生期间，每年每株施复合肥 0.1～0.5kg，施肥前清除苗木周围杂灌草，一般结合松土除草进行，宜于春季雨前施肥，施肥量随树龄增加而增加。施肥方法一般采用沟施法，即沿树冠垂直投影线外侧挖环形沟施入，沟宽 20cm、深 25cm，将肥料均匀施于施肥沟，然后覆土。

（2）地表覆盖：用森林抚育割除的杂木杂灌杂草杂藤覆盖在苗木周边 1m² 地表，靠近树干 10cm 左右不覆盖。

4.18.4.3 干形培育

1～7 年生林分每年及时剪除树干根茎处的萌发枝、树干上的徒长枝、主梢侧边的次顶梢，确保主干的生长。

修枝主要是将树冠下部受光较少的枝条除掉。修枝要保持树冠相当于树高的 2/3。过多修枝会丧失一部分制造营养物质的树叶，而影响树木生长。修枝季节宜在冬末春初。

4.18.4.4 间伐与主伐

当林分郁闭度达 0.9 左右时，对被压木、病虫木等进行间伐（或移栽），移除比例为株数的 30% 左右，使林分郁闭度达 0.7 左右；随着林分的生长当林分郁闭度又达 0.9 左右时，对弯曲木、被压木、多叉木等进行间伐（或移栽），移除比例为株数的 25% 左右，使林分郁闭度达 0.7 左右。

一般 50～60 年生时进行主伐。主伐后及时进行更新造林。

4.19 黄连木

4.19.1 概况

黄连木树形

黄连木（*Pistacia chinensis*），又名黄连树、黄连茶等，属漆树科黄连木属落叶乔木。在我国分布广泛，是优良的用材、绿化、观赏、药用和油料树种。黄连木木材为环孔材，坚韧致密，抗压耐腐，边材宽，灰黄色，心材黄褐色，刨切面具光泽，气干容重 0.713g/cm^3，为深色硬木材质中外观最为精美的一类木材，是制作高档家具、工艺美术品等良材。黄连木种子含油率在 30%～45%，种仁含油率最高可达 56.5%，被国家能源局以及国家林业和草原局列为中国七大木本油料树种之一。黄连木嫩叶早春红色，入夏变绿，入秋为红色或橙黄色，红色的雌花序也极美观，果实红色或铜绿色观赏性佳，宜作四旁绿化及风景树。

4.19.1.1 特性

（1）形态学特性：黄连木树干挺直，树冠近圆形，树皮壮龄呈方块状开裂，老龄呈薄片状剥落，1～2 年生小枝赤褐色，3 年生枝灰褐色；冬芽红色，有气味，叶片互生，羽状复叶，小叶 10～14 枚，披针形或卵状披针形，长 5～8cm，宽约 1.8cm，先端渐尖，基部斜楔形。核果扁球形，径 5～7mm，初为黄白色，正常成熟的果实为铜绿色。

黄连木枝、叶、果 A

（2）生态学生物学特性：黄连木喜光，根系发达，具有寿命长和适应性强等特点。在我国分布区的年平均气温为 11.5～21℃，1 月平均气温 -4.2～17.2℃，7 月平均气温 20.8～28.8℃，绝对最高气温 43.6℃，绝对最低气温 -23.6℃，年平均降水量 400mm 以上，无霜期≥ 160d，湖南主要分布于区土壤母岩多为石灰岩的山地，其天然次生林大多分布在海拔 1000m 以下的半阳坡、阳坡。黄连木可在干旱、瘠薄的微酸性、中性和微碱性的沙质、黏质土中生长，适宜 pH 值为 5.5～7.8。黄连木是深根性树种，树体有较强的抗风力，抗性强，萌发能力强，其萌芽更新效果优于种子更新，对 SO_2、HCl 具有一定抗性。花单性，雌雄异株，花小密生，无花瓣，雄花序排列成总状花序，淡绿色，雌花序排列成圆锥花序，花先叶开放，花期 4～5 月，果期 9～10 月。

（3）文化特性：借物抒情、借物咏志是中华文化的一大特色。古人常借黄连木表达人们的情感，寄托美好愿望。《太平广记》引《述异记》：

“鲁曲阜孔子墓上，时多楷木”。清代的《广群芳谱》引《淮南草木谱》：“孔木生孔子冢上，其干枝疏而不屈，以质得其直故也。”楷树的这种特性很容易让人联想起“众人皆醉我独醒”的境界。楷树就是黄连木。民间谚语“黄连树下弹琴，苦中作乐”。孔夫子喜好音乐，精于乐理之道，深信音乐的力量可以改善人的气质，同声相应，觅得知己同道，“黄连树下弹琴”是对仁人志士的赞颂。

黄连木枝、叶、果 B

4.19.1.2 资源现状

（1）资源分布：黄连木是中国独有树种，适应性广，广泛分布于我国 25 个省（自治区、直辖市），北起河北、山东，南至海南，东到台湾，西南至四川、云南。黄连木覆盖我国湿润、亚湿润、亚干旱 3 个气候大区，分布区约占我国国土面积的 45% 以上，主要生长区为低山丘陵及平原地区。湖南省主要分布于湘西山地、雪峰山和武陵山一带。黄连木寿命长，在散生木中树龄可达 300 年以上。

（2）资源培育与利用：黄连木作为珍贵用材树种和景观树种培育，以珍贵用材树种培育和森林改培项目等带动发展，也有作为园林绿化的中苗和大苗为主的绿化苗木的培育，为园林绿化提供优质苗木。

（3）良种选育：黄连木各性状变异幅度大，在树皮、冠形、叶、花、果穗、果实和种子等方面存在不同层次的种内变异。湖南省林业科学院针对黄连木珍贵用材树种培育开展了黄连木资源调查与引进、苗木繁育研究等。

黄连木叶片

4.19.2 苗木繁育技术

4.19.2.1 种子采收及处理

10 月上中旬，选择本地优良种源、树

黄连木果实

体生长健壮、无病虫害的中龄母树采种，果实从红色变为铜绿色时采摘，剔除虫果、秕果后置于袋中堆沤 3～4d，果皮腐烂后搓擦果实，除去果皮和杂质。去除果皮的种子用 50～60℃的温水浸泡 24h，然后再换 1 次清水浸泡 2～3d，等种皮充分软化后，用 5%～10% 的草木灰水、石灰水搓洗，将种皮及种子外蜡质层完全搓掉，清洗干净后沙藏。沙藏要求种子与干净的河沙按 1∶3 的比例充分混合，保持沙子湿度均匀，防止种子霉变和鼠害。贮藏 100d 左右，到 3 月初温度回升，80% 以上的种子开裂、1/3 露白时即可播种。

4.19.2.2 苗木培育技术

（1）播种育苗技术：

①选苗圃与施基肥：选择交通方便、背风向阳、土层深厚、肥沃、排灌方便的壤土，要求土壤近中性或偏酸性，即土壤 pH 值在 6.5 ～ 7 之间为好，忌用重黏土和前作物是瓜类、薯类、茄子、辣椒、烤烟等的土壤，若用原来育过黄连木苗的圃地育苗，需用 1800kg/hm^2 生石灰进行土壤消毒与改良。选好的苗圃于秋季或冬季进行深耕、耙平、整细，除去杂物，如有地下害虫，施 50%辛硫磷颗粒剂 38kg/hm^2(拌土施入)，再复耕一次；结合开厢施复合肥（$N:P_2O_5:K_2O$=19∶19∶19）1500kg/hm^2 作基肥。

②作床：以 0.9m 宽开厢，东西向，厢沟宽 0.3m，厢沟深 0.2～0.3m，其余围沟、中沟依次渐深，厢面呈龟背形，有利于根部土壤透气，防止内涝。

③播种：将催芽露白的种子经过多菌灵液消毒后播种，采用条播，条间距 20cm，种子间距 5cm，播种后，用筛子筛细黄心土覆盖，以不见种子为度。为防止土壤板结，播种后可用切短的稻草（长度 3～5cm）覆盖床面，厚度以不见黄心土为宜。播种后 1 个月左右苗基本出齐，出苗后应适时遮阴降温。

④苗期管理：

ⅰ. 定苗与补苗：5 月中旬至 6 月初进行间苗和补苗，间除生长不良、病虫危害、过密的幼苗，间苗时可结合开展人工除草，同时在缺苗处进行补苗，间苗补苗后及时浇水，定苗量为 15 万～20 万株 /hm^2。

ⅱ. 水肥管理：在幼苗生长期要多次适时勤浇，保持土壤湿润，在苗木生长期间5～7月每月喷施1次复合肥，浓度为0.5%，8月后停止施肥，防止越冬产生冻梢现象。

ⅲ.防病：用50%多菌灵可湿性粉剂800倍液等杀菌剂喷施苗木消毒防病。

ⅳ.富根技术：于9～10月间，用铲子从小苗的两侧斜向切下，将小苗的主根切断，促进苗木侧根生长；用GGR6等促根剂50mg/kg液均匀喷施苗木，每7d喷1次，连续3次。

（2）容器育苗技术：

①容器育苗圃地选择：选择地势平坦，排水良好，背风向阳，交通方便，接近水源和电源的地方做圃地。

②基质配制及装袋：基质的配方为黄心土：泥炭土：钙镁磷肥=50:45:5。基质、肥料碾碎过筛，充分拌匀，待用。

育苗袋选择直径10cm、高20cm的无纺布育苗袋。装袋时基质要分层灌紧，将育苗袋整齐地排放在地布上，相互靠紧、放平，每摆放2行要间隔20cm。容器要与地面隔绝，使之形成发达的根团。同时保持通气性，排水良好，促进根系生长。

③芽苗培养：

ⅰ.密集撒播：将经过消毒的种子均匀、密集地撒在已经准备好并消毒的苗床上，种子间距3～5cm。

ⅱ.覆土、洒水、消毒：在密集撒播的种子上覆盖约1.5cm厚的黄心土，然后将床面撒透水，用50%多菌灵可湿性粉剂800倍液喷施苗木消毒防病。

ⅲ.插拱、盖地膜：用竹条（或类似的物品如粗铁丝）横跨苗床作半圆形的拱，拱高50～60cm。拱做好后，用约200cm宽的地膜均匀盖在拱上，长度依苗床的长度确定，随即将苗床两边和两头接地的地膜用土压实。

ⅳ.苗床管理：经常观察苗床内种子发芽情况，如苗床过干，要及时揭开地膜进行补水，如果地膜内温度超过40℃，要及时揭开薄膜两头通气或适当遮阴。

黄连木容器大苗培育

④芽苗移栽与防病：

ⅰ. 芽苗移栽时间：种子出土萌发、长出 1～2 片初生叶时移栽。

ⅱ. 芽苗移栽方法：将培育芽苗的苗床浇透水，轻轻拔出芽苗或用刁子将芽苗拔出，放入盛芽苗的容器内，移栽前剪去小苗主根长度的 1/3～1/2，用尖锥形的工具将芽苗栽植于已准备好的容器中。移植宜选择低温阴雨天进行，移植后随即浇透水并用 50% 多菌灵可湿性粉剂 800 倍液喷施苗木消毒防病。芽苗移栽时，要边栽边起苗，尽量减短芽苗的根在空气中停留的时间。

ⅲ. 防病：用 70% 甲基托布津可湿性粉剂 800 倍液喷施苗木消毒防病。

⑤苗期管理：要及时搭盖遮阳网遮阴降温。移苗后需保持基质湿润，一般早、晚各淋水 1 次，视天气情况适当增减淋水次数。当出现初生叶，进入速生期前开始追肥。追肥结合浇水进行，用按一定比例的氮、磷、钾混合肥料，配成 1/300～1/200 浓度的水溶液施用，前期浓度不能过大，严禁干施化肥，根外追氮肥浓度为 0.1%～0.2%。根据苗木各个发育时期的要求，不断调整氮、磷、钾的比例和施用量，速生期以氮肥为主，6 月后停止施肥，促使苗木木质化，提高苗木抗性和造林成活率。严禁在午间高温时施肥。苗期用 50% 多菌灵可湿性粉剂 800 倍液或 70% 甲基托布津可湿性粉剂 800 倍液喷施苗木消毒防病。

当发现侧根穿出容器时，适当减少浇水次数，移动容器苗使其产生间隙，达到空气切根的目的，促进侧根的发育。经过 1～2 次空气切根处理，容器基质里面的侧根成级数增加，根系发育均匀、平衡，并和基质交织在一起形成网络状的富有弹性的根团，使容器不易破碎，入土后根系可爆发性生长，实现幼苗入土后无缓苗期的快速生长，移栽成活率高。

4.19.2.3 造林苗木质量标准

黄连木容器苗质量分级见表 4–5。

表 4-5 黄连木容器苗质量分级

级别	苗龄	苗高（cm）	地径（cm）	形质指标
Ⅰ	1 年生	＞80	＞0.8	苗干通直、单一主干；顶芽饱满，无机械损伤，无检疫性病虫害
	2 年生	＞150	＞1.5	
Ⅱ	1 年生	＞70	＞0.7	
	2 年生	＞120	＞1.2	

4.19.3 人工造林技术

4.19.3.1 林地选择

虽然黄连木耐干旱瘠薄，适应性强，在海拔 1000m 以下均能生长，同时对土壤要求不严。但作为商品珍贵用材树种经营，目的是获取材质优良的大径级木材，需要选择适宜的林地。造林地应选择坡度≤ 25° 的山地阳坡或半阳坡，土壤 pH 值为 6.5～7.5，通气良好。

4.19.3.2 整地与施肥

黄连木的整地方式根据立地类型确定。坡度≥ 15° 的山地一般采用鱼鳞坑或水平阶整地，坡度< 15° 采用带状或穴状整地，穴的大小以 50cm × 50cm × 40cm 为宜，每穴施钙镁磷肥 200～400g 作基肥。

4.19.3.3 造林

（1）在更新改造中的造林技术：包括采伐迹地更新和火烧迹地更新，秋冬季采用带垦或穴垦整地，挖中穴造林，规格为 50cm × 50cm × 40cm。选择标准苗木造林，要求苗木苗干通直、单一主干、顶芽健壮、长势旺、木质化好、干皮及根系无劈裂损伤、无检疫性病虫，苗高> 80cm、地径> 0.8cm；一般初植密度为 3m × 3m 或 3m × 4m。混交模式为带状或块状。混交树种有赤皮青冈、大叶桂樱、小叶栎、青冈、红椿、闽楠、大叶榉树等。

（2）在低质低效林珍贵化改造中的造林技术：低质低效林珍贵化改造是森林改培模式之一，有利于提高森林质量，稳定森林结构，提升森林总体效益。黄连木是低质低效林珍贵化改造的优良树种。一是设置造林穴，按株距 3m 左右设置造林穴并清除穴周边 1m^2 以上的杂灌、杂草和杂藤（林中原有的珍贵用材树种应保留）；二是选择 I 级苗造林；三是要切实按照《低效林改造技术规程》组织施工，防止对现有植被的破坏，作业措施应避免新的水土流失，防止改造过程中对自然环境的影响。

（3）在人工商品林中补植珍贵树种实施珍贵化改造的造林技术：人工商品林中补植珍贵树种是森林改培模式之一，要求将人工商品林实施高强度择伐，择伐后保留 450～750 株 /hm^2。一是设置造林穴，按目标树（包括保留的树木）间距离> 3m 以上的原则设置栽植穴，清除穴周边 1m^2 以上的杂灌、杂草和杂藤，挖适宜的穴造林；二是选择 I 级苗造林。

（4）在景观化珍贵化（含公益林）改造中的造林技术：公益林景观化珍贵化改造是森林改培模式之一，在公益林景观化珍贵化提质改造中选择适宜地块用黄连木实施景观化珍贵化改造技术模式，在对公益林实施透光抚育、生态疏伐、卫生伐、景观疏伐的基础上进行。一是选择小林窗，在小林窗中按 100m^2 左右设置 2 个造林穴，清除造林穴周围杂木、杂灌、杂草和杂藤面积 1m^2 以上，对造林穴周边可能会影响黄连木生长的乔木（非目的树种）也应清除；二是交通方便的地方可选择带直径≥ 40cm、高≥ 30cm 土球的苗木（或大容器苗）造林，要求单一主干、顶芽健壮、长势旺、木质化好、干皮及无劈裂损伤、无检疫性病虫，苗高≥ 3m、胸径≥ 4cm。栽植大苗要设立简易支架防风倒。

（5）在生态廊道及其节点景观化珍贵化改造中的造林技术：黄连木是较好的生态廊道及其节点景观化珍贵化改造树种。它既可作四旁单一树种造景，又可作水系林网、道路林网以及山系的带状、块状构景，景观效果稳定。造林首先要确定好株间距，根据不同坡度按 4～6m 设置株间距；二是交通方便的地方可选择带直径≥ 40cm、高≥ 30cm 土球的苗木（或大容器苗），苗高≥ 3m、胸径≥ 4cm，栽植后设立简易支架防风倒。

4.19.4 人工林经营技术

4.19.4.1 森林抚育

林分郁闭前，每年抚育 2 次，即 5 月、9 月各 1 次，割除影响黄连木生长的杂木、杂灌、杂草和杂藤，留桩高度＜ 20cm。林分郁闭后，每年抚育 1 次，于 9 月进行。

4.19.4.2 肥水管理

（1）配方施肥：林分 2～10 年生期间，每年施复合肥 0.1～0.5kg/ 株，施肥前清除苗木周围杂灌草，一般结合松土除草进行，宜于春季雨前施肥，施肥量随树龄增加而增加。施肥方法一般采用沟施法，即沿树冠垂直投影线外侧挖环形沟施入，沟宽 20cm、深 25cm，将肥料均匀施于施肥沟，然后覆土。

（2）地表覆盖：地表覆盖物有充分发酵的谷壳和锯木屑、落叶、杂草等，用覆盖物覆盖幼树树干周边地表，以树干为中心，覆盖面积 $1m^2$，杂草覆盖厚度为 8cm 以上，谷壳和锯木屑为 5cm 以上，靠近树干 10cm 左右不覆盖。

4.19.4.3 干形培育

林分 1～6 年生期间，在每年的冬末春初剪除树根根际处的萌发枝和树干上的徒长枝（包括次顶梢），确保单一主干生长，栽植后每年均要修枝，待主干高达 7m 以上时可停止修枝，可培育通直高大圆满的主干。

4.19.4.4 间伐与主伐

当林分郁闭度达 0.8 以上，自然稀疏开始形成，林下阳生草逐渐稀少，这时主要采取下层抚育间伐方式，及时对濒死木、枯倒木、被压木、病虫木、风折木、衰弱木等进行间伐，间伐强度为总株数的 30% 左右，间伐后郁闭度不小于 0.7，以调整林分的疏密度，增强树势。间伐后的虫害木，应及时去掉枝梢后集中进行灭虫处理再从林地运出。几年后，当林分郁闭度达 0.9 左右时，再次主要对弯曲木、被压木、多叉木、过密木等进行间伐，间伐比例为总株数的 30%。

主伐年龄一般在 50～60 年，由于其萌芽更新效果好，主伐后可通过人工促进其萌芽更新。

4.19.4.5 病虫害综合防治技术

黄连木主要病虫害及防治见表 4–6。

表 4-6 黄连木主要病虫害危害症状及防治一览表

名称	主要症状	防治方法
立枯病	主要危害苗茎基部或幼根。幼苗出土后，茎基部变褐色，呈水渍状，病部缢缩萎蔫死亡但不倒状。幼根腐烂，病部淡褐色，具白色棉絮状或蛛丝状菌丝层，即病菌的菌丝体或菌核	人工措施：选无菌基质，基质中的有机肥要充分腐熟，苗床浇水要一次浇透； 化学措施：用 50% 多菌灵可湿性粉剂 8～10g/m^2 与基质 5kg 充分混合作播种层；幼苗出土后，用 75% 百菌清可湿性粉剂 600 倍液，或 70% 甲基托布津 800 倍液喷雾，每次间隔 7～10d
炭疽病	该病主要危害果实、嫩梢。果实受害后果粒生长减缓，果梗、穗轴干枯，严重时干死在树上。叶片感病后，病斑不规则，有的沿叶缘四周 1cm 处枯黄，严重时全叶枯黄脱落或呈烧焦状脱落	人工措施：加强栽培管理，科学修剪，改善树体光照和林地排水； 化学措施：5 月树冠用 50% 多菌灵可湿性粉剂 800～1000 倍液，每次间隔 15～20d

(续)

名称	主要症状	防治方法
木橑尺蠖	主要以若虫危害，主要危害黄连木嫩枝和叶片，严重时，几天时间内即可将整株黄连木的叶片食光，造成树势衰弱甚至枯死	物理措施：设置太阳能灭虫灯诱杀成虫； 生物措施：幼虫期寄生性天敌有赤眼蜂、白僵菌等防治幼虫，捕食性天敌有多种鸟类，可持续抑制害虫种群数量的增殖； 化学措施：喷洒 5% 福灵乳剂 5000 倍液
黄连木种子小蜂	成虫产卵于果实的内壁上，孵化后咬破种皮钻入胚内，取食胚乳和发育中的子叶，直至吃光，天气不良时，果实变黑干枯脱落；天气正常时，果实大小与健康果无大区别，健康果成熟时为蓝绿色，而受害果为红色	人工措施：秋冬季及时清理并销毁树下虫果，消灭越冬幼虫； 生物措施：幼虫及蛹的天敌是多种鸟类； 化学措施：开花后每隔 10d，喷洒溴氰菊酯 2500 倍液防治，连续用药 2～3 次
梳齿毛根蚜	5 月上旬开始危害，严重的在 8 月下旬虫瘿变红，叶片即全部脱落，严重影响树势	化学措施：在 3 月下旬至 4 月中旬发芽前，用 5% 石硫合剂均匀喷树体及周围的禾本科植物，消灭蚜卵；生长期的 6 月中旬至 9 月中旬用溴氰菊酯 2500 倍液防治，连续用药 2～3 次
缀叶螟	主要是取食危害叶片，幼虫在两块叶片间吐丝结网，取食其中。随着虫体增大，食量增加，缀叶由少到多，将多个叶片缀成 1 个大巢，严重时将叶片全部食光，造成树枝光秃	人工措施：冬季及时清理树下落叶和杂草，深翻土壤，消灭越冬虫茧； 物理措施：设置太阳能灭虫灯诱杀； 生物措施：充分利用寄生蜂、鸟类等多种天敌； 化学措施：幼虫发生盛期，用 2.5% 溴氰菊酯乳油 2000 倍液喷雾防治

黄檀树形

4.20 黄檀

4.20.1 概况

黄檀（*Dalbergia hupeana*），又名檀树、不知春，属豆科黄檀属落叶乔木。其木材黄色，材质坚韧、致密，能耐强力冲撞，可作各种负重力和拉力强的用具及器材，常用作高级家具、枪托、各种工具柄等。黄檀适应性强，对土壤要求不严，其树形美观，花香，可作庭荫树、风景树、行道树应用，也是石灰岩山地和荒山荒地绿化的先锋树种。黄檀花香，开花能吸引大量蜂蝶，也可放养紫胶虫。

4.20.1.1 特性

（1）形态学特征：树皮暗灰色，呈薄片状翘状剥落。幼枝淡绿色，无毛。羽状复叶长 15～25cm；小叶 3～5 对，互生，近革质，椭圆形至长圆状椭圆形，长 3.5～6cm，宽 2.5～4cm，先端钝或稍凹入，基部圆形或阔楔形，两面无毛。圆锥花序顶生或生于最上部的叶腋间；花萼钟状；花冠白色或淡紫色；雄蕊 10 枚，组成 5+5 的二体雄蕊。荚果长圆形，不开裂；种子部分有网纹；种子肾形。

（2）生态学生物学特性：喜光，但幼苗和幼树时可稍耐阴，耐干旱瘠薄，可在花岗岩、板页岩、石灰岩和砂砾岩等发育的红壤、黄红壤和黄壤上生长，但以在深厚湿润排水良好的土壤生长较好；对温度不敏感，能耐约 -20℃低温，也能耐 38℃的高温。有一定的抗盐性。

生长慢、寿命长、适应性强、深根性，具根瘤，能固氮；为合轴分枝，顶端优势不明显，分枝低，分枝多；主要以种子繁衍后代，萌发性也较强；春季发芽、发叶迟，故有“不知春”的别名。花期 5～7 月，果期 10～12 月。7～10 年生开始开花结实，18 年后进入正常结实期。结实有大小年间隔期一般为 1 年。

黄檀结果状

黄檀开花状

4.20.1.2 资源现状

（1）资源分布与规模：在我国主产陕西、甘肃、山东、江苏、安徽、浙江、江西、福建、河南、湖北、湖南、广东、广西、四川、贵州、云南等地，多生长于海拔 50～1400m 的山地、丘陵。湖南全省广布；平原、丘陵及山区均可生长。湖南省现有黄檀人工林面积 150hm^2。

（2）资源培育与利用：作为珍贵用材树种培育，以珍贵用材树种培育项目、森林改培项目等带动发展，主要作为家具材和工艺品材利用。

（3）良种选育：湖南省森林植物园开展了资源调查、优树选择，已收集湖南、江西、安徽等地的黄檀种源 5 个。

4.20.2 苗木繁育技术

4.20.2.1 种子采收及处理

（1）种子采收：选择优良健壮的采种母树。当黄檀荚果的果皮由黄绿色变为黄褐色时即可从树上进行采收。

（2）种子处理和贮藏：采收的荚果应及时放到干燥通风处阴干，或在阳光下适当晾晒，使其荚果干燥，或者直接将荚果干藏，或者将晾干的荚果揉碎，通过风选等措施取出种子后干燥。

黄檀树干树皮

（3）种子特征：荚果未熟时为绿色稍黄，熟时黄褐色，长圆形或带状，长 3～9cm，宽 0.8～1.8cm；种子褐色，肾形或扁椭圆形，长 8.28～10.63mm，宽 4.89～5.16mm。

（4）出种率、净度和千粒重：出种率为 10%～15%、净度为 97%、千粒重 33.11～52.43g、每千克种子粒数为 2 万～3 万粒。

（5）种子发芽能力：种子为出土萌发，胚根萌发后 2～3d 子叶出土，5～6d 初生叶出现。场圃发芽率达 68%。

黄檀果实

黄檀种子

4.20.2.2 苗木培育技术

（1）芽苗移栽裸根苗培育技术：

①整地和作床：做到深耕细整，清除草根、石块，土碎地平。翻耕深度 20～25cm。翻耕前施钙镁磷肥 3000kg/hm^2。在平整的圃地上划分苗床与步道，苗床宜宽 100～120cm、高 20cm，步道宽 30～35cm。

②芽苗播种时期：宜在 1～2 月播种。

③芽苗播种量：62.5～66.2g/m^2。

④播种方法和管理：

ⅰ. 密集撒播：将经过消毒的种子均匀、密集地撒在已经准备好、消完毒的苗床上，种子间距 3cm 左右。

ⅱ. 覆土、洒水、消毒：在密集撒播的种子上覆盖约 1.5cm 厚的黄心土，然后用撒水壶将覆盖的土和种子撒透水，2h 后用 0.5%的高锰酸钾溶液进行一次均匀消毒。

ⅲ. 插拱、盖地膜：用竹条（或类似的物品如粗铁丝）横跨苗床作半圆形的拱，拱高 50～60cm。拱插好后，用地膜均匀盖在拱上，随即将苗床两边和两头接地的地膜用土压实。

ⅳ. 苗床管理：经常观察苗床内种子发芽情况，如苗床过干，要及时揭开地膜进行补水，如果地膜内温度超过 40℃，要及时揭开薄膜两头通气或适当遮阴。

⑤芽苗移栽：

ⅰ. 芽苗移栽时间：种子出土萌发、长出 2～3 片初生叶时移栽。

ⅱ. 芽苗移栽方法：将培育芽苗的苗床浇透水，轻轻拔出芽苗或用刁子将芽苗拔出，放入盛芽苗的容器内，移栽前剪去芽苗主根长的 1/3～1/2，用尖锥形的工具将芽苗栽植于已准备好的苗床上，芽苗在苗床上栽植的株行距为 10～12cm × 10～12cm。移植宜在低温阴雨天进行，移植后随即浇透水。注意：芽苗移栽时，要边栽边起苗，尽量减短芽苗的根在空气中停留的时间。

（2）芽苗移栽容器苗培育技术：

①育苗容器：多采用直径 10cm、高 15cm 的无纺布容器袋。

②容器育苗基质：基质配比为：50% 黄心土 +45% 的泥炭土 +5% 的钙镁磷肥。为预防苗木发生病虫害，基质要严格进行消毒，每立方米用硫酸亚铁 25kg，翻拌均匀后，用不透气的材料覆盖 24h 以上。

③芽苗栽植方法：栽植时，先用已配制好的基质填满容器袋，将准备好并已切根的芽苗用工具栽植于容器中央，移植深度掌握在根颈以上 0.5～1cm，移植时用手轻轻提苗，使根系舒展，并充分压实，使根土密接。防止栽植过深、窝根或露根，每个容器移栽芽苗 1 株。

（3）苗期管理：

①遮阴管理：在高温的 6～9 月要用遮光度为 60%～65% 的遮阳网进行遮阴，遮阳网的高度为 1.8～2.0m。

②水分管理：苗期要保持苗床湿润。在幼苗生长初期要多次适量勤浇，保持培养基质湿润；速生期应量多次少，在基质达到一定的干燥程度后再浇水；生长后期要控制浇水。

③杂草管理：苗床或容器中的除草要掌握“除早，除小，除了”的原则。

④施肥管理：

ⅰ. 原则：苗木生长初期，要用速效性肥料，以施腐熟人粪尿为宜；苗木速生期，前期、中期以施氮素化肥为主；速生期后期以施磷、钾肥为主。

ⅱ. 水施肥的方法：用浓度 0.3%～0.5% 尿素或复合肥，全面喷洒于苗床上（喷洒后用水冲洗苗株）或浇灌于苗行间。

⑤富根技术：于 9～10 月间，用铲子从小苗的两侧斜向切下，将小苗的主根切断，促进苗木侧根生长；用 GGR6 等促根剂 50mg/kg 液喷

施苗木3次，每7d喷1次。

⑥病虫害防治：用50%多菌灵可湿性粉剂800倍液喷施苗木消毒防病。有蚜虫危害时，用50%马拉松乳剂1000倍液或10%蚜虱净可湿性粉剂3000～4000倍液喷雾防治。黄檀小卷蛾危害，幼虫危害叶芽、嫩梢及种子，危害较重时，可用50%多效磷乳剂2000倍液防治。

4.20.2.3 造林苗木质量标准

（1）形质指标：单一主干、苗干通直，生长健壮、顶芽完整，根系发达，无损伤和病虫害。

（2）数量指标：更新造林或改培造林用苗规格为苗高80cm以上、地径0.8cm以上。

4.20.3 人工造林技术

4.20.3.1 林地选择

（1）海拔高度：选择海拔50～1000m的丘陵和山地种植。

（2）母质母岩和土壤：选择花岗岩、板页岩、砂砾岩和石灰岩发育的红壤、黄红壤或黄壤上种植。

（3）立地条件：要求由花岗岩、板页岩、砂砾岩发育的中等肥沃至肥沃型土壤，土壤厚度大于40cm。

4.20.3.2 整地

整地前的林地清理采用生态清理方法，只对禾本科和菊科的一些杂草进行清理，对其他植物种类，如百合、黄精、玉竹等，以及灌木类的植物种类应保留，但对栽植穴周围1m^2范围内的所有灌木和杂草应进行清除，以利新造林苗木生长。整地采用中穴整地，穴规格为50cm×50cm×40cm。

4.20.3.3 造林

（1）在低产林珍贵化改造中的造林技术：在低产林分中采用穴垦整地方法，根据低产林的情况，栽植黄檀450～750株/hm^2。

（2）在林下补植珍贵化改造中的造林技术：在纯林（如杉木人工林）中造林，应先对林分进行高强度择伐，选择2个以上树种与黄檀混交，共补植 450～750 株 /hm^2。其整地方法采用穴垦整地。原则上不建议在郁闭度大于 0.6 的人工杉木林和松树林中改培造林。

（3）在更新改造中的造林技术：采用生态清理、穴垦整地。造林密度宜为 3m×4m，宜与 2 个以上树种混交造林，混交树种宜选择小叶栎、赤皮青冈、青冈、尖叶栎、福建青冈、闽楠等树种。

4.20.4 人工林经营技术

4.20.4.1 森林抚育

（1）补植：造林第 1 年冬和第 2 年春据造林保存率，及时进行补植。

（2）抚育：造林第 1～3 年进行生态抚育，生态抚育方法是确保造林穴的 $1m^2$ 范围内的无灌木和杂草，就是说对造林穴 $1m^2$ 范围内的所有灌木和杂草及时清除，这样有利于提高新造的黄檀等苗木的成活率，有利于防治造林时带来的水土流失，有利于保存造林地的生物多样性，增强新造苗木的抗病虫害能力。

（3）抹芽：黄檀为合轴分枝，因此要及时抹除形成第 2 个主干的芽。

4.20.4.2 干形培育

林分 1～8 年生每年及时剪除树根处的萌发枝、树干上的徒长枝、主梢侧边的次顶梢，确保主干的生长。

修枝主要是将树冠下部受光较少的枝条除掉。修枝要保持树冠相当于树高的 2/3。过多修枝会丧失一部分制造营养物质的树叶，而影响树木生长。修枝季节宜在冬末春初。

4.20.4.3 肥水管理

（1）施追肥：林分 2～10 年生期间，每年每株施复合肥 0.1～0.5kg，施肥前清除苗木周围杂灌草，一般结合松土除草进行，宜于春季雨前施肥，施肥量随树龄增加而增加。施肥方法一般采用沟施法，即沿树冠垂直投影线外侧挖环形沟施入，沟宽 20cm、深 25cm，将肥料均匀施于施肥沟，然后覆土。

（2）地表覆盖：地表覆盖保湿抑草，将林分抚育就地割除的杂草等覆盖在树干基部周围。

4.20.4.4 间伐与主伐

当林分郁闭度达0.9左右时，对被压木、病虫木等进行间伐（或移栽），移除比例为株数的30%左右，使林分郁闭度达0.7左右。随着林分的生长，当林分郁闭度又达0.9左右时，对弯曲木、被压木、多叉木等进行间伐（或移栽），移除比例为株数的30%左右，使林分郁闭度达0.7左右。

一般50年时进行主伐。

4.21 君迁子

4.21.1 概况

君迁子（*Diospyros lotus*），又名黑枣，为柿树科柿属落叶乔木。木材坚实强韧，纹理细致，心材略带黑色，是优良家具材树种。喜光，耐寒，耐干旱瘠薄，耐湿，抗污染，它的树叶和果实火红，亦可作为景观树种。果实可食用，同时具有药用价值。

君迁子结果状

4.21.1.1 特性

（1）形态学特性：树皮暗褐色，深裂成方块状，幼树有灰色柔毛，叶椭圆形至长圆形，长6～12cm，宽3～6cm。果实近球形，直径1～1.5cm，初熟时为黄色，熟时蓝黑色，有蜡层，近无柄。

（2）生态学生物学特性：君迁子较耐旱、耐寒，但不耐湿热，喜在阳光充足和排水良好的地方生长，自然分布多生长于海拔50m以上的坡地杂木林中，竞争能力根据立地条件，往往成为优势树种之一，但在一些阴湿的谷地或常绿阔叶林中却不易见到。君迁子树体高大，树冠开张，萌芽率低，成枝力强，干性较弱，适应性强，有较强的抗病虫害能力。花淡黄色或淡红色，单生或簇生叶腋，花期5月，果实成熟期10～11月。

（3）文化特性：君迁子文化寓意历史悠久，始见《本草纲目拾遗》载："君迁之名，始见于左思《吴都赋》，而著其状于刘欣期《交州记》，名义莫详。㮕枣，其形似枣而软也"。藏器日：君迁子生海南，树高丈余，子中有汁，如乳汁甜美。晋.崔豹《古今注》云，牛奶柿即软枣，叶如柿，子亦如柿而小。唐宋诸家，不知君迁、㮕枣、牛奶柿皆一物，故详证之。君迁，其木类柿而叶长，但结实小而长，状如牛奶，干熟则紫黑色。一种小圆如指头大者，名丁香柿，味尤美。该树曾经走入过历朝历代的人群中间，做过食物，做过药物，做过礼品互赠，也做过诗词中的意象。

4.21.1.2 资源现状

（1）资源分布：君迁子在我国的分布除广东、广西、福建、新疆、青海、宁夏、内蒙古、吉林、黑龙江等 9 个省（自治区）外均有分布，垂直分布达海拔 2200m 处，是我国柿属植物中分布海拔最高和最耐寒的一种。

（2）资源培育与利用：君迁子作为珍贵用材树种培育，培育目标为中、大径材，充分利用资源培育项目发展。

（3）良种选育：君迁子优良种质资源收集与良种选育暂时还未见展开，只见有君迁子优良性状评价、天然群体区划等良种选育的初步研究工作。

4.21.2 苗木繁育技术

4.21.2.1 种子采收及处理

君迁子的果实成熟后适时采收，搓去果肉，取出种子，用于采种的果实采收不可过早，以免影响种子的发芽率。采收后的种子，要放在阴凉处阴干，收藏于干燥通风处，以防种子发霉变质。采收的种子在小雪前后，用湿沙层积，种沙比为 1∶4，沙子的湿度为手握成团、松手而不散开为宜，沙藏前种子需浸泡 1～2d，使种皮充分吸水。层积的方法，在室内地面上先铺 20～25cm 的湿沙，上面放一层种子，如此一层细沙一层种子交替摊放，顶部沙层厚 25cm，沙堆成梯形，高 70cm 左右，上面盖上草帘，洒水，以保持湿度。

4.21.2.2 苗木培育技术

君迁子花朵

（1）播种育苗技术：

①圃地选择及施基肥：君迁子育苗对苗圃地要求不太严格，但为保证苗木质量，要选择土层较厚、背风向阳、水源充足、交通方便的地块，不要选择黏土地及积水地，以壤土地为宜。播种前深翻土壤25～30cm，施足基肥，施复合肥1200kg/hm^2、钙镁磷肥1500kg/hm^2，整地作床，床宽1m。

②播种育苗与管理：为了便于管理，一般多采用春季育苗，但也可在种子采收后，11月小雪前后直接播种，播后灌足水，可减少种子贮藏的麻烦，翌春可出苗。春季育苗应在3月下旬至4月上中旬进行，育苗的种子要经过3～4个月的沙藏催芽处理，未经沙藏的种子在播种前浸种3～4d，每天换水1～2次，使种子充分吸水后，捞出暴晒，并不断翻动种子，使种子破胸露白后播种，为保证育苗地的墒情，播种前在育苗地灌足水，待水渗透晾干表土松散时，在畦内开沟条播，沟深5cm，行距25cm，覆土厚度约5cm，播种量75～112kg/hm^2，播后20d左右出苗，在出苗期注意保墒，幼苗出齐后，长到3～4片叶及时间苗，中耕除草，6月下旬至7月上旬追施尿素75kg/hm^2，6月上旬至8月下旬为苗木生长旺期，要加强苗期的肥水管理，干旱及时浇水，雨水多时及时排水，注意防治苗期病虫害。

富根技术：于9～10月间，用铲子从小苗的两侧斜向切下，将小苗的主根切断，促进苗木侧根生长；用GGR6等促根剂50mg/kg液喷施苗木3次，每7d喷1次。

（2）容器育苗技术：

①容器育苗圃地选择：选择地势平坦，排水良好，背风向阳，土质疏松，交通方便，接近水源和电源的地方做圃地。

②基质配制及装袋：基质的配方为黄心土50%、轻型基质（树皮等有机材料或泥炭土）45%和钙镁磷肥5%。基质、肥料碾碎过筛，充分拌匀，并堆放2个月左右充分腐熟待用。

选择直径10cm、高15cm的无纺布容器袋。装袋时基质要分层灌紧。将容器袋排放整齐，相互靠紧，每摆放2行容器袋要间隔15cm。容器要与地面隔绝，使之形成发达的根团。同时保持通气性，排水良好，利于苗木蒸腾，促进根系生长，早形成完整的根团。

③芽苗培育：

ⅰ.密集撒播：将经过消毒的种子均匀、密集地撒在已经准备好、消了毒的苗床上，种子间距3～4cm。

ⅱ.覆土、洒水、消毒：在密集撒播的种子上覆盖约1.5cm厚的黄心土或细沙，然后用撒水壶将覆盖的土和种子撒透水，用0.1%的高锰酸钾溶液进行一次均匀消毒。

ⅲ.插拱、盖地膜：用竹条（或类似的物品如粗铁丝）横跨苗床作半圆形的拱，拱高50～60cm。拱做好后，用地膜均匀盖在拱上，长度依苗床的长度确定，随即将苗床两边和两头接地的地膜用土压实。

ⅳ.苗床管理：经常观察苗床内种子发芽情况，如苗床过干，要及时揭开地膜进行补水，如果地膜内温度超过40℃，要及时揭开薄膜两头通气或适当遮阴。用50%多菌灵可湿性粉剂800倍液喷施芽苗防病。

④芽苗移栽与管理：

ⅰ.芽苗移栽时间：种子出土萌发、芽苗高3～5cm时移栽。

ⅱ.芽苗移栽方法：将培育芽苗的苗床浇透水，轻轻拔出芽苗或用刁子将芽苗拔出，放入盛芽苗的容器内，移栽前剪去芽苗主根长度的1/3～1/2，移植宜选择低温阴雨天进行，移植后随即浇透水。芽苗移栽时，要边栽边起苗，尽量减短芽苗的根在空气中停留的时间。

ⅲ.防病：用50%多菌灵可湿性粉剂800倍液或70%甲基托布津可湿性粉剂800倍液喷施苗木消毒防病。

ⅳ.水肥管理：在幼苗生长期要多次适时勤浇，保持土壤湿润，在苗木生长期间每月施肥1次，氮磷钾比2:1:1，采用浇灌施肥，浓度为0.5%；

ⅴ.富根技术：用GGR6等促根剂50mg/kg液喷施苗木3次，每7d喷1次。

4.21.2.3 造林苗木质量标准

（1）形质指标：苗干通直、单一主干、芽体饱满、根系完整、须根发达、无病虫害及机械损伤的健壮苗木。

（2）数量指标：苗木高度 0.8m 以上、地径 0.8cm 以上。

4.21.3 人工造林技术

4.21.3.1 林地选择

（1）海拔高度：君迁子造林地海拔为 100～1800m。

（2）母质母岩：君迁子对土壤、母质母岩适应性广，任何类型母质母岩均可造林，但要选择不积水、排水良好的地段栽植。

（3）立地指数：君迁子栽植地立地指数要求在 12 以上，或者选择土层 50cm 以上土壤栽植。

4.21.3.2 整地

整地前先清除造林地上的不必要灌木、杂草、杂木、竹类等植被，或采伐迹地上的枝丫、伐根、梢头、倒木等剩余物，但要保留珍贵用材树种的幼树幼苗。清理的主要目的是为了改善造林地的立地条件、破坏森林病虫害的栖息环境和利用采伐剩余物，并为随后进行的整地、造林和幼林抚育消除障碍。林地清理时间为秋季。

君迁子具有耐旱、耐湿等特点，一般的坡耕地、荒山、半荒漠化地都能正常生长，栽植君迁子的整地方式应因地制宜，一般多采用穴状整地方式，规格为 60cm × 60cm × 50cm，如土层较深厚，整地规格为 50cm × 50cm × 40cm。整地时间为当年秋、冬季。

4.21.3.3 造林

君迁子不适宜于林窗或林下补植，适于种植混交林。造林季节为君迁子萌动前的 2～3 月。

栽植时将苗木放在定植穴的正中，扶正，使根系舒展，填回地表的熟土，采用“三覆二踩一提苗”的栽植法，使苗木原土印与略低于地面 1～2cm。

4.21.4 人工林经营技术

4.21.4.1 森林抚育

君迁子造林成活后，每年要对幼树进行抚育1～2次，松土，除草，荒山造林还必须割灌，以免灌草过旺影响幼树生长。在定植穴内修筑保水埂，里低外高，防止雨水流失，保证幼树生长所需的水分。幼树定植后3年内以施速效肥为主，使抽生的枝条又长又壮，快速扩大树冠。

君迁子种子

4.21.4.2 肥水管理

（1）配方施肥：林分2～10年生期间，每年每株施复合肥0.1～0.5kg，施肥前清除苗木周围杂灌草，一般结合松土除草进行，宜于春季雨前施肥，施肥量随树龄增加而增加。施肥方法一般采用沟施法，即沿树冠垂直投影线外侧挖环形沟施入，沟宽20cm、深25cm，将肥料均匀施于施肥沟，然后覆土。

（2）地表覆盖：栽植或抚育时可在树盘内覆盖稻草、杂草，厚度10cm以上，少量压土，可减少树下的水分蒸发，增加土壤水分含量。

4.21.4.3 干形培育

君迁子成枝力强，造林后一定要进行修枝抹芽，以培养其良好干形。每年春季当君迁子树干上新芽发出至2cm左右时，应及时抹掉过密、过粗的侧芽，保留树干上芽间距离为30cm、均匀分布于4个方向的侧芽；造林后的第2、4、6年春季修剪掉过粗的侧枝和徒长枝。

根据君迁子的生长发育进程，要进行修枝，以培养其良好干形。幼龄期（10年以下）一般修剪树干1/4高度以下侧枝，待树龄达成熟龄阶段时一般修枝高度达6～8m。

4.21.4.4 间伐与主伐

林分郁闭后，通过间伐调整林分密度。间伐后林分闭郁度不得低于0.6。第1次采用下层疏伐法，间伐强度为30%左右；第2次在间隔6～10年后，可采用机械法，强度为25%左右。

一般君迁子用材林主伐年龄在30～40年间，采伐方式为择伐。

4.21.4.5 病虫害综合防治技术

（1）人工防治：人工剪除枯梢。10月下旬至来年3月中旬越冬幼虫出蛰前人工摘除被害干梢，集中烧毁，可有效压低虫口密度。

（2）物理防治：太阳能杀虫灯诱杀成虫。按每5hm^2一盏设置于地势较高、视野开阔处，安排专人负责收蛾和灯具维护。

（3）生物防治：赤眼蜂、花绒寄甲等是全国范围内农林害虫应用最广泛的一类寄生蜂，根据虫害发生时间挂放赤眼蜂、花绒寄甲，挂放高度1.5m为宜。用图钉将卵卡钉在树干上。放蜂量为每公顷放卵卡90个。或在林中种植鸟食植物，招引鸟类取食和食虫。

（4）化学防治：君迁子的病害主要有角斑病、圆斑病。虫害主要有柿毛虫、柿蒂。春季发芽前树冠喷5波美度石硫合剂进行预防。生长季发生害虫可喷甲基托布津800倍液+菊酯类农药2500～3000倍液，或多菌灵800倍液+菊酯类农药2500～3000倍液。

4.22 川黔紫薇

4.22.1 概况

川黔紫薇（*Lagerstroemia excelsa*），是千屈菜科紫薇属中少有的落叶高大乔木，中国特有。其树干通直，材质坚硬、优良，纹理美，结构细致，木材加工性质优良，刨削后切面光滑，易干燥，抗白蚁力较强，是珍贵的室内装修材，优良的家具、箱板等用材，是优良珍贵用材树种。树皮光洁，薄片状剥落，灰褐色至红褐色，花淡黄

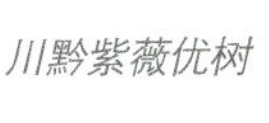

川黔紫薇优树

白色，秋天叶色金黄，树形优美，其观赏价值高，又是优良的园林景观树种。其在石灰岩的山坡上可生长成乔木，而且伐后萌蘖力强，是石漠化治理的优良树种。川黔紫薇还有很强的吸附粉尘能力，对 SO_2、Cl_2、NH_3、HF 和 HCl 等有害气体具有较强的抗性。可见川黔紫薇是集珍贵用材、园林观赏、石漠化治理和雾霾防治等用途于一身的优良树种。

4.22.1.1 特性

（1）形态学特性：树皮灰褐色，成薄片状剥落。叶对生，椭圆形或阔椭圆形，长 7～13cm，宽 3.5～5cm，顶端阔短尖，基部钝形，两边不等大，边缘波状，上面无毛，下面被柔毛，至少叶脉被毛，侧脉 7～9 对，在两面均凸起，近边缘处分叉而互相连接，网状脉在两面均凸起；叶柄长 4～8mm，扁，被短柔毛。圆锥花序，分枝具 4 棱，密被灰褐色星状柔毛；花多而密，簇生状，花芽近球形，被柔毛，花瓣黄白色，阔三角状矩圆形，基部偏斜，具长 1～1.2mm 的爪，雄蕊 6 枚。蒴果球状卵形，长 3.5～5mm，6 裂，种子长不超过 3mm，种子千粒重 1.72g。

川黔紫薇开花状

川黔紫薇结实状

（2）生态学生物学特性：萌蘖性强，寿命长；喜光树种，稍耐阴，喜暖湿气候，耐寒性强，耐旱忌涝，喜肥沃、湿润而排水良好，在板页岩和石灰岩发育的黄壤上生长较快，在黏质红壤土中亦能生长，但速度较慢。花期 4 月，果期 7 月。

（3）文化特性：城步县儒林镇栗坪村 3 组发现一株目前国内罕见的川黔紫薇巨树。该树树高 38m，胸径 2.23m，树冠南北宽 16.8m，东西长 23.4m，荫地面积达 $393m^2$，树龄约 1500 年。据村民介绍，栗坪村为苗寨，始建于东晋时期，当地群众把它作为神树来祭祀，如果有人得病则去树下烧香纸，折几片树叶煎水当药。

4.22.1.2 资源现状

（1）资源分布与规模：主要分布于贵州（平坝及梵净山）、四川（南川）、湖北（利川），常生于海拔 1200～2000m 的山谷密林中。

湖南以湘西北为主、湘西和湘西南亦有分布。主产县有石门、桑植、张家界、古丈、沅陵、城步、新化、保靖、永顺、洞口、道县等地，多生于海拔 500～1200m 的山谷林中。湖南省现有人工林面积 200hm^2。

（2）资源培育与利用：其资源培育主要作为珍贵用材林培育，以木材战略储备项目、珍贵用材树种培育项目、石漠化治理项目等带动发展，也有作为园林绿化的中苗和大苗为主的绿化苗木的培育，为园林绿化提供优质中大型苗木。

（3）良种选育：开展了川黔紫薇资源调查、种质资源的收集、优树选育、播种育苗等研究，在湖南省城步县、溆浦县建立了 40hm^2 川黔紫薇推广示范林。

4.22.2 苗木繁育技术

4.22.2.1 种子采收及处理

采种：9 月下旬至 10 月上旬，种子蒴果变黄褐色至褐色且有 20% 的果壳微裂时及时采收。采收的果实阴干，果实全部开裂，轻敲果实，将种子脱出。

种子贮藏：去杂后的种子置于室内干藏。

4.22.2.2 苗木培育技术

（1）播种育苗技术 ：

①圃地选择与整地：宜选择排水良好、土壤肥沃、pH 值在 5.0～6.5 的沙壤土。两次翻耕，翻耕深度宜 20～25cm，应清除草根、石块，碎土整平。

②施基肥与作床：基肥宜以复合肥或饼肥为主，第二次翻耕前撒施。饼肥要充分腐熟。应施饼肥 2250kg/hm^2 或氮、磷、钾总养分 ≥ 45% 的复合肥 1500kg/hm^2。苗床宜宽 100～120cm、高 20cm；步道宽 30cm。

③开播种沟：在苗床上抽约 20cm 宽的条播沟，沟底整平，沟与沟之间的距离约 20cm，播种前在每个播种沟内撒 2～3cm 厚的细黄心土（其

土粒大小应≤ 2mm）。

④土壤消毒：宜用 70% 甲基托布津 900～1350g/hm^2，兑水 800 倍液喷雾。用地膜覆盖 3～5d 即可使用。

⑤播种时期与播种量：宜在 11～12 月播种。播种量宜 45～50 kg/hm^2。

⑥播种方法与覆盖：播种时混沙拌匀和沙一起播种到播种沟内。播种后浇透水，2h 后用 70% 甲基托布津进行一次消毒。川黔紫薇种子细小，不要在种子上盖土，直接盖上稻草，并适当压实。宜在出芽 60%时，阴天或傍晚逐渐揭除稻草。

川黔紫薇幼树

⑦间苗与除草：在芽苗时期及时间苗、除草，使苗木均匀分布生长，宜 32～35 株 /m^2。

⑧苗期管理：干旱时及时浇水，保持土壤湿润，雨季注意排水。苗高 4cm 时，用氮、磷、钾总养分≥ 45% 的复合肥兑水（0.2%～0.3%）施肥一次；苗高 20cm 时宜用氮、磷、钾总养分≥ 45% 的复合肥 450～525kg/hm^2 兑水施。富根技术：于 9～10 月间，用铲子从小苗的两侧斜向切下，将小苗的主根切断，促进苗木侧根生长；用 GGR6 等促根剂 50mg/kg 液喷施苗木 3 次，每 7d 喷 1 次。芽苗时期主要为叶斑病、立枯病，应交替喷施 25% 的多菌灵或 70% 甲基托布津 900～1350g/hm^2，800～1000 倍液喷雾；苗期有银杏大蚕蛾、叶甲、跳甲、蟥象等虫害，应定期均匀喷施稀释 1500 倍的氯氰菊酯，均匀喷雾。

（2）容器育苗技术：

①容器育苗圃地选择：选择地势平坦，排水良好，背风向阳，土质疏松，无病虫害，交通方便，便于运输，接近水源和电源的地方做圃地。

②基质配制及装袋：基质的配方为黄心土 50%、泥炭土 45% 和钙镁

磷肥 5%。基质、肥料碾碎过筛，充分拌匀待用。选择直径 10cm、高 15cm 的无纺布容器袋。装袋时基质要分层灌紧，尤其下层的基质。每袋的装填量，达容器袋的 95% 以上。将容器袋排放整齐，相互靠紧，每摆放 2 行要间隔 15cm。容器要与地面隔绝，使之形成发达的根团。同时保持通气性，排水良好，利于苗木蒸腾，促进根系生长，早形成完整的根团。

③芽苗培育：

ⅰ. 密集撒播：将经过消毒的种子均匀、密集地撒在已经准备好、消了毒的苗床上，种子间距 3～4cm。

ⅱ. 覆土、洒水、消毒：在密集撒播的种子上覆盖约 0.3cm 厚的泥炭土，然后用撒水壶将覆盖的土和种子撒透水，用 0.2% 的高锰酸钾溶液进行一次均匀消毒。

ⅲ. 插拱、盖地膜：用竹条（或类似的物品如粗铁丝）横跨苗床作半圆形的拱，拱高 50～60cm。拱做好后，用约 200cm 宽的地膜均匀盖在拱上，长度依苗床的长度确定，随即将苗床两边和两头接地的地膜用土压实。

ⅳ. 苗床管理：经常观察苗床内种子发芽情况，如苗床过干，要及时揭开地膜进行补水，如果地膜内温度超过 40℃，要及时揭开薄膜两头通气或适当遮阴。用 50% 多菌灵可湿性粉剂 800 倍液喷施芽苗防病。

④芽苗移栽与管理：

ⅰ. 芽苗移栽时间：种子出土萌发、长出 1～3 片初生叶（芽苗高 5cm 左右）时移栽；

ⅱ. 芽苗移栽方法：将培育芽苗的苗床浇透水，轻轻拔出芽苗或用刁子将芽苗拔出，放入盛芽苗的容器内，移栽前剪去小苗主根长度的 1/3～1/2，移植宜在晴天的早、晚或阴雨天进行，移植后随即浇透水。注意：芽苗移栽时，要边栽边起苗，尽量减短芽苗的根在空气中停留的时间。

ⅲ. 防病：用 50% 多菌灵可湿性粉剂 800 倍液或 70% 甲基托布津可湿性粉剂 800 倍液喷施苗木消毒防病；

ⅳ. 水肥管理：在幼苗生长期要多次适时勤浇，保持土壤湿润，在苗木生长期间每月施肥 1 次，氮磷钾比 2:1:1，采用浇灌施肥，浓度为 0.5%；

ⅴ. 富根技术：用 GGR6 等促根剂 50mg/kg 液喷施苗木 3 次，每 7d 喷 1 次。

4.22.2.3 造林苗木质量标准

（1）形质指标：苗干通直，单一主干，苗木生长健壮，根系发达，无病虫害。

（2）数量化指标：①更新造林或改培造林用苗规格为（1 年生苗）Ⅰ级苗规格苗高≥ 1.0m、地径≥ 1.0cm，Ⅱ级苗规格苗高 0.8～1.0m、地径 0.8～1.0cm；②景观绿化珍贵苗造林用苗规格为（3 年生苗）Ⅰ级苗规格苗高≥ 4.0m、胸径≥ 5.0cm，Ⅱ级苗规格苗高 3.0～4.0m、胸径 4.0～5.0cm。

4.22.3 人工造林技术

4.22.3.1 林地选择

（1）海拔高度：300～1200m 的山腹、山脚、山洼、谷地及阳坡之地。

（2）母质母岩：选择石灰岩、花岗岩、板页岩、砂砾岩和红色黏土类发育的土壤种植。

（3）立地条件：一般选择土壤 pH 值 5.0～6.5，土层深厚、土壤肥沃、湿润、排水良好的沙壤土地段造林。

4.22.3.2 整地与造林

（1）在低产林珍贵化改造中的造林技术：

①林地清理：保留造林地上原有的有经济价值的优质林木，把造林地上的低质低效树种、杂草、灌木、竹类等割掉、砍倒，并及时清除。

②整地：宜秋冬整地，采用大穴整地方式，穴规格为 60cm × 60cm × 50cm，并将表土与底土分别堆放在穴的两边。

③苗木选择及浸根：选择标准苗木，要求苗干通直，单一主干，苗木生长健壮，根系发达，无病虫害，苗高 80cm 以上、地径 0.8cm 以上。

（2）在森林改培补植珍贵树种中的造林技术：

①林地清理：要求将人工林实施高强度择伐，择伐后保留 450～750 株 /hm^2。

②整地：采用大穴整地，按目标树（包括保留的树木）间距离大于 3m 的原则设置栽植穴，清除穴周边 1m^2 以上的杂灌杂草杂藤，挖适宜的穴造林。

③标准苗木：要求苗木苗干通直、单一主干、顶芽健壮、长势旺、木质化好、根系发达、干皮及根系无劈裂损伤、无检疫性病虫，苗高80cm以上、地径0.8cm以上。

（3）在更新改造中的造林技术：

①栽植：适当密植有利于干形培育，株行距采用3m×3m；

②整地：中穴整地方式，穴规格为50cm×50cm×40cm，

③苗木选择：要求苗木苗干通直、单一主干、顶芽健壮、长势旺、木质化好、根系发达、干皮及根系无劈裂损伤、无检疫性病虫，苗高80cm以上、地径0.8cm以上。

主要混交树种：赤皮青冈、黄连木、小叶栎、青冈、红椿，混交模式为带状或块状。

（4）在石漠化造林困难地区的造林技术：采用割除堆积清理法，对造林地上的杂草、灌木和杂木进行割除清理，再按照一定方式进行堆积处理，任其在造林地上腐烂和分解。对有利用价值的小径木应收集利用。

造林密度为2m×3m。

4.22.4 人工林经营技术

4.22.4.1 森林抚育

林分郁闭前要进行抚育，每年的5月、9月进行，刀抚主要是割除造林地影响目的树种生长的灌木与杂草；蔸抚主要是用锄头等工具进行松土，并清除苗木周围60cm范围内的杂草。

4.22.4.2 肥水管理

（1）配方施肥：林分2～10年生期间，每年每株施复合肥0.1～0.5kg，施肥前清除苗木周围杂灌草，一般结合松土除草进行，宜于春季雨前施肥，施肥量随树龄增加而增加。施肥方法一般采用沟施法，即沿树冠垂直投影线外侧挖环形沟施入，沟宽20cm、深25cm，将肥料均匀施于施肥沟，然后覆土。

（2）地表覆盖：用割除的杂灌杂草杂藤覆盖川黔紫薇周边1m^{2}地表，靠近树干周围约10cm不覆盖。

4.22.4.3　干形培育

（1）修枝：幼苗基部喜生萌生枝，影响主干生长，以培育用材为目的的，在幼林期要进行抹芽和及时剪除主干上的次主梢和徒长枝，以确保主干正常生长。

（2）除萌：在幼林期要及时剪除树根处的萌发枝。

4.22.4.4　间伐与主伐

林分郁闭度达 0.9 以上时要进行间伐，间伐后林分闭郁度不得低于 0.6。采用下层疏伐法，间伐强度为林分株数的 30% 左右。

川黔紫薇的主伐时期应为 30～35 年。视具体林分，宜采用皆伐或择伐的方法。

贵州石楠优树

4.23　贵州石楠

4.23.1　概况

贵州石楠（*Photinia bodinieri*），又名椤木石楠、凿树，为蔷薇科石楠属的常绿乔木。其木材心材宽、红棕色、边材窄、色较浅，纹理直稍偏斜、结构细密、质地坚韧而重、刨面光滑，有光泽，色纹美观，可供高级家具、雕刻、工艺品和车轮、车轴等工艺用材。其枝繁叶茂，树冠圆球形，早春嫩叶绛红，初夏白花点点，秋末赤实累累，艳丽夺目，且其树冠整齐，耐修剪，可根据需要进行造型，是园林和小庭园中很好的骨干树种，特别耐大气污染，适用于工矿区配植。

4.23.1.1 特性

贵州石楠开花状

（1）形态学特性：叶片革质，长圆形、倒披针形，长 5～15cm，宽 2～5cm，先端急尖，有短尖头，基部楔形，边缘有具腺细锯齿，上面光亮，侧脉 10～12 对；叶柄长 8～15mm，无毛。复伞房花序顶生；总花梗和花梗有平贴短柔毛。果实球形或卵形，直径 7～10mm，黄红色，无毛；种子 2～4 枚，卵形，长 4～5mm，褐色。

（2）生态学生物学特性：喜生于海拔 1000m 以下平川、山麓、溪边、村边和混交林中，对土质要求不高，酸性或钙质土上都能生长，耐干旱、瘠薄，喜光，喜温，可耐半阴，适应性强。花期 5 月，果期 9～10 月。

4.23.1.2 资源现状

（1）资源分布与规模：主要分布湖南、贵州、陕西、江苏、安徽、浙江、江西、湖北、四川、云南、福建、广东、广西等地；越南、缅甸、泰国也有分布。湖南全省广布，多产于石门、永顺、溆浦、城步、通道、炎陵、永兴、郴县、长沙、南岳等地。近十多年来，在湖南省，贵州石楠多作为园林绿化应用，并多是移植原生大树，对野生资源破坏较重。湖南省现有人工林面积近 100hm^2。

（2）资源培育与利用：主要作为珍贵用材林与园林绿化苗培育，以木材战略储备项目、珍贵用材树种培育项目、森林改培项目等带动发展，也有作为园林绿化的中苗和大苗为主的绿化苗木的培育，为园林绿化提供优质中大型苗木。

（3）良种选育：开展了资源调查、种质资源的收集、优树选育、播种育苗等研究。

4.23.2 高效繁育技术

4.23.2.1 种子采收及处理

（1）种子采收：于 10～11 月，果实由青绿色变黑色时即可采摘。

贵州石楠枝叶

（2）种子处理：采回后即行踩烂，用水漂洗，去掉果皮、果肉，然后摊放于通风阴凉处阴干，也可以先适当晒干水分再阴干，用密筛或风选法除去杂质。种子与种壳混合一起，难以分开，但不影响发芽率，可随采随播，也可干藏或混细润沙贮藏一段时间后于翌年春季播种。

（3）种子贮藏：采用室内湿沙层积贮藏。选择空气流通、阳光直射不到的地方，事先土坑，准备好河沙消毒，先在坑底铺上一层 10cm 左右的湿沙，然后一层种子一层湿沙分层铺放，最后覆盖一层湿沙。贮藏时间为 3 个月，贮藏期内沙子表面经常喷水，保持湿润。

4.23.2.2　苗木培育技术

（1）芽苗移栽地苗培育技术：

①整地和作床：苗圃地选择地势平坦、土层深厚、肥沃，排灌良好，背风向阳且交通便利的地段。在选好的苗圃地上施用腐熟的有机肥料，3000～3750kg/hm^2 或复合肥 750～1500kg/hm^2，均匀撒施于土面，再深翻、整细、作床。苗床高 25cm，床宽 1.0m，长度随地形而定，四周及中间深挖排水沟。

②播种时期：宜在 1～2 月。

③播种量：约 50g/m^2。

④播种方法和管理：

ⅰ. 密集撒播：将经过消毒的种子均匀、密集地撒在已经准备好、消了毒的苗床上。

ⅱ. 覆土、洒水、消毒：在密集撒播的种子上覆盖约 1.0cm 厚的黄心土，然后用撒水壶将覆盖的土和种子撒透水，2h 后用 0.2% 的高锰酸钾溶液进行一次均匀消毒。

ⅲ. 插拱、盖地膜：用竹条（或类似的物品如粗铁丝）横跨苗床作半圆形的拱，拱高 50～60cm。拱插好后，用约 200cm 宽的地膜均匀盖在拱上，长度依苗床的长度确定，随即将苗床两边和两头接地的地膜用土压实。

ⅳ. 苗床管理：经常观察苗床内种子发芽情况，如苗床过干，要及时揭开地膜进行补水，如果地膜内温度超过 40℃，要及时揭开薄膜两头通气或适当遮阴。

⑤芽苗移栽：

ⅰ. 芽苗移栽时间：种子出土萌发、长出 1～2 片初生叶时移栽。

ⅱ. 芽苗移栽方法：将培育芽苗的苗床浇透水，轻轻拔出芽苗或用刁子将芽苗拔出，放入盛芽苗的容器内，移栽前剪去芽苗主根长的 1/3～1/2，用尖锥形的工具将芽苗栽植于已准备好的苗床上或容器袋中，移在苗床上株行距为 10cm × 10cm。移植宜在低温阴雨天进行，移植后随即浇透水。注意：芽苗移栽时，要边栽边起苗，尽量减短芽苗的根在空气中停留的时间。

⑥苗期管理：苗高 3～5cm 时，进行间苗、补苗，间出的小苗可另行移栽。以后要加强除草、松土，做到"有草就除，除早除小"。结合抗旱少量多次地追施肥料，追施复合肥时，根据苗木大小，按 0.2%～0.5% 的浓度兑水泼浇，每月 2～3 次，立秋以后停止施肥。苗木后期用 GGR6 等促根剂 50mg/kg 液喷施苗木 3 次，每 7d 喷 1 次，使苗木测根发达。

（2）芽苗移栽容器苗培育技术：

①芽苗培育：

ⅰ. 播种时期：播种时间为 2 月初，如有温室或简易塑料棚，可提前一个月播种较好。

ⅱ. 播种量：约 50g/m^2。

ⅲ. 播种基质：基质配方为：腐殖土 60%+ 黄心土 30%+ 河沙 10%。基质过筛后混合均匀，用 8g/kg 的高锰酸钾溶液消毒，覆盖塑料薄膜 3～5d。

ⅳ. 播种床准备：选择有遮阴设施的圃地，播种床作凹床，床宽 1m，深 20cm，先用消毒的河沙盛入床内 15cm 高度，再将基质铺于河沙上，厚 5cm。

ⅴ. 播种方法和管理：采用撒播方式，撒播要均匀。播种后用基质均匀地覆盖一层，厚度以不见种子为度。用喷雾器喷至盆内基质湿润。播种喷水后，用竹片搭小拱棚，覆盖塑料薄膜，以保持盆内的温度和湿度，提高种子发芽率。

②芽苗移栽：

ⅰ. 芽苗移栽时间：种子发芽出土大约需要 50～60d，出土后 7～10d 开始长真叶。从发芽至开始长真叶，生长缓慢，当幼苗高度为 3～5cm 时，可移植到营养杯内培育。

ⅱ. 营养土配制：营养杯内营养土用腐殖土、黄心土、过磷酸钙混合而成，营养土配方为：腐殖土 50%+ 黄心土 45%+ 过磷酸钙 5%。

ⅲ. 营养杯规格：多选用直径 10cm，高 15cm 的营养杯。

ⅳ. 移植时间：低温阴雨天移植成活率最高，晴天宜在 17：00 时移植较好。

ⅴ. 移植：起苗前先将苗床淋湿，然后用小木片起苗，尽量不伤侧根，主根截除根长的 1/3～1/2。移植以前事先将营养杯中的土淋透，移植时，左手握住幼苗，右手用小木棒在营养的土中间，挖开一个小穴，将苗木根系带土放入穴内，用手将杯内的营养土把幼苗压实，以不见根系即可，移植后马上喷水浇透。

ⅵ. 水肥管理：每天浇水一次，在早晚时间进行，1 个月后，可追肥，每月追 1～2 次，以复合肥为主，浓度为 0.3%，追肥时间在下午进行，第 2 天早上浇水，清洗叶面。用 GGR6 等促根剂 50mg/kg 液喷施苗木 3 次，每 7d 喷 1 次，促进侧根发育。

ⅶ. 光照控制：移植后的幼苗处于恢复生长期，必须遮阴，避免太阳光直射，暴雨天要防雨点打烂苗。幼苗恢复生长后，逐渐增加光照，直至全光照。

ⅷ. 除草：要保持营养杯内无杂草，除草要做到“除早，除小，除了”，除草在浇水后和雨天进行。

4.23.2.3 造林苗木质量标准

（1）形质指标：苗干通直，单一主干，苗木生长健壮，根系发达，无病虫害。

（2）数量化指标：

①更新造林或改培造林用苗规格：高 80～100cm、地径 0.8～1.0cm。

②景观绿化珍贵苗造林用苗规格：Ⅰ级苗规格苗高≥4.0m、胸径≥5.0cm，Ⅱ级苗规格苗高3.0～4.0m、胸径4.0～5.0cm。

4.23.3 人工林造林技术

4.23.3.1 林地选择

（1）海拔高度：1000m以下的山地种植。

（2）母质母岩：选择板页岩、花岗岩、砂砾岩发育的土壤种植。

（3）立地条件：适宜栽植于温暖、湿润气候环境和微酸性土壤中，土壤厚度大于或等于40cm。

4.23.3.2 整地与造林

（1）在低产林珍贵化改造中的造林技术：一般采用穴植，穴的规格50cm×50cm×40cm，株行距3m×4m。带土球造林的苗木要适当修剪；不带土球的苗木需剪除80%以上枝叶。栽植时，将表土填入穴里，植苗深度以略深于苗木根际土痕为宜。

标准苗木：要求苗木苗干通直、单一主干、顶芽健壮、长势旺、木质化好、根系发达、干皮及根系无劈裂损伤、无检疫性病虫，苗高80cm以上、地径0.8cm以上。

（2）在森林改培补植珍贵树种中的造林技术：

①林地清理：要求将人工林实施高强度择伐，择伐后保留450～750株/hm^2。

②整地：采用中穴整地，按目标树（包括保留的树木）间距离大于3m的原则设置栽植穴，清除穴周边1m^2以上的杂灌杂草杂藤，挖适宜的穴造林。

③标准苗木：要求苗木苗干通直、单一主干、顶芽健壮、长势旺、木质化好、根系发达、干皮及根系无劈裂损伤、无检疫性病虫，苗高80cm以上、地径0.8cm以上。

（3）在更新改造中的造林技术：

①栽植：适当密植有利于干形培育，株行距采用3m×4m；

②整地：中穴整地方式，穴规格为50cm×50cm×40cm，

③苗木选择：要求苗木苗干通直、单一主干、顶芽健壮、长势旺、

木质化好、根系发达、干皮及根系无劈裂损伤、无检疫性病虫，苗高80cm 以上、地径 0.8cm 以上。

④主要混交树种：赤皮青冈、黄连木、小叶栎、青冈、红椿，混交模式为带状或块状。

4.23.4 人工林经营技术

4.23.4.1 森林抚育

林分郁闭前需进行抚育，每年 5 月、9 月各 1 次，进行割草抚育，刀抚主要是割除造林地影响目的树种生长的灌木与杂草；蔸抚主要是用锄头等工具进行松土，并清除苗木周围 $100cm^2$ 范围内的杂草。林分郁闭后每年抚育 1 次，于 9 月进行。

4.23.4.2 肥水管理

（1）配方施肥：林分 2～10 年生期间，每年每株施复合肥 0.1～0.5kg，施肥前清除苗木周围杂灌草，一般结合松土除草进行，宜于春季雨前施肥，施肥量随树龄增加而增加。施肥方法一般采用沟施法，即沿树冠垂直投影线外侧挖环形沟施入，沟宽 20cm、深 25cm，将肥料均匀施于施肥沟，然后覆土。

（2）地表覆盖：在贵州石楠生长季节要保持较高的土壤含水率，用杂灌杂草杂藤覆盖苗木周边 $1m^2$ 地表，靠近树干 10cm 左右不覆盖。

4.23.4.3 干形培育

（1）修枝：幼苗基部喜生萌生枝，影响主干生长，以培育用材为目的的，幼林期要进行抹芽和及时剪除主干上的次主梢和徒长枝，以确保主干正常生长。

（2）除萌：幼林期及时剪除树根处的萌发枝。

4.23.4.4 间伐与主伐

林分郁闭度达 0.9 左右时，应进行间伐，间伐后林分闭郁度不得低于 0.6。采用下层疏伐法，间伐强度为林分株数的 30% 左右。

主伐时期应为 40～50 年。视具体林分，宜采用皆伐或择伐的方法。

4.23.4.5 病虫害综合防治措施

贵州石楠对病虫害的抗性较强，在栽培过程中一般少有病虫害发生。但如果管理不当或苗圃环境不良，可能就会发生叶斑病、灰霉病等病害和蚜虫、红蜘蛛、刺蛾、吉丁虫和介壳虫等虫害。

（1）病害防治措施：加强栽培管理，注意排除积水，降低湿度，清除病残体；雨季来临之前可用 50% 多菌灵可湿性粉剂 800 倍液喷雾预防，发病期可用 80%代森锰锌可湿性粉剂 500 倍液、50% 甲基托布津可湿性粉剂 800～1000 倍液或 75% 百菌清可湿性粉剂 500 倍液喷雾防治。

（2）虫害防治措施：应加强管理措施，改善通风透光条件；在 3～10 月蚜虫害高发季节，用 1.8% 阿维菌素乳油 2000 被溶液予以防治，防止成虫成灾。

4.24 多脉青冈

4.24.1 概况

多脉青冈（*Cyclobalanopsis multinervis*），又名白背青冈，为壳斗科青冈属常绿乔木。多脉青冈木材黑褐色、坚硬、韧度高、耐腐蚀、耐摩擦、耐撞击、木材纹理美丽，可供家具、地板及各种细木工等用。多脉青冈是重要的园林绿化树种，也可作为防火、防风树种。

多脉青冈

4.24.1.1 特性

多脉青冈枝、叶、果

（1）形态学特性：树高达15m，常见丛生状多秆现象，树皮光滑，灰色，不裂。叶革质，叶片长椭圆形或椭圆状披针形，长7.5～15.5cm，宽2.5～5.5cm，顶端突尖或渐尖，基部楔形或近圆形，叶缘1/3以上有尖锯齿，侧脉每边10～15条，叶背被伏贴单毛及易脱落的蜡粉层，脱落后带灰绿色或灰白色；叶柄长1～2.7cm。果序长1～2cm，着生2～6个果。壳斗杯形，包着坚果1/2以下，直径1～1.5cm，高约8mm；小苞片合生成6～7条同心环带，环带近全缘。坚果长卵形，直径约1cm，高1.8cm，无毛；果脐平坦，直径3～5mm。

该种以分布海拔高，叶革质，叶缘锯齿尖锐，叶背灰白色，叶脉较多（每边10～15条），壳斗上有6～7条同心环带等，为显著识别特征。

（2）生态学生物学特性：多脉青冈生于海拔900m以上地带，常组成小片纯林，在其分布区内为山之上部主要树种之一。喜温凉湿润气候和肥沃深厚土壤，为湖南省高山常见分布树种之一，常与亮叶水青冈、槭类等树种组成高山落叶常绿阔叶林。花期3～4月、果期10～11月。

4.24.1.2 资源现状

多脉青冈分布在海拔900m以上地带，主要分布长江流域及以南的常绿阔叶林区，北达陕西、湖北、安徽，西抵重庆、贵州、广西，南界华南北部。湖南是多脉青冈的主要分布区，是高海拔地段主要的常绿树种之一。

多脉青冈是最主要的高海拔地段生态林、水源涵养林的建群种类，其寿命长，形成的林分结构稳定，是亚热带常绿阔叶林区域高海拔地段的优质硬木树种。

4.24.2 苗木繁育技术

4.24.2.1 种子采收与处理

多脉青冈野生资源丰富，坚果成熟后很容易从壳斗中取下时，即可采种。采收后，在水中浸种 1～2d(闷杀坚果中的虫卵、幼虫，及时清除浮水种子与杂物)，沉水种子经 800 倍多菌灵液浸种杀菌后沙藏。

种子储藏时用洁净湿河沙和消过毒的种子按 4∶1 的比例，放在室内地面沙床层积储藏，厚度不超过 50cm，保持湿润。无论是播种还是储藏均要防止鼠害。

4.24.2.2 苗木培育技术

（1）播种育苗技术：

①苗圃地选择与准备：选择交通便利、排灌方便，肥沃湿润的圃地，土壤以壤土为好。整地时要施足基肥，施复合肥 1500kg/hm^2 和钙镁磷肥 1500kg/hm^2 作为基肥，均匀撒施于圃地表面结合整地作床埋入土中，苗床为高床，床面高 20cm，床面宽 90cm，床间距 30cm。要深开排水沟，中沟、边沟宽 40cm，深 35cm。

多脉青冈种子

②种子催芽：播种前 1 个月，给储藏的种子与沙喷雾增湿并用农膜覆盖增温，喷雾增湿和农膜覆盖增温是较好的催芽方法，待种子破胸露白后即可播种。

③大田播种：播种时间宜为 2 月中旬至 3 月中旬。播种方法一般采用条播，条距 25cm，条沟深 3～4cm，播种种子间距 5～7cm，覆黄心土厚度 2～3cm，盖草，当幼苗有 50% 左右出土时揭草并用 50% 多菌灵可湿性粉剂 800 倍液喷施苗木消毒防病。

④苗期管理：5 月中旬至 6 月初进行间苗和补苗，间除生长不良、病虫危害、过密的幼苗，在缺苗处补苗，间苗补苗后及时浇水，定苗量为 30 万～35 万株 /hm^2。水肥管理：在幼苗生长期要多次适时勤浇，保持土壤湿润，在苗木生长期 5～7 月间每月施肥 1 次，氮磷钾比 2:1:1，采用浇灌施肥，浓度为 0.5%。除草：苗圃除草要以“除早，除小，除了”

为原则。

⑤富根技术：

ⅰ.于9～10月间，用铲子从小苗的两侧斜向切下，将小苗的主根切断，促进苗木侧根生长。

ⅱ.用GGR6等促根剂50mg/kg液喷施苗木3次，每7d喷1次。防病：用50%多菌灵可湿性粉剂800倍液喷施苗木消毒防病。

（2）容器苗培育技术：容器选用无纺布袋，长15cm、直径10cm。基质比例为泥炭土∶黄心土∶钙镁磷肥=45∶50∶5，混匀后装袋。容器袋每摆放2行后间隔15cm，当芽苗长出2～4片子叶后选择低温阴雨天气开始移植，移苗时间不宜超过5月中旬。移栽前1～2d，用0.1%～0.2%高锰酸钾溶液或50%多菌灵可湿性粉剂800倍液浇透容器轻基质，移苗时，先将芽苗床浇透水，再捏住芽苗基部轻轻向上提起并用小铲协助，用小剪刀剪断芽苗主根长的1/3至1/2，注意保护芽苗不受伤害，将取出芽苗摆放在盆内，用湿毛巾盖好备用；用竹签在育苗容器的基质中央打1个小孔，深3～4cm，然后将芽苗轻轻放入孔内，做到根系舒展、不弯曲，芽苗根茎部与基质表层持平，并轻按芽苗四周泥土，浇透定根水。

①防病：用50%多菌灵可湿性粉剂800倍液或70%甲基托布津可湿性粉剂800倍液喷施苗木消毒防病。

②水肥管理：在幼苗生长期要多次适时勤浇，保持土壤湿润，在苗木生长期间每月施肥1次，氮磷钾比2∶1∶1，采用浇灌施肥，浓度为0.5%。

③富根技术：用GGR6等促根剂50mg/kg液喷施苗木3次，每7d喷1次。

4.24.2.3 造林苗木质量标准

（1）形质指标：苗干通直、单一主干、顶芽健壮、长势旺盛、木质化程度高、根系发达、干皮及根系无劈裂损伤、无检疫性病虫害。

（2）数量指标：①一般造林用苗苗木规格为苗高≥0.8m、地径≥0.8cm；②用于公路绿化及园林绿化，容器大苗规格均要达到高≥3.0m、胸径≥4.0cm。

4.24.3 人工造林技术

4.24.3.1 林地选择

选择海拔 900m 以上地带，可与亮叶水青冈等高山树种混合造林。只要造了多脉青冈、亮叶水青冈，即可逐步恢复成亚热带“高山”顶极群落。

4.24.3.2 整地与造林

（1）在更新改造中的造林技术：包括迹地更新，秋冬季采用带垦或穴垦整地，挖穴规格为 50cm × 50cm × 40cm，选择标准苗木造林，要求苗高 80cm 以上、地径 0.8cm 以上；混交模式为带状或块状。一般初植密度为 3m × 3m 或 3m × 4m。混交树种有亮叶水青冈、米心水青冈、黄连木、红椿等。

（2）在低质低效林珍贵化改造中的造林技术：低质低效林珍贵化改造是森林改培模式之一。一是设置造林穴，按株距 3m 左右设置造林穴并清除穴周边 $1m^2$ 以上的杂灌杂草杂藤，挖适宜的穴造林（林中原有的珍贵用材树种应保留）；二是选择标准苗木，要求苗高 80cm 以上、地径 0.8cm 以上。

4.24.4 人工林经营技术

4.24.4.1 森林抚育

林分郁闭前需进行抚育，每年 5 月、9 月各 1 次，进行割草抚育，割除影响林木生长的杂木杂灌杂草杂藤，留桩高度小于 20cm。林分郁闭后每年抚育 1 次，于 9 月进行。

4.24.4.2 肥水管理

（1）配方施肥：林分 2～5 年生期间，每年每株施复合肥 0.1～0.5kg，施肥前清除苗木周围杂灌草，一般结合松土除草进行，宜于春季雨前施肥，施肥量随树龄增加而增加。施肥方法一般采用沟施法，即沿树冠垂直投影线外侧挖环形沟施入，沟宽 20cm、深 25cm，将肥料均匀施于施肥沟，然后覆土。

（2）地表覆盖：用森林抚育割除的杂木杂灌杂草杂藤覆盖在苗木周边 $1m^2$ 地表，靠近树干 10cm 左右不覆盖。

4.24.4.3　干形培育

在每年的冬末春初剪除树根根际处的萌发枝和树干上的徒长枝（包括次顶梢），确保主干生长，栽植后每年均要修枝，待主干高达 7m 以上时可以停止修枝。

4.24.4.4　间伐与主伐

当林分郁闭度达 0.9 左右时，对被压木、病虫木等进行间伐（或移栽），移除比例为株数的 30%，几年后，当林分郁闭度达 0.9 左右时，对弯曲木、被压木、多叉木等进行间伐（或移栽），移除比例为株数的 25%。

主伐年龄一般在 50～60 年，主伐后要及时更新。

4.25　小叶栎

4.25.1　概况

小叶栎（*Quercus chenii*），又名黄栎树，为壳斗科栎属落叶乔木，为中国特有的落叶栎类。木材为环孔材，边材淡红色，心材浅褐色，气干密度 0.816g/cm^3，木材纹理美观，是高档家具等良材；小叶栎具有生长迅速、树干通直，已成为造林发展的重要树种。

小叶栎树干

4.25.1.1　特性

（1）形态学特性：树高可达 30m，树皮黑褐色，纵裂。小枝较细，径约 1.5mm。叶片宽披针形至卵状披针形，长 7～12cm，宽 2～3.5cm，顶端渐尖，基部圆形或宽楔形，略偏斜，叶缘具刺芒状锯齿，幼时被黄色柔毛，以后两面无毛，或仅背面脉腋有柔毛，侧脉每边12～16条；叶柄长0.5～1.5cm。雄花序长4cm，花序轴被柔毛。壳斗杯形，包着坚果约1/3，径约1.5cm，高约0.8cm，壳斗上部的小苞片线形，长约5mm，直伸或反曲；中部以下的小苞片为长三角形，长约3mm，紧贴壳斗壁，被细柔毛。坚果椭圆形，直径1.3～1.5cm，高1.5～2.5cm，顶端有微毛；果脐微凸起，径约5mm。

（2）生态学生物学特性：喜光，在深厚肥沃中性至酸性土壤生长旺盛；能耐寒，耐干旱、瘠薄，不耐水湿、盐碱；深根性，根系发达，萌芽力强，水土保持能力强、抗风能力强。花期3～4月，果期翌年9～10月。

4.25.1.2 资源现状

（1）资源分布：小叶栎为我国特有树种，是落叶栎类中的中布型，主要分布于湖南、江苏、安徽、浙江、江西、福建、河南、湖北、四川等地，常生于海拔600m以下的丘陵低山，成小片纯林或与其他落叶阔叶树组成混交林。

小叶栎叶片

（2）资源培育与利用：小叶栎一般作为珍贵用材树种培育，同时该树种树形优美、高大，树姿雄伟，根系发达，是优良的水土保持、抗风抗旱、绿化美化树种。

小叶栎木材

（3）良种选育：开展了资源调查、种质资源的收集、优树选育、播种育苗等研究。

4.25.2 苗木繁育技术

4.25.2.1 种子采收与处理

（1）种子采收：选择20年生以上的健壮母树采种。9月下旬至10月，种子着色由绿色变为黄褐色或栗褐色并开始自然脱落时开始采收。种子采收后，用水浸种1～2d(及时清除浮在水面上的种子和杂质、闷杀坚果中的虫卵、幼虫)，选择沉入水中的种子再用代森锰锌或多菌灵800倍液浸种杀菌消毒2h，倒去药液，即可储藏或播种。

（2）种子贮藏与催芽：种子储藏时用洁净湿河沙和消过毒的种子按4∶1的比例，放在室内地面沙床层积储藏，厚度不超过50cm，保持湿润。无论是播种还是储藏均要防止鼠害。

对沙藏的种子用800倍多菌灵液喷雾，以消毒加湿并用农膜覆盖增温，喷雾加湿和农膜覆盖增温是催芽的常用手段。

4.25.2.2 苗木培育技术

（1）播种苗培育技术：

①苗圃地选择与准备：选择地势平坦、有排灌条件且富含有机质的轻壤土作育苗地。整地前对苗圃地进行消毒处理，使用生石灰消毒，用量为1500kg/hm^2。再施复合肥1500kg/hm^2，整地深度应在25cm以上。苗床宽0.9m，高20cm，床间距30cm。

②播种：催芽的种子露白后可进行播种育苗，播种时间宜为2月至3月中旬。播种方法为条播。条间距25cm，条沟深4cm，播种种子间距5～7cm，用无菌黄心土覆盖，覆盖厚度3cm，然后盖草，当幼苗有50%左右出土时揭草同时用50%多菌灵可湿性粉剂800倍液喷施小苗防病。

③苗期管理：幼苗生长期间，要加强管理，及时除草松土。为防止高温对幼苗造成伤害，在5月开始搭阴棚，阴棚高度1.5～1.8m，用透光度30%～40%的遮阳网遮盖。到8月初可撤除遮阳网。

5月中旬至6月初进行间苗和补苗，间除生长不良、病虫危害、过密的幼苗，在缺苗处进行补苗，间苗补苗后及时浇水，定苗量为20万～30

万株 /hm²。5 月底至6 月中追施 1 次复合肥，开沟施肥（或水施），每次施肥量 90kg/hm²。

（2）容器苗培育技术：

①容器与基质：容器选用无纺布袋，长 15cm、直径 10cm。基质选用泥炭土、黄心土、钙镁磷肥，比例 50∶45∶5，混匀后装袋。

②芽苗培育与芽苗移栽：

ⅰ. 芽苗培育：播种时间在 1～2 月。将经过催芽处理的种子均匀散播到准备好的苗床上，种子间距为 3～5cm。播后用过筛的黄心土或细沙土覆盖，厚度以不见种子为宜。然后浇透水，做小拱棚覆盖农膜保温保湿催芽。

ⅱ. 芽苗移栽：当芽苗高度达 3～5cm 时开始移植，选择低温阴雨天移苗，时间不宜超过 5 月中旬。移栽前 1～2d，用 0.1%～0.2% 高锰酸钾溶液或 50% 多菌灵可湿性粉剂 800 倍液浇透容器轻基质，移苗时，先把芽苗床用水浇透，捏住芽苗基部用竹签轻轻向上起苗，用小剪刀剪除芽苗主根根长的 1/3～1/2，注意保护芽苗不受伤害，将取出芽苗整齐摆放在盆内，用湿毛巾盖好备用；用竹签在育苗容器的基质中央打 1 个小孔，深 3～4cm，然后将芽苗轻轻放入孔内，做到根系舒展、不弯曲，芽苗根茎部与基质表层持平，并轻按芽苗四周泥土，浇透定根水，用 50% 多菌灵可湿性粉剂 800 倍液喷施芽苗防病。

③苗期管理：用遮光度为 40% 遮阳网进行遮阳，8 月初去除遮阳网。浇水要适时适量，在幼苗生长期要多次适时勤浇，保持土壤湿润，在苗木生长期间 5～7 月每月施肥 1 次，氮磷钾比例 2∶1∶1，采用浇灌施肥，浓度为 0.5%。苗圃除草要以“除早，除小，除了”为原则。

4.25.2.3 造林苗木质量标准

（1）形质指标：苗干通直、单一主干、顶芽健壮、长势旺盛、木质化程度高、根系发达、干皮及根系无劈裂损伤、无检疫性病虫害。

（2）数量指标：①一般造林用苗苗木规格苗高 ≥ 0.8m、地径 ≥ 0.8cm；②用于公路绿化及园林绿化，容器大苗（或土球苗、土球直径 35cm 以上）规格要求达到胸径 ≥ 4.0cm、高 ≥ 3.0m。

4.25.3 人工造林技术

4.25.3.1 立地选择与树种配置

选择海拔 600m 以下、土层厚度≥ 50cm、土壤疏松、肥力中等以上、排水良好中低山和丘陵地作为造林地。

主要混交树种：青冈、赤皮青冈、闽楠、大叶桂樱、无患子、红椿、黄连木、大叶榉树等，以块状或带状混交为宜。

4.25.3.2 整地与造林

（1）在更新改造中的造林技术：包括采伐迹地更新和火烧迹地更新，秋冬季采用带垦或穴垦整地，挖中穴规格为 50cm × 50cm × 40cm。选择标准苗木造林，要求苗高 0.8m 以上、地径 0.8cm 以上；一般初植密度为 3m × 3m 或 3m × 4m。混交模式为带状或块状。

（2）在低质低效林珍贵化改造中的造林技术：低质低效林珍贵化改造是森林改培模式之一。一是设置造林穴，按株距 3m 左右设置造林穴并清除穴周边 $1m^2$ 以上的杂灌杂草杂藤，挖适宜的穴造林（林中原有的珍贵用材树种应保留）；二是选择标准苗木，要求苗高 0.8m 以上、地径 0.8cm 以上。

（3）在人工商品林中补植珍贵树种实施珍贵化改造的造林技术：人工商品林中补植珍贵树种是森林改培模式之一，要求将人工商品林实施高强度择伐，择伐后保留 450～750 株 /hm^2。一是设置造林穴，按目标树（包括保留的树木）间距离大于 3m 以上的原则设置栽植穴，清除穴周边 $1m^2$ 以上的杂灌杂草杂藤，挖适宜的穴造林；二是选择标准苗木，要求苗高 0.8m 以上、地径 0.8cm 以上。

（4）在景观化珍贵化（含公益林）改造中的造林技术：公益林景观化珍贵化改造是森林改培模式之一，在公益林景观化珍贵化提质改造中选择适宜地块用小叶栎实施景观化珍贵化改造技术模式，在对公益林实施透光抚育、生态疏伐、卫生伐、景观疏伐的基础上进行。一是选择小林窗，在小林窗中设置造林穴，每公顷挖穴 225 个左右，清除造林穴周围杂木杂灌杂草杂藤，面积 $1m^2$ 以上，对造林穴周边可能会影响小叶栎生长的乔木（非目的树种）也应清除；二是选择标准带土球的苗木（或大容器苗），栽植于造林穴中，要求苗木苗干通直、单一主干、顶芽健壮、长势旺、木质化好、干皮及无劈裂损伤、无检疫性病虫，苗高 3m 以上、胸径 4cm 以上。栽植大苗要设立支架防风倒。

（5）在生态廊道及其节点景观化珍贵化改造中的造林技术：包括水系林网、道路林网、山系及四旁区域等。小叶栎是较好的生态廊道及其节点景观化珍贵化改造树种。一是株间距，按 4～6m 设置株间距，挖适宜的穴栽植小叶栎；二是要选择标准带土球的苗木（或大容器苗），要求苗木苗干通直、单一主干、顶芽健壮、长势旺、木质化好、根系发达、干皮及根系无劈裂损伤、无检疫性病虫，苗高 3m 以上、胸径 4cm 以上，大苗栽植要设立支架防风倒。

4.25.4 人工林经营技术

4.25.4.1 补植

种植后应及时检查，清除死苗或弱苗，及时进行补植。

4.25.4.2 森林抚育

林分郁闭前需进行抚育，每年 5 月、9 月各 1 次，进行割草抚育，刀抚主要是割除造林地影响目的树种生长的灌木与杂草；蔸抚主要是用锄头等工具进行松土，并清除苗木周围 60cm 范围内的杂草。林分郁闭后每年抚育 1 次，于 9 月进行。

4.25.4.3 肥水管理

（1）配方施肥：林分 2～10 年生期间，每年每株施复合肥 0.1～0.5kg，施肥前清除苗木周围杂灌草，一般结合松土除草进行，宜于春季雨前施肥，施肥量随树龄增加而增加。施肥方法一般采用沟施法，即沿树冠垂直投影线外侧挖环形沟施入，沟宽 20cm、深 25cm，将肥料均匀施于施肥沟，然后覆土。

（2）地表覆盖：地表覆盖物有谷壳、锯木屑、杂灌杂草杂藤、黑色农膜等，用覆盖物覆盖幼树树干周边地表，以树干为中心，覆盖面积 $1m^2$ 以上，覆盖厚度杂灌杂草杂藤为 8cm 以上、谷壳和锯木屑为 5cm 以上，靠近树干 10cm 左右不覆盖。

4.25.4.4 干形培育

在每年的冬末春初剪除树根根际处的萌发枝和树干上的徒长枝（包括次顶梢），确保主干生长，栽植后每年均要修枝，待主干高达 7m 以上时可停止修枝。

4.25.4.5 间伐与主伐

当林分郁闭度达 0.9 左右时，对被压木、病虫木等进行间伐（或移栽），间伐比例为株数的 30% 左右，几年后，当林分郁闭度达 0.9 左右时，对弯曲木、被压木、多叉木等进行间伐（或移栽），间伐比例为株数的 25% 左右。

主伐年龄一般在 50～60 年，主伐后要及时更新造林。

4.25.4.6 病虫害及防治措施

（1）人工防治：人工剪除枯梢。于 10 月下旬至翌年 3 月中旬越冬幼虫出蛰前人工摘除被害干梢，集中烧毁，可有效压低虫口密度。

（2）物理防治：太阳能杀虫灯诱杀成虫。按每 $5hm^2$ 一盏设置于地势较高、视野开阔处，安排专人负责收蛾和灯具维护。

（3）生物防治：赤眼蜂、花绒寄甲等是全国范围内农林害虫应用最广泛的一类寄生蜂，根据虫害发生时间挂放赤眼蜂、花绒寄甲，挂放高度 1.5m 为宜。用图钉将卵卡钉在树干上。放蜂量为每公顷放卵卡 90 个。或在林中种植鸟食植物，招引鸟类取食和食虫。

4.26 尖叶栎

4.26.1 概况

尖叶栎（*Quercus oxyphylla*），为壳斗科栎属常绿乔木。散孔材，心材红褐色、纹理直、结构粗、材质坚硬、气干密度大于0.78g/cm³、强度大、耐久用，是制造家具、地板、室内装饰等良材。树皮及壳斗富含鞣质，可提取栲胶。种子富含淀粉，可供酿酒或作家畜饲料，加工后也可供工业用或食用。

4.26.1.1 特性

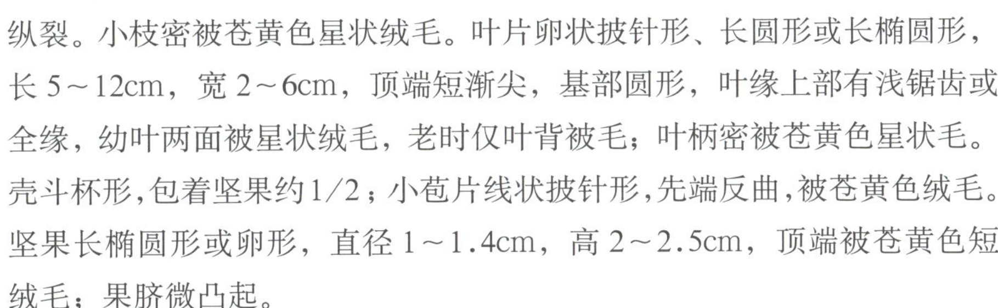

尖叶栎优树

（1）形态学特征：树皮黑褐色、纵裂。小枝密被苍黄色星状绒毛。叶片卵状披针形、长圆形或长椭圆形，长5～12cm，宽2～6cm，顶端短渐尖，基部圆形，叶缘上部有浅锯齿或全缘，幼叶两面被星状绒毛，老时仅叶背被毛；叶柄密被苍黄色星状毛。壳斗杯形，包着坚果约1/2；小苞片线状披针形，先端反曲，被苍黄色绒毛。坚果长椭圆形或卵形，直径1～1.4cm，高2～2.5cm，顶端被苍黄色短绒毛；果脐微凸起。

（2）生态学生物学特性：喜光照，在弱光条件下，其幼苗、幼树更新的数量少，生长速度也较慢；怕涝、不耐积水；对土壤要求不严，可在土壤瘠薄与岩石裸露的石灰岩、页岩、砂岩和石英岩等发育的红壤、黄红壤、黄壤上生长；对气温不敏感，可适应7～20℃年平均气温和－10～17℃的1月平均气温及21～34℃的7月平均气温；对降水量要求不严，可在降水量

尖叶栎木材

600mm 以上地方生长。在自然环境下生长慢、主根发达、寿命长、萌芽性强，主要依靠种子繁衍后代。8～12 年开花结实，丰年间隔期 1～3 年。花期 5～6 月，果期翌年 9～10 月，种子散落期 10～11 月。

4.26.1.2 资源现状

其水平和垂直分布范围广，水平分布最北端到陕西秦岭，最南端到广西，垂直分布从 200～2500m。主产湖南、陕西、甘肃、安徽、浙江、福建、江西、广西、四川、贵州等地。在湖南主要分布在湘南海拔 500m 以下的石灰岩山地阔叶林中。

4.26.2 苗木繁育技术

4.26.2.1 种子采收及处理

（1）种子采收：杯状壳斗和坚果变褐色时及时在树上采收。如果树体高大，不便于从树上采收，则当壳斗与坚果稍有松动，其坚果刚落于地上时及时收集。

（2）种子处理：每天采收或从地面上收集后的果实（包括含壳斗的和不含壳斗的）应及时放到干燥通风处阴干，使坚果尽快从杯状壳斗中尽快自动脱落，及时清除杂质和去除杯状壳斗，并通过水洗把不饱满的种子、虫蛀的种子清除。

（3）种子储藏：

①流水贮藏：将水选并消毒的种子（坚果）装入透水容器中、然后长期置于流水中贮藏。

②湿沙贮藏：用消过毒的润沙和消过毒的种子混合贮藏，做到沙多子（坚果）少，并经常检查沙的湿润度和坚果贮藏质量，一旦发现坚果有变坏的可能，要及时将贮藏的坚果和沙进行重新消毒处理。种子（坚果）与湿沙的体积比约为 1:4。在整个贮藏过程中要严防鼠害。

尖叶栎枝、叶、果 A

尖叶栎枝、叶、果 B

(4) 种子（坚果）特征：其种子（坚果）通常长椭圆形或卵形，褐色，壳斗杯状，包被坚果约1/2。坚果长2.0～2.5cm、宽1.0～1.4cm。尖叶栎和同属的乌冈栎和岩栎比较，其带壳斗果实和去掉壳斗的坚果的大小都相对较小。

尖叶栎种子

(5) 坚果重量和发芽率：净度为94%～99%，平均千粒重为1820g，变动范围在1670～2000g之间，每千克坚果平均粒数为550粒，变动范围在500～600粒之间。发芽率为82%。

4.26.2.2　芽苗移栽容器育苗技术

(1) 育苗容器：多采用高15cm、直径10cm的无纺布容器。

(2) 容器育苗基质：容器育苗基质配比为黄心土：泥炭土：钙镁磷肥=50∶45∶5。为预防苗木发生病虫害，基质要严格进行消毒，每立方米用硫酸亚铁25kg（或类似消毒药），翻拌均匀后，用不透气的材料覆盖24h以上备用。

(3) 芽苗栽植方法：先用已配制好的基质装入无纺布容器袋，将准备好的芽苗（栽前剪去小苗主根长度的1/3～1/2）用工具栽植于容器中央，移植深度掌握在根颈以上0.5～1cm，移植时用手轻轻提苗，使根系舒展，并用手指压实，使根土密接。防止栽植过深、窝根或露根，每个容器移芽苗1株。容器苗栽好并摆好后，要浇透水。

(4) 空气切根：空气切根是轻基质容器育苗壮苗至关重要的措施之一。当发现侧根穿出容器时，要对苗木进行空气切根，即适当减少浇水次数，移动容器苗使其产生间隙，当干燥空气从容器空隙间流过时，从容器壁长出的幼嫩的根尖萎蔫干枯，达到空气切根的目的，可促进侧根的发育。经过1～2次空气切根处理，容器基质里面的侧根成级数增加，根系发育均匀、平衡，并和基质交织在一起形成网络状的富有弹性的根团，使容器不易破碎，入土后根系可爆发性生长，实现幼苗入土后无缓苗期的快速生长，移栽成活率高。

（5）圃地管理：

①遮阴降温：在高温的6～9月要用透光度为30%左右的遮阳网进行遮阳，遮阳网的高度为1.8～2.0m。

尖叶栎播种苗

②水分管理：苗期要保持苗床湿润。在幼苗生长初期要多次适量勤浇，保持培养基质湿润；速生期应量多次少，在基质达到一定的干燥程度后再浇水；生长后期要控制浇水。

③杂草管理：容器中的除草要掌握“除早，除小，除了”的原则。

④肥料管理：

ⅰ.原则：苗木生长初期，要用速效性肥料，以施腐熟人粪尿为宜；苗木速生期，前期、中期以施氮素化肥为主；速生期后期以施磷、钾肥为主。

ⅱ.干施的方法：将复合肥均匀撒于容器中，施肥后，用扫帚或类似工具将附在苗木上的肥料抖落到容器中，然后浇透水，或在小雨的天气进行。施肥量为每次45～75kg/hm^2。第一次施肥在芽苗移栽后的45～50d。

ⅲ.水施的方法：用浓度0.3%～0.5%复合肥，全面喷洒于容器上（喷洒后用水冲洗苗株）。

ⅳ.富根技术：用GGR6等促根剂50mg/kg液喷施苗木3次，每7d喷1次。

4.26.2.3 造林苗木质量标准

（1）形质指标：苗干通直、单一主干、顶芽健壮、长势旺盛、木质化程度高、干皮及根系无劈裂损伤，无病虫害。

（2）数量指标：更新造林或改培造林用苗规格为苗高80cm以上、地径0.7cm以上。

4.26.3 人工造林技术

4.26.3.1 林地选择

（1）海拔高度：选择海拔 200～1600m 的山地中下部种植。

（2）母质母岩：选择石灰岩、板页岩、砂砾岩发育的土壤种植。

（3）立地指数：要求由石灰岩、板页岩、砂砾岩发育的下等肥沃至肥沃型土壤，土壤厚度大于 40cm。

4.26.3.2 整地

采用生态清理方法进行林地清理，只对禾本科和菊科的一些杂草进行清理，但对栽植穴周围 $1m^2$ 范围内的所有灌木和杂草应进行清除，以利新造林苗木生长。整地采用中穴整地，穴规格为：50cm × 50cm × 40cm。如在土壤浅薄的石灰岩山地可根据实际情况进行整地。

4.26.3.3 造林

（1）在低产林珍贵化改造中的造林技术：在低产林分中采用穴垦整地方法，根据低产林的情况，栽植尖叶栎 450～900 株 /hm^2。

（2）在林下补植珍贵化改造中的造林技术：在纯林（如杉木人工林）中造林，应先进行强度择伐，选择 2 个以上树种与尖叶栎混交，共补植 450～750 株 /hm^2。

（3）在更新改造中的造林技术：在更新改造中造林，采用生态清理、穴垦整地，造林密度宜为 3m × 4m，宜与 2 个以上树种混交造林，混交树种有黄连木、青冈、麻栎、赤皮青冈、红椿、大叶榉树、川黔紫薇等。

4.26.4 人工林经营技术

4.26.4.1 森林抚育

（1）补植：造林第 1 年冬和第 2 年春据造林保存率情况及时进行补植。

（2）生态抚育：造林第 1～3 年进行生态抚育，生态抚育方法是确保造林穴的 $1m^2$ 范围内的无灌木和杂草，就是说对造林穴 $1m^2$ 范围内的所有灌木和杂草及时清除，这样有利于提高新造的尖叶栎等苗木的成活率，有利于防治造林时带来的水土流失，有利于保存造林地的生物多样性，增强新造苗木的抗病虫害能力。

（3）抹芽：只抹除形成副顶的芽，其他芽不用抹除。

4.26.4.2 水肥管理

（1）配方施肥：根据土壤情况每 1～2 年施 1 次追肥，追肥以复合肥为好，一般 200～400g/ 株，具体施用量据树龄和土壤情况而定。

（2）地表覆盖：地表覆盖物有谷壳、锯木屑、割除的杂灌杂草杂藤等，用覆盖物覆盖幼树树干周边地表，以树干为中心，覆盖面积 1m^2 以上，覆盖厚度杂灌杂草杂藤为 8cm 以上、谷壳和锯木屑为 5cm 以上，靠近树干周围约 10cm 左右不覆盖。

4.26.4.3 干形培育

在每年的冬末春初剪除树根根际处的萌发枝和树干上的徒长枝（包括次顶梢），确保主干生长，栽植后每年均要修枝，待主干高达 7m 以上时可停止修枝，可培育通直高大圆满的主干。

4.26.4.4 间伐与主伐

当林分郁闭度达 0.9 左右时，对被压木、病虫木等进行间伐（或移栽），移除比例为株数的 30%，几年后，当林分郁闭度达 0.9 左右时，对弯曲木、被压木、多叉木等进行间伐（或移栽），移除比例为株数的 30%。

主伐年龄一般在 50 年，主伐后要及时更新造林。

4.27 大叶桂樱

4.27.1 概况

大叶桂樱优树

大叶桂樱（*Laurocerasus zippeliana*），又名大叶稠李，为蔷薇科桂樱属常绿高大乔木。其材质优良，木材红褐色、坚硬耐腐、纹理美丽，是高级家具和工艺雕刻等良材。树形美观，树干金黄且斑驳；叶大而有光泽；花序密集，颜色淡雅；果实颜色变化丰富，随着时间的延续由绿色到紫黑色渐变；是集观干、观叶、观花、观果于一身的新优常绿阔叶树种。大叶桂樱适应性强、耐瘠薄、喜光、耐阴、生长快，是平原、山体、庭院、公路两侧优良绿化树种。

4.27.1.1 特性

（1）形态学特性：树皮赤褐色，有块状剥落，剥落处光滑呈金黄色斑驳状。小枝灰褐色至黑褐色，具明显小皮孔，无毛。叶片革质，宽卵形至椭圆状长圆形或宽长圆形，长 10～19cm，宽 4～8cm。总状花序单生或 2～4 个簇生于叶腋，长 2～6cm，被短柔毛。果实长圆形或卵状长圆形，长 18～24mm，宽 8～11mm，顶端急尖并具短尖头；黑褐色，无毛，核壁表面稍具网纹。

（2）生态学生物学特性：大叶桂樱为喜光树种，幼苗较耐阴，若长期处于背阴处，极易形成偏冠。深根性，种子萌芽力较强，适宜随采随播。阳光充足处枝干脱斑比较明显，南坡的植株相对于北坡的脱斑更明显。9～10 月开花，花白色、芳香，花序密集，颜色淡雅。11 月中下旬结果，翌年 4 月果实成熟。果实颜色变化丰富，随着时间的延续由绿色渐变到紫黑色。

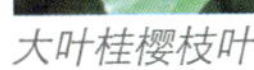

大叶桂樱枝叶

大叶桂樱结果状

4.27.1.2 资源现状

（1）资源分布：大叶桂樱分布广泛，产于湖南、甘肃、陕西、湖北、江西、浙江、福建、台湾、广东、广西、贵州、四川、云南 13 个省区，日本和越南北部也有分布。生于石灰岩山地阳坡杂木林中或山坡混交林下，海拔 600～2000m。现全国还未开展大规模人工造林，只是一些园林绿化公司培育少部分苗木来满足市场需要。

（2）资源培育与利用：大叶桂樱资源培育主要有作为珍贵用材林培育，以木材战略储备项目、珍贵用材树种培育项目、新造林项目等带动发展，也有作为园林绿化中苗和大苗培育，为园林绿化提供优质苗木。

4.27.2 苗木繁育技术

4.27.2.1 种子采收及处理

大叶桂樱种子在 3 月下旬至 3 月上旬成熟，种子颜色逐渐由绿色变成红色，最终变成紫黑色，自然脱落，方可采收。种子极容易被鸟类啄食，为了减少种子的损失，可放置稻草人或人工看守，以减少种子被啄食的情况。种子成熟期，可在大叶桂樱林下铺塑料薄膜，以防种子掉在草丛中难以寻找。刚采收的种子种皮腐烂程度不一，所以需要搓去种皮用清水充分漂洗，置室内晾干备用。

4.27.2.2 苗木培育技术

（1）播种育苗技术：

①圃地选择及整地：圃地应选在交通便利，排灌条件良好，地势平坦，土壤肥沃疏松，土层深厚的沙质壤土为宜。播种前 1 个月深挖圃地，翻晒土壤，到播种时再整地做床，床宽 80～100cm，床高 15cm，步道宽 30cm，床面要细致平整。

②播种：播种采用条播方式，条距为 25cm 左右，沟深 8cm。先在沟底盖一层 5cm 厚的黄心土，然后播种。因是大叶树种，播种不可太密，种间距 7～10cm，播后即在种子上覆盖一层黄心土，有条件的可在上面铺盖一层稻草保湿。

大叶桂樱苗木培育

③苗期管理：当有 50% 以上的芽苗出土后，及时揭除稻草，当幼苗出齐且又出苗过密时，可选低温阴天进行间苗和补苗，之后要浇定根水。及时拔除苗内杂草，除草后进行施肥。

施肥应做到“薄肥勤施”“由稀到浓”的原则。在苗木生长期，每月施肥一次，以氮肥为主。如遇久晴不雨或高温土壤干燥时，应在早、晚进行田间灌溉，达到降温保湿效果，确保苗木的正常生长。进入 8 月，肥水中应增施磷、钾肥，以加快苗木木质化，增强其抗性。病虫害防治在芽苗期为防止地老虎、蝼蛄等地下害虫的危害，可于晴天傍晚用 0.5% 杀灭菊酯溶液浇灌土壤，或用敌敌畏乳油 0.1% 溶液喷洒小苗。富根技术：于 9～10 月间，用铲子从小苗的两侧斜向切下，将小苗的主根切断，促进苗木侧根生长；用 GGR6 等促根剂 50mg/kg 液喷施苗木 3 次，每 7d 喷 1 次。

（2）容器育苗技术：采用无纺布容器袋，高 15cm、直径 10cm。

①育苗基质：基质配比为：50% 黄心土 +45% 的泥炭土 +5% 的钙镁磷肥。

②芽苗培育：清洗种皮后用 0.1% 多菌灵溶液浸种 2h，晾干。将处理好的种子均匀撒在催芽苗床上，密度尽量保持每粒种子之间间隔 2cm，铺满后用平板轻轻压实，再用细泥炭铺盖，以刚好盖住种子为止，最后用喷雾器浇水，保证泥土湿润。有条件的可以在苗床上面覆盖一层薄膜，播种后 5d 左右开始露白，12d 左右出土。

③移栽：待小苗高达 5cm 左右时，移入容器培育。芽苗移植前淋透苗床，起苗用手夹住芽苗基部，用小铲助力，连根带土将苗木起出，剪除芽苗主根的 1/2～1/3，用 1‰生根水与黄泥的混合溶液浸泡，做到随起随栽，移植后随即浇透，将移栽好的容器苗放入设施阴棚里。

④苗期管理：容器苗喷水过少，会造成容器苗经常失水，使生长受到严重影响，喷水过多则基质过湿会产生透气性不好、易生霉菌、苗木容易腐烂、穿根等问题；大棚内苗床应全面设置喷灌设施，苗木缺水时启动自动喷灌系统，视容器干湿进行喷水，做到勤喷、少量，基质不干、不湿，以保证苗木正常生长所需水分。结合浇水喷施 0.3% 磷酸二氢钾进行根外追肥，以保证苗木的正常生长发育。

容器苗病虫害的防治要遵循“重预防、早发现、早治疗”的原则。容器苗在未发现病虫害时，每隔 2～3 周用广谱杀菌药剂 1000 倍液喷洒，如多菌灵、甲基托布津、百菌清等。当发现病虫害时，首先应确定是病害还是虫害，大叶桂樱一般很少有病害；主要虫害有蓟马、蚜虫、粉虱、卷叶蛾等。确定虫害种类之后再对症下药，一般可用一遍净、锐劲特等杀虫药剂防治。

4.27.2.3 造林苗木质量标准

（1）形质指标：苗干通直、单一主干、顶芽健壮、长势旺盛、木质化程度高、根系发达、干皮及根系无劈裂损伤、无检疫性病虫害。

（2）数量指标：①一般造林 Ⅰ 级苗规格苗高 ≥ 0.8m、地径 ≥ 0.8cm，Ⅱ级苗规格苗高 0.7～0.8m、地径 0.7～0.8cm；②用于公路绿化及园林绿化，容器大苗（或土球苗、土球直径 30cm 以上）规格均要达到胸径 ≥ 4.0cm、高 ≥ 3.0m。

4.27.3 人工造林技术

4.27.3.1 林地选择

（1）海拔高度：选择海拔 200～1000m 的山地种植。

（2）母质母岩：选择板页岩、石灰岩、砂砾岩发育的土壤种植。

（3）立地指数：要求由板页岩、石灰岩、砂砾岩发育的下等肥沃至肥沃型土壤，土壤厚度大于 40cm。

4.27.3.2 整地

整地前的林地清理采用生态清理方法，只对禾本科和菊科的一些杂草进行清理，但对栽植穴周围 1m^2 范围内的所有灌木和杂草应进行清除，以利新造林苗木生长。整地采用中穴整地，穴规格为 50cm × 50cm × 40cm。

4.27.3.3 造林

（1）在低产林珍贵化改造中的造林技术：在低产林分中采用穴垦整地方法，根据低产林的情况，栽植 450～750 株 /hm^2。

（2）在林下补植珍贵化改造中的造林技术：在纯林中造林，应先进行强度择伐，选择 2 个以上树种与大叶桂樱混交，共补植 450～750 株 /hm^2。

（3）在更新改造中的造林技术：在更新改造中造林，采用生态清理、穴垦整地，造林密度宜为 3m × 3m，宜与 2 个以上树种混交造林，在海拔 800m 以下宜选择小叶栎、黄连木、青冈、无患子、赤皮青冈（红椆）等树种混交，在海拔 800m 以上宜选择红椿、多脉青冈、光叶水青冈、大叶榉树、川黔紫薇、榔榆和黄檀等树种混交，如要营造用材与景观兼用林，可配置鹅掌楸、伯乐树和香果树等。

4.27.4 人工林经营技术

4.27.4.1 森林抚育

（1）补植：造林第 1 年冬和第 2 年春据造林保存率，及时进行补植。

（2）生态抚育：造林第 1～3 年进行生态抚育，生态抚育方法是确保造林穴的 1m^2 范围内的无灌木和杂草，就是说对造林穴 1m^2 范围内的所有灌木和杂草及时清除，这样有利于提高新造林苗木的成活率，有利于防治造林时带来的水土流失，有利于保存造林地的生物多样性，增强新造苗木的抗病虫害能力。

（3）抹芽：只抹除形成负顶的芽，其他芽不用抹除。

4.27.4.2 水肥管理

（1）配方施肥：林分 2～10 年生期间，每年每株施复合肥 0.1～0.5kg，施肥前清除苗木周围杂灌草，一般结合松土除草进行，宜于春季雨前施肥，施肥量随树龄增加而增加。施肥方法一般采用沟施法，即沿树冠垂直投影线外侧挖环形沟施入，沟宽 20cm、深 25cm，将肥料均匀施于施肥沟，然后覆土。

（2）地表覆盖：地表覆盖物有谷壳、锯木屑、杂灌杂草杂藤、黑色农膜等，用覆盖物覆盖幼树树干周边地表，以树干为中心，覆盖面积 1m^2 以上，覆盖厚度杂灌杂草杂藤为 8cm 以上、谷壳和锯木屑为 5cm 以上，靠近树干 10cm 左右不覆盖。

4.27.4.3 干形培育

在每年的冬末春初剪除树根根际处的萌发枝和树干上的徒长枝（包括次顶梢），确保主干生长，栽植后每年均要修枝，待主干高达 7m 以上时可停止修枝，可培育通直高大圆满的主干。

4.27.4.4 间伐与主伐

当林分郁闭度达0.9左右时，对被压木、病虫木等进行间伐（或移栽），移除比例为株数的30%，几年后，当林分郁闭度达0.9左右时，对弯曲木、被压木、多叉木等进行间伐（或移栽），移除比例为株数的30%。

主伐年龄一般在 50～60 年，主伐后要及时更新造林。

4.27.4.5 病虫害综合防治措施

大叶桂樱主要病害为细菌性穿孔病，危害叶片，多发生在春秋两季雨水较多的时段。防治措施：①应加强管理，适时修剪。增施有机肥和磷、钾肥，以增强树势，提高自身抗病能力，避免氮肥过量。秋冬季节及时剪除病枝、枯枝，并将病叶、落叶、病枯枝集中处理，减少越冬菌源；②春芽萌动时，可用 1∶1∶100 倍式波尔多液、3°～5° Be 石硫合剂喷施；发芽展叶后，可用 72% 农用链霉素可溶性粉剂 3000 倍液、50% 硫悬浮剂 200 倍液等喷雾防喷雾防治，10d 左右喷 1 次，连喷 2～3 次。

在芽苗期主要防治地老虎、蝼蛄等地下害虫的危害，可于晴天傍晚用 0.5% 杀灭菊酯溶液浇灌土壤，如遇天牛、蛾类危害树干及叶片时，可用绿色葳蕾等农药进行喷洒防治。

4.28 红锥

4.28.1 概况

红锥单株

红锥（*Castanopsis hystrix*），是壳斗科锥属常绿乔木，是我国珍稀树种之一。红锥材质优良、木材坚硬耐腐、色泽和纹理美观，是高级家具、工艺雕刻、建筑装修等优质用材。适应能力强，生长速度快，拥有较为广泛的用途，具有极高的经济与社会价值。红锥较耐阴，改土效果好，萌芽力强，可作为水源涵养林进行纯林种植，亦可作为残次林、生态公益林林下改培混交造林树种。

4.28.1.1 特性

红锥枝叶

（1）形态学特性：叶披针形、纸质或薄革质，有时兼有倒卵状椭圆形，基部甚短尖至近于圆，一侧略短且稍偏斜，全缘或有少数浅裂齿，中脉在叶面凹陷，嫩叶背面至少沿中脉被脱落性的短柔毛兼有颇松散而厚、或较紧实而薄的红棕色或棕黄色细片状蜡鳞层；叶柄长很少达 1cm。雄花序为圆锥花序或穗状花序；雌穗状花序单穗位于雄花序之上部叶腋间，花柱 3 枚或 2 枚，斜展。果序长达 15cm；壳斗有坚果 1 个；坚果宽圆锥形，无毛，果脐位于坚果底部。

红锥枝、叶、果

（2）生态学生物学特性：红锥较耐阴，幼年耐阴性更强。喜湿润、温暖、多雨的季风气候，生长在海拔高度 500m 以下，降水量在 1300mm 以上为宜，年均气温 17～25℃之间，极端最低气温 −5℃，极端最高气温 40℃，土壤条件为由花岗岩、变质岩、砂页岩等母岩发育而成、土层厚度在 80cm 以上、排水良好的酸性壤土或轻黏土（砖红壤、赤红壤和红壤），坡向主要选择阴坡和半阳坡为主，土壤 pH 值在 4.0～6.0。花期 4～6 月，果翌年 8～11 月成熟。

4.28.1.2 资源现状

（1）资源分布与规模：红锥产中国福建东南部（南靖、云霄）、广东（罗浮山以西南）、海南、广西、贵州（红水河南段）及云南南部、西藏东南部（墨脱），湖南主要分布在西南部（江华），常为林木的上层树种，老年大树的树干有明显的板状根。湖南省现有人工林面积 920hm^2。

（2）资源培育与利用：红锥主要作为珍贵用材林培育，以木材战略储备项目、珍贵用材树种培育项目带动发展，选择红锥造林，既能培育珍贵的用材资源，还能调整现有森林结构，增加阔叶林数量，提高林分质量，有利于森林可持续经营。

（3）良种选育：湖南省林业科学院开展了红锥种源、家系种质资源的收集，在湖南及邻省选择与收集红锥资源 60 多份，计划在永州江华建立了优良无性系种子园。

红锥种子

红锥叶片背面

4.28.2 苗木繁育技术

4.28.2.1 种子采收及处理

选择生长迅速、健壮、主干通直、分枝高、树冠发达、结实量多的树采种。在10～11月果实成熟时，在总苞由青色转褐色时进行采收。总苞放于室内2～4d，可移出室外暴晒，待总苞开裂后及时取出种子。红锥种子是含水量高的大粒种子，种子取出后应马上清除杂物，并用湿沙混合贮藏、催芽。因种子淀粉含量高，极易受虫蛀和鼠害，故沙藏前应清除杂物并作杀虫处理，切忌晒种。沙藏方法以室外沙藏较好，其发芽率高，发芽整齐。室外沙藏除苗床覆盖稻草外应外加薄膜保温、注意防止鼠害，每晚应将薄膜盖严。

4.28.2.2 苗木培育技术

（1）播种育苗技术：

①圃地选择：圃地应选在交通便利，排灌条件良好，地势平坦，土壤肥沃疏松，土层深厚的壤土为宜。

②苗床准备：苗床高20cm，宽80～100cm，苗床土应经精细打碎，床面平整。为了控制主根生长，多发侧根，在整地时，不需深耕，有15cm的松土层即可，施放钙镁磷肥3000kg/hm^2。

③种子催芽：采用分层混沙堆积催芽法，一层沙一层种子，堆于沙床内，每层沙厚为4～5cm，种子厚为1.5～2cm，上盖稻草或薄膜保温保湿和防鼠，每隔2～3d打开浇水一次，沙的湿度保持在10%～12%，温度保持在18℃以上，以达到种子发芽所需的温度。

④芽苗切根移栽：当芽苗长出2～4片真叶、长度为3～5cm后便可进行芽苗截根移栽。起苗时可用锋利钢锹或钢铲，用力将苗根深处铲断，然后将芽苗从土中取出，放入竹篮或盆中、动作要轻，不可碰掉种子，一般选低温阴天或小雨天及时移栽，移栽行距为20cm、株距为8cm。

⑤苗期管理：

ⅰ.松土除草：移栽后畦面长出杂草，应及时拔除，如土壤板结，可用小锄进行除草松土。

ⅱ.水肥管理：红锥喜肥喜湿，必须经常保持土壤湿润，同时又要避免积水。可以结合浇水施氮肥，施肥应遵循“由稀到浓、少量多次、适时适量、分期巧施”的技术要领，到苗木出圃前30d应停止施肥。

红锥容器苗

ⅲ. 富根技术：于9～10月间，用铲子从小苗的两侧斜向切下，将小苗的主根切断一半，以促进苗木多长侧根、须根。

ⅳ. 病虫害防治：红锥苗期极易受到病虫害的危害，常见病害有根腐病、叶枯病等，常见虫害有尺蠖、卷叶螟、金龟子等。根腐病主要发生在苗前期，可通过控制浇水量或拔除病株，喷洒多菌灵0.1%溶液等进行防治。

（2）容器苗培育技术：

①圃地选择与作床：红锥幼苗喜荫庇湿润环境，圃地选择半日照、空气湿度大的山沟、山窝地为好。整平土地后作床，苗床高10～15cm，宽1～1.2m，床面要平整。可在床面垫1～2层农膜，膜上垫2cm厚粗沙，在沙上摆放育苗容器，注意搭建阴棚。

②营养土配制与装杯：红锥幼苗对土壤要求较高，营养土要疏松。轻型育苗基质的主要成分是泥炭土、珍珠岩和蛭石，其中泥炭用量最多，约占基质比例的1/3～1/2。另加入一定比例的红锥菌根土，以给幼苗接种菌根，促进幼株生长。将营养土充分捣碎拌匀，装入直径10cm、高15cm的容器袋内待用。

③芽苗移植：将采回的种子播于种床，待种子萌发、幼苗长出2片真叶时再移栽于容器中，每杯移植1株芽苗，播于种床的种子，要注意拌灭鼠剂防鼠食。移栽时要选择低温阴天，剪掉芽苗主根长的一半 ，用生根剂浸根，压实，浇透定根水。

④苗期管理：主要是水肥管理，晴旱天加强浇水，保持营养土湿润，以利幼苗出土，20d左右时，要及时间苗补苗，每杯留一株健壮苗。8月以前，每10～15d追施氮肥1次，9～10月每15d追施复合肥或磷肥1次，

以促进苗木木质化。追肥应遵循少量多次的原则，注意做好病虫害的防治。若为全日照圃地，要在幼苗出土或芽苗移植后搭阴棚遮阴。此外，摆放在苗床面没垫农膜的容器苗每年要搬动、截根（剪去穿出容器底部的主根）1～2次，以促使苗木多长侧根。

4.28.2.3 苗木质量标准

（1）形质指标：苗干通直、单一主干、顶芽健壮、长势旺盛、木质化程度高、根系发达、干皮及根系无劈裂损伤、无检疫性病虫害。

（2）数量指标：一般造林用苗规格为苗高≥0.8m、地径≥0.8cm。

4.28.3 人工造林技术

4.28.3.1 林地选择

选择在海拔高度500m以下，降水量在1300mm以上，坡度在25°以下的山地、丘陵造林，要求土层深厚、排水性良好。

红锥人工林

4.28.3.2 整地

（1）造林地清理：对于荒地、皆伐作业等类之地，先将地中的树枝、树叶和杂草进行清理后直接挖穴造林。对于低产林改造、森林恢复、森林重建、优材更替中的造林之地，只需清理需要栽树周围的杂草、枯枝以及影响其生长的霸王树枝或进行适当补植。

（2）整地时间：造林前一年度的秋季、冬季或造林前，以秋冬季整地最好。

（3）整地方式：低山、丘陵广泛采用的穴垦整地方式。大、中穴的标准分别为70cm×70cm×60cm、50cm×50cm×40cm，根据不同立地和土壤而采用不同的挖穴规格。多以穴垦整地方式为主，穴规格50cm×50cm×40cm。缓坡地（15°左右）也可采用带垦整地，按环山水平整地，带宽 1.2～1.5m，去杂全垦 20cm，再挖穴，带面内低外高，呈水平梯田状，以保持水土。

（4）施基肥：每穴施基肥为腐熟的农家肥及饼肥（1～2）kg 充分或磷肥 0.25kg。

4.28.3.3 造林

（1）造林密度：一般来说，中等立地条件 3000～3750 株 /hm^2 为宜，较好的立地以 2250～3000 株 /hm^2。

（2）造林季节：宜在1～3月进行造林，容器苗造林宜在4月底前完成。

（3）几种混交造林技术：造林时要注意修枝摘叶，裸根苗要进行浆根处理，浆根用黄心土和钙镁磷肥按照 10:1 的比例，加水打成泥浆，这样可提高造林成活率。

①在低质低效林珍贵化改造中的造林技术：一是设置造林穴，按株距 3m 左右设置造林穴并清除穴周边 1m^2 以上的杂灌杂草杂藤，挖适宜的穴造林（林中原有的珍贵用材树种应保留）；选择苗干通直、顶芽健壮、生长健壮、根系发达、无损伤、无病虫害，苗高 80cm 以上、地径 0.8cm 以上的苗木进行栽植。

②在森林改培补植珍贵树种中的造林技术：将现有林实施高强度择伐，择伐后保留 450～750 株 /hm^2，按目标树（包括保留的树木）间距离天于 3m 的原则设置栽植穴，清除穴周边 1m^2 以上的杂灌草藤，挖适宜的穴造林；选择苗干通直、生长健壮、木质化好、根系发达、无损伤、无病虫害，苗高 100cm 以上、地径 1.0cm 以上的苗木进行补植。

③在更新改造中的造林技术：一是适当密植有利于干形培育，株行距采用 2m × 2m；二是选择标准苗木，选择苗干通直、生长健壮、木质化好、根系发达、无损伤、无病虫害，苗高 80cm 以上、地径 0.8cm 以上的苗木进行造林；三是主要混交树种为赤皮青冈、黄连木、小叶栎、青冈、红椿，混交模式为带状或块状。

4.28.4 人工林经营技术

4.28.4.1 森林抚育

种植后应及时检查，清除死苗、缺苗或弱苗，及时进行补植。红锥幼林抚育宜根据造林地的杂草生长情况进行。一般来说，造林当年8～9月结合施肥带状铲草割灌抚育1次；第2、3、4、5年每年抚育2次（6月、9月）。林分郁闭后可根据林地实际情况进行抚育。抚育一般采用带铲或割草法。

4.28.4.2 水肥管理

红锥树干

（1）配方施肥：林分2～10年生期间，每年每株施复合肥0.1～0.5kg，施肥前清除苗木周围杂灌草，一般结合松土除草进行，宜于春季雨前施肥，施肥量随树龄增加而增加。施肥方法一般采用沟施法，即沿树冠垂直投影线外侧挖环形沟施入，沟宽20cm、深25cm，将肥料均匀施于施肥沟，然后覆土。

（2）地表覆盖：使用树干周围的杂灌杂草杂藤等作为覆盖物进行地表覆盖，用覆盖物覆盖红锥树干周边地表，以树干为中心，覆盖面积$1m^2$以上，覆盖厚度杂灌杂草杂藤为8cm以上。也可使用谷壳、锯木屑，农膜等作为覆盖物。

4.28.4.3 干形培育

在每年的冬末春初剪除树根根际处的萌发枝和树干上的徒长枝（包括次顶梢），确保单一主干正常生长。当林分郁闭度达0.7以上，下部枝条明显衰弱时对下部枝条进行修枝，修枝高度在树高的1/3～1/2，截去生长旺盛的侧枝，截至充实饱满的壮芽处，疏去过密的侧枝，抹去尚未木质化的萌发嫩芽。修枝宜在在初冬或早春进行。

4.28.4.4 间伐与主伐

当林分郁闭度达0.8以上，被压木占20%以上时可以进行第1次间伐。林分生长较均匀的采用下层抚育间伐法，林分分化特别大的采用综合抚育间伐法，林木遭病虫害或其他特殊损害时应及时进行卫生伐。根据红锥的生物学特性，红锥大径材的培育期一般为30～35年，一般在10年左右首次间伐，在15～17年间进行第2次间伐。

一般 30～35 年主伐。

采伐方法：红锥萌芽再生能力强，不仅能从伐根萌生成林，即使没有采伐，也可由树干基部的根际萌条长成大、中径级林木，且萌条生长迅速，一次造林可采伐多次，因此红锥林木采伐宜在离地面 30～50cm 处截断，一般采用电锯砍伐，保留树兜或伐根，以便促进萌芽更新。

4.28.4.5 病虫害综合防治措施

（1）物理防治：太阳能杀虫灯诱杀成虫。按每 $5hm^2$ 一盏设置于地势较高、视野开阔处，安排专人负责收蛾和灯具维护。省工、省力，不杀伤天敌，能兼治林中有趋光性的其他蛾类成虫。

（2）生物防治：赤眼蜂、花绒寄甲等是全国范围内农林害虫应用最广泛的一类寄生蜂，根据虫害发生时间挂放赤眼蜂、花绒寄甲，挂放高度 1.5m 为宜。用图钉将卵卡钉在树干上。放蜂量为每公顷放卵卡 90 个。

4.29 厚皮香

4.29.1 概况

厚皮香（*Ternstroemia gymnanthera*），为山茶科厚皮香属常绿小乔木，在我国分布较广，主要分布在长江以南各地。厚皮香木材红色、坚硬致密、纹理美丽，可供家具与工艺用材。树冠圆锥形，枝叶层次感强，高可达 10m 以上，入冬后叶转绯红；树皮灰褐色，小枝近轮生。花两性，有浓香，蒴果近球形或椭圆形，果实成熟时紫红色；耐阴，抗性强，能吸收氯气、氟化氢等有毒气体，是优良园林绿化树种。

厚皮香树形

厚皮香开花状

厚皮香结实状

厚皮香枝叶

4.29.1.1 特性

（1）形态学特性：树皮灰绿色，具隆起皱纹；小枝粗壮，带棕色，近轮生，多次分杈形成圆锥形树冠；叶革质、矩圆状倒卵形，表面暗绿色，有光泽，常数片簇生枝端，叶柄红色。蒴果为干燥状浆果，近球形或椭圆形。

（2）生态学生物学特性：厚皮香适生于长江以南海拔 200～1000m 区域，多生长于山地林中、林缘路边或山顶疏林中，偶见于荒山荒地的灌丛中；该树种喜湿润酸性肥沃土壤，喜光，幼时较耐阴，耐寒，能忍受 −10℃低温。

厚皮香主根发达，侧根及须根较少，生长较为缓慢，萌芽力差、不耐强修剪；但其抗污染能力强，对 SO_2、Cl_2 和 HF 等有害气体具有较强的耐受性，并有一定的吸收能力。该树种树叶平展成层，树冠浑圆，枝叶繁茂，叶色光亮，叶厚有光泽，入冬叶色绯红，开花浓香扑鼻，是良好的园林观赏树种。6～7 月间开白色或淡黄色花朵，有浓香，常数朵聚生枝梢。蒴果为干燥状浆果，近球形或椭圆形，10 月成熟，绛红带淡黄色。

厚皮香优株

4.29.1.2 资源现状

（1）资源分布：厚皮香分布于浙江、福建、江西、湖北、湖南、广东、广西、云南、贵州、台湾等地，日本、柬埔寨也有分布。多生于酸性黄壤、黄棕壤的常绿阔叶林中或林缘。

（2）资源培育与利用：厚皮香资源培育主要作为珍贵用材林培育，以木材战略储备项目、珍贵用材树种培育项目、新造林项目等带动发展，也有作为园林绿化的中苗和大苗为主的绿化苗木的培育，为园林绿化提供优质苗木。

（3）良种选育：现全国还未开展大规模人工造林，只是一些园林绿化公司培育少部分苗木来满足市场需要。开展了资源调查、优株选择与苗木繁育研究。

4.29.2 苗木繁育技术

4.29.2.1 种子采收及处理

10月下旬,厚皮香果实成熟时,要及时采摘。采种母树应生长健壮，无病虫害。用枝剪剪下果枝，摘取果实，并保护好母树。果实采回后，摊在通风阴凉处，开裂后，取出种子，先用草木灰擦去油质种皮，然后用清水洗种，阴干沙藏。

厚皮香种子

4.29.2.2 苗木培育技术

（1）播种育苗技术：

①圃地选择：应选择交通便利、灌溉方便，肥沃疏松的耕地，播种前要全面深耕，清除石块、杂草，平整土地时施复合肥 1500kg/hm^2，深翻 25cm，精细整地，作好苗床。苗床高 20～25cm，宽 100cm，床间距 30cm。苗床要做到土细床平，沟底不积水。

②播种：3 月上中旬播种，一般用条播，条间距 15cm，播种沟深 3cm，播种量 37.5～60kg/hm^2。用火土灰或细土覆盖，覆土厚 1cm 左右，然后用稻草覆盖，保持土壤疏松和湿润，当苗木出芽达 50% 时及时揭草，搭棚遮阴。对出苗过密处，要在低温阴雨天进行移苗。

（2）容器育苗技术：容器育苗的营养土选用黄心土 50%、泥炭土 47%、磷肥 3%，充分捣碎拌匀过筛，然后装入 10cm × 15cm 的容器袋内。

将播于沙床的苗高 3～5cm 的幼苗移到容器袋中培育，移栽时切除幼苗主根长的 1/2，移苗后压实土壤，浇足定根水。幼苗不耐暴晒，需适当遮阳。每月松土除草 1 次，淋施 0.5% 的复合肥 1 次。

4.29.2.3 造林苗木质量标准

（1）形质指标：苗干通直、单一主干、顶芽健壮、长势旺盛、木质化程度高、根系发达、干皮及根系无劈裂损伤、无检疫性病虫害。

（2）数量指标：①更新造林或改培造林用苗规格为苗高 ≥ 0.8m、地径 ≥ 0.8cm；②景观绿化珍贵苗造林用苗规格为苗高 ≥ 3.0m、胸径 ≥ 4.0cm。

4.29.3 人工造林技术

4.29.3.1 造林地选择

宜选择海拔高度 200～1000m 的谷地，阳坡、半阳坡的中下部，坡度 15° 以下的缓坡地，要求土层厚度 50cm 以上，腐殖质层厚度

厚皮香人工林

15cm 以上，土壤疏松、湿润、团粒结构良好，pH5.5~6.5 的黄红壤或红壤。

4.29.3.2 整地方式

采用带状与穴状整地，带宽 1~1.2m，内低外高，深挖 20~30cm 后打穴，穴的规格为 50cm × 50cm × 40cm 或 40cm × 40cm × 30cm。

4.29.3.3 施肥

穴施腐熟菜饼肥 1.0~1.5kg 和钙镁磷肥 0.5~1.0kg。植穴内先回填 1/3 表土，施入基肥，与回土拌匀，再填土满穴成龟背形。

4.29.3.4 栽植

厚皮香幼年期生长缓慢，可与优良树种混交，主要树种有：无患子、红椿、赤皮青冈、小叶栎、黄连木等。带状或块状混交。初植株行距 3m × 3m。

厚皮香林分

4.29.4 人工林经营技术

4.29.4.1 森林抚育

种植后应及时检查，清除死苗、缺苗或弱苗，及时进行补植。幼林抚育宜根据造林地的杂草生长情况进行。一般来说，造林当年 8~9 月结合施肥带状铲草割灌抚育 1 次；第 2、3、4、5 年每年抚育 2 次（6 月、9 月）。林分郁闭后可根据林地实际情况进行抚育。抚育一般采用带铲或割草抚育。

4.29.4.2 水肥管理

（1）配方施肥：林分 2～10 年生期间，每年每株施复合肥 0.1～0.5kg，施肥前清除苗木周围杂灌草，一般结合松土除草进行，宜于春季雨前施肥，施肥量随树龄增加而增加。施肥方法一般采用沟施法，即沿树冠垂直投影线外侧挖环形沟施入，沟宽 20cm、深 25cm，将肥料均匀施于施肥沟，然后覆土。

（2）地表覆盖：使用树干周围的杂灌杂草杂藤等作为覆盖物进行地表覆盖，用覆盖物覆盖树干周边地表，以树干为中心，覆盖面积 $1m^2$，覆盖厚度为 8cm 以上。也可使用谷壳、锯木屑、农膜等作为覆盖物。

4.29.4.3 干形培育

在每年的冬末春初剪除树根根际处的萌发枝和树干上的徒长枝（包括次顶梢），确保单一主干正常生长。当林分郁闭度达 0.7 以上，下部枝条明显衰弱时对下部枝条进行修枝，修枝高度在树高的 1/3～1/2，截去生长旺盛的侧枝，截至充实饱满的壮芽处，疏去过密的侧枝，抹去尚未木质化的萌发嫩芽。修枝宜在在初冬或早春进行。

4.29.4.4 间伐与主伐

当林分郁闭度达 0.9 左右时，应进行第一次间伐。林分生长较均匀的采用下层抚育间伐法，林分分化特别大的采用综合抚育间伐法，林木遭病虫害或其他特殊损害时应及时进行卫生伐。

一般林分 35～40 年生时进行主伐。

4.29.4.5 病虫害综合防治技术

主要病害是炭疽病，危害厚皮香的叶片。6～9 月为发病高峰期，高温季节、土壤黏重时易发病。防治方法：①发现少量病叶，及时摘除烧毁；②发病初期，用 80% 的炭疽福美可湿性性粉剂 800 倍液，或 25% 的炭特灵可湿性粉剂 500 倍液，交替喷洒，每隔 7～10d 一次，连续 3～4 次。

主要虫害是蚜虫，刺吸危害厚皮香嫩梢幼叶，同时会诱发霉污病。用 10% 的吡虫啉可湿性粉剂 2000 倍液喷雾防治。

豆梨开花状

豆梨结实状

4.30 豆梨

4.30.1 概况

豆梨优株

豆梨（*Pyrus calleryana*）为蔷薇科梨属落叶乔木。豆梨材质优良、木材坚硬、纹理美丽，是制作高档家具、雕刻图章和制作工艺品等良材。根、叶有药用价值，可润肺止咳，清热解毒，治疗急性眼结膜炎；果实可健胃，止痢。

4.30.1.1 特性

（1）形态学特性：叶片宽卵形至卵形，长 4～8cm，宽 3.5～6cm，先端渐尖，基部圆形至宽楔形，边缘有钝锯齿，两面无毛；叶柄长 2～4cm，无毛；托叶叶质，线状披针形，长 4～7mm，无毛。具花 6～12 朵，花白色，总花梗和花梗均无毛；花直径 2～2.5cm。梨果球形，直径约 1cm，黑褐色，有斑点，萼片脱落，果梗细长。

（2）生态学生物学特性：豆梨适于温暖湿润气候，喜光、稍耐阴，耐寒，耐干旱、瘠薄；对土壤要求不严，在碱性土壤中也能生长。野生豆梨常分布于海拔 80～1800m 的山坡、平原或低山丘陵杂木林中，或山区路边和沟旁。花期 3～4 月，果期 8～10 月。

4.30.1.2 资源现状

（1）资源分布：豆梨被认为是最古老的梨属种之一，原产于中国，广泛分布于湖南、山东、河南、江苏、浙江、江西、安徽、湖北、福建、广东、广西等地。黄河以南区域多有野生豆梨分布。湖南全省广布，多分布于石门、永顺、通道、城步、新宁、江永、炎陵、桂东、资兴、宜章、长沙等地 1800m 以下的山地疏林和溪边，分布地广，但数量较少，野生植株应严加保护。

（2）资源培育与利用：豆梨利用价值较多，具有材用、药用、食用和园林绿化价值。我国种植豆梨具有悠久的历史，作为珍贵用材林培育和园林应用是其主要利用方向。

（3）良种选育：在我国开展了资源调查、优株选择与苗木繁育研究。

4.30.2 高效繁育技术

4.30.2.1 种子采收及处理

（1）种子采收：于秋季采豆梨果后堆放在室内，经常翻搅防止其腐烂，待果肉发软后，放在水中搓洗，将种子捞出，放在室内阴干，用布袋装好，挂于通风处，注意防鼠害。

豆梨种子

（2）种子处理：从 12 月底将种子在阴凉的北面墙角下进行湿沙埋藏至 2 月中旬。沙藏用沙的含水量约为沙的最大持水量的 50%，即用手握沙能成沙团，看不见水，手指松开沙团有裂缝，手轻轻抖动沙团即散开。采用层积法沙藏，先在地下撒一层沙，厚约 3cm，上面撒一层种子，种子可密但不重叠，再撒一层沙，以完全盖住种子为原则，如此交替进行。

4.30.2.2 苗木培育技术

（1）播种育苗技术：

①圃地选择：选择交通便利、灌溉方便的水稻田，土壤肥沃，靠近水源的地方。

②整地与土壤处理：平整土地时施复合肥 1500kg/hm^2，深翻 25cm，耙地 2～3 遍，每公顷施硫酸亚铁 225kg，预防苗木立枯病和地下害虫的发生。

③苗床准备：苗床高 20cm，宽 90～100cm，床间距 30cm，苗床土应经精细打碎，床面平整。

④种子催芽：采用分层混沙堆积催芽法，一层沙一层种子，堆于沙床内，每层沙厚为 4～5cm，种子厚为 1.5～2cm，上盖稻草或薄膜保温保湿和防鼠，每隔 2～3d 打开浇水一次，沙的湿度保持在 10%～12%，温度保持在 18℃以上，以达到种子发芽所需的温度。

胚根露白时即可播种，即 1 月下旬至 2 月下旬。优质豆梨种子，播种 7.5～11.3kg/hm^2，可出苗 15 万～22.5 万株。

⑤苗期管理：

ⅰ.松土除草：移栽后畦面长出杂草，应及时拔除，如土壤板结，可用小锄进行除草松土。

ⅱ.水肥管理：必须经常保持营养土湿润，同时又要避免积水。可以结合浇水施氮肥，施肥应遵循“由稀到浓、少量多次、适时适量、分期巧施”的技术要领。

ⅲ.病虫害防治：幼苗易感染猝倒病，此病多在连作苗圃发生，发病条件是高温高湿，播种前浇足底水是预防此病的重要措施，发病后可用 25% 的多菌灵 300 倍液或 50% 多菌灵 800～1000 倍液喷雾。间苗移栽应在幼苗长出 1～2 片真叶时进行，间苗时先浇水，后用栽植锄轻轻挖起，移栽后也要及时浇水，并在栽后的 15d 内保证水分供应。播种苗一年生苗高生长可达 80cm 以上。

（2）芽苗移栽容器苗培育技术：

①圃地选择与作床：选择交通便利、灌溉方便的地方。整平土地后作床，苗床高 10～15cm，宽 1～1.2m，床面要平、土要碎。在床面垫 1～2 层农膜，膜上垫 2cm 厚粗沙，在沙上摆放育苗容器，注意搭建阴棚。

②营养土配制与装杯：营养土主要成分是黄心土、泥炭土、钙镁磷肥，

体积比为 50:45:5，将营养土充分捣碎拌匀，装入直径 10cm、高 15cm 的容器袋内待用。

③芽苗移植：将催芽的种子播于芽苗培育床并覆盖黄心土或细沙，待种子萌发、幼苗长出 2 片真叶时再移栽于容器中，每杯移植 1 株芽苗，移栽时要选择低温阴雨天，移栽前剪除芽苗的主根长的 1/2，移栽后浇透定根水并用生根剂喷施芽苗。

④苗期管理：要及时补苗，每杯一株健壮苗。8 月以前，每 10～15d 追施氮肥 1 次，9～10 月每 15d 追施复合肥或磷肥 1 次，以促进苗木木质化。追肥应遵循少量多次的原则，注意做好病虫害的防治。

4.30.2.3 苗木质量标准

（1）形质指标：苗干通直、单一主干、顶芽健壮、长势旺盛、木质化程度高、根系发达、干皮及根系无劈裂损伤、无检疫性病虫害。

（2）数量指标：①更新造林或改培造林用苗规格为高 80cm 以上、地径 0.7cm 以上；②景观绿化珍贵苗造林用苗规格为Ⅰ级苗规格苗高 ≥ 4.0m、胸径 ≥ 5.0cm，Ⅱ级苗规格苗高 3.0～4.0m、胸径 4.0～5.0cm。

4.30.3 人工造林技术

4.30.3.1 林地选择

（1）海拔高度：选择 1000m 以下种植。

（2）母质母岩：选择板页岩、花岗岩、砂砾岩发育的土壤种植。

（3）立地指数：豆梨适应性强，无论在山地、平川、沟坡地均可生长，但土壤过旱、瘠薄和土壤石砾含量较大的荒山坡地，幼树生长较缓慢。选择阳坡、半阴坡土层深厚肥沃、排水通畅、向阳地形营造混交林最好。

4.30.3.2 整地

一般采用穴状、鱼鳞坑和水平沟整地，在土壤瘠薄、干旱的立地条件上，采用穴状整地，规格 40cm × 40cm × 30cm；在荒山、灌木和杂草较密的立地条件上，应先进行割灌后再整地，规格为 50cm × 50cm × 40cm。

4.30.3.3 造林

（1）在低质低效林珍贵化改造中的造林技术：一是设置造林穴，按株距 3m 左右设置造林穴并清除穴周边 $1m^2$ 以上的杂灌杂草杂藤，挖适宜的穴造林（林中原有的珍贵用材树种应保留）；选择苗干通直、顶芽健壮、生长健壮、根系发达、无损伤、无病虫害，苗高 70cm 以上、地径 0.8cm 以上的苗木进行栽植。

（2）在人工林林下补植珍贵化改造中的造林技术：将现有林实施高强度择伐，择伐后每公顷保留 450～750 株，按目标树（包括保留的树木）间距离大于 3m 的原则设置栽植穴，清除穴周边 $1m^2$ 以上的杂灌草藤，挖适宜的穴造林；选择苗干通直、生长健壮、木质化好、根系发达、无损伤、无病虫害，苗高 70cm 以上、地径 0.8cm 以上的苗木进行补植。

（3）在更新改造中的造林技术：一是适当密植有利于干形培育，株行距采用 3m × 3m；二是选择标准苗木，选择苗干通直、生长健壮、木质化好、根系发达、无损伤、无病虫害，苗高 80cm 以上、地径 0.7cm 以上的苗木进行造林；三是主要混交树种：赤皮青冈、青冈、黄连木、小叶栎，混交模式为带状或块状。

4.30.4 人工林经营技术

4.30.4.1 森林抚育

种植后应及时检查，清除死苗、缺苗或弱苗，及时进行补植，以确保林相整齐。林分 1～6 年生期间，每年抚育 2 次，即 5 月和 9 月，进行全面割草抚育、块状扩穴培土。林分 6 年生后，每年抚育 1 次。

4.30.4.2 肥水管理

（1）施追肥：林分 2～10 年生期间，每年每株施复合肥 0.1～0.5kg，施肥前清除苗木周围杂灌草，一般结合松土除草进行，宜于春季雨前施肥，施肥量随树龄增加而增加。施肥方法一般采用沟施法，即沿树冠垂直投影线外侧挖环形沟施入，沟宽 20cm、深 25cm，将肥料均匀施于施肥沟，然后覆土。

（2）地表覆盖：地表覆盖物有谷壳、锯木屑、割除的杂灌杂草杂藤等，用覆盖物覆盖幼树树干周边地表，以树干为中心，覆盖面积1m^2以上，覆盖厚度杂灌杂草杂藤为8cm以上、谷壳和锯木屑为5cm以上，靠近树干周围约10cm左右不覆盖。

4.30.4.3 干形培育

林分1～8年生时每年均要修枝，需及时短截霸王侧枝和主梢侧边的次顶梢，以确保主顶梢的生长。修枝主要是将树冠下部受光较少的枝条除掉。造林后第5年起，要适当修除主干1/3以下的枝条，以培育良好干形，并剪除枯枝、病虫枝。修枝宜在冬末春初进行。

4.30.4.4 间伐与主伐

作为优质用材培育，当林分郁闭度达0.9左右时，可进行第1次抚育间伐，间伐强度为株数30%左右，使林分郁闭度保持在0.7左右，伐除生长势差、过度被压或受病虫害危害的植株。当树冠恢复郁闭，侧枝交错，树冠下部自然整枝明显，郁闭度达0.9左右时，可安排第2次间伐，间伐强度为株数的30%左右。对于混交林，应及时将影响豆梨生长的其他树种进行修枝或伐除，以防影响目标树生长。

一般林分50年生时进行主伐。

参考文献

鲍熙梅，2019. 南方红豆杉繁殖和栽培技术要点 [J]. 江西农业 (20)：11.

鲍晓红，2015. 厚皮香育苗方法及采穗圃营建技术研究 [D]. 中国林业科学研究院 .

曹晓平，杨森兴，游晓庆，等，2018. 景观树种厚皮香盆栽技术 [J]. 南方林业科学，46(1)：47-49.

畅凌冰，2011. 黄连木覆膜播种育苗与造林技术 [J]. 吉林农业 (8)：182-183.

陈彩霞，王瑞辉，吴际友，等，2013. 持续干旱条件下红椿无性系幼苗的生理响应 [J]. 中南林业科技大学学报，33(9)：46-49.

陈德云，吴际友，程勇，等，2018. 青冈栎半同胞家系 2 年生苗生长表现 [J]. 湖南林业科技，45(01):41-47.

陈坚，2014. 米仓山自然保护区水青冈属资源调查报告 [J]. 中国野生植物资源 (2)：47-52.

陈明皋，吴际友，舒瑶，等，2014. 闽楠无性系扦插繁殖试验 [J]. 湖南林业科技 ,41(03):1-3+8.

陈小荣，李乐，夏家天，等，2012. 百山祖亮叶水青冈种群结构和分布格局 [J]. 浙江农林大学学报，29(5)：647-654.

陈秀庭，2012. 广西珍贵用材树种人工林发展前景探讨 [J]. 林业科技，37(1)：53-55.

陈艳伟，2016. 红豆树与木荚红豆种子生物学特性及贮藏生理生态 [D]. 贵州大学 .

陈艳伟，韦小丽，杨玄烨，等，2015. 珍贵用材树种木荚红豆硬实种子破除方法研究 [J]. 种子，34(11)：37-40.

陈艺，吴际友，程勇，等，2018. 红椿半同胞家系生长性状遗传分析 [J]. 中南林业科技大学学报，38(03):40-43.

陈征，孙孟军，2015. 浙江省常见树种彩色图鉴 [M]. 杭州：浙江大学出版社 .

程晓峰，杨振德，吴丽娟，等，2006. 超干处理对黄檀种子发芽率及生活力的影响 [J]. 山东林业科技，167(6)：19-20.

程勇，刘球，吴际友，等，2017. 黑色地膜覆盖对闽楠苗木生长及抑草效果的影响 [J]. 湖南林业科技，44(01):41-46.

程勇，吴际友，刘球，等，2018. 氮磷钾施肥配比对青冈栎幼苗生长的影响 [J]. 中南林业科技大学学报，38(6)：71-74.

赤皮青冈育苗技术规程 [S].LY/T 2836-2017.

川黔紫薇播种育苗技术规程 [S].DB43/T 1632-2019.

崔继法，2016. 公路干扰对米心水青冈种子传播的影响 [D]. 安徽农业大学 .

戴惠忠，罗帅，史锋厚，等，2017 . 苏南地区红豆树播种育苗技术规程 [J]. 黑龙江农业科学 (7)：133-134.

低效林改造技术规程 [S]. LY/T 1690-2017.

范春晖，李永强，建文娟，2012. 黄连木容器繁育及栽植技术 [J]. 中国园艺文摘 (1)：70.
范剑明，谢金兰，张冬生，等，2013. 红豆树育苗技术探讨 [J]. 园艺与种苗 (6)：33-35.
方小平，刘映良，2009. 水青冈种子萌发研究 [J]. 种子 (12)：27-29.
冯程程，李佳斌，余小明，2019. 浅谈南方红豆杉容器栽培生产技术 [J]. 现代园艺 (22)：37-38.
符瑜，潘学标，高浩，2009. 中国黄连木的地理分布与生境气候特征分析 [J]. 中国农业气象，30(3)：318-322.
傅立国，陈潭清，郎楷永，2000. 中国高等植物：第 4 卷 [M]. 青岛：青岛出版社 .
高培民，2019. 小陇山林区黄连木育苗技术及发展前景 [J]. 现代园艺 (24)：30-31.
龚睿，沈永宝，史锋厚，2018. 基于豆梨容器苗生长和养分库的最佳施肥量确定 [J]. 东北林业大学学报，46(3)：40-44.
钩栗造林技术规程 [S].LY/T 2695-2016.
国家林业和草原局国有林场和林木种苗总站，2001. 中国木本植物种子 [M]. 北京：中国林业出版社 .
何浩志，李艳，吴际友，等，2014. 遮阳网遮光度对赤皮青冈大田播种育苗的影响 [J]. 中南林业科技大学学报，34(01):69-71+102.
红豆树苗木培育技术规程 [S].LY/T 3055-2018.
红豆树栽培技术规程 [S].DB44/T 1783-2015.
黄超群，屠娟丽，2016. 常用观赏树木彩色图谱 [M]. 北京：中国农业大学出版社 .
黄孔泽，喻勋林，曹铁如，2007. 湖南城步金童山亮叶水青冈群落研究 [J]. 湖南林业科技，34(2)：1-5.
黄连木育苗技术规程 [S].LY/T 1939-2011.
黄明军，陈明皋，吴际友，等，2014. 遮荫网透光度对闽楠苗木生长影响的研究 [J]. 中国农学通报，30(04):8-11.
黄小飞，陈明皋，吴际友，等，2016. 闽楠容器育苗基质筛选及大田育苗富根壮苗试验 [J]. 湖南林业科技，43(02):40-43.
蒋学莉，史锋厚，沈永宝，等，2015. 豆梨资源的保护与开发利用 [J]. 江苏农业科学，43(3)：162-165.
金正道，2002. 韩国的森林经营 [J]. 国土绿化 (6)：23-24.
景美清，2013. 赤皮青冈种子质量与萌发特性研究 [D]. 中南林业科技大学 .
黎云昆，2005. 论我国珍贵用材树种资源的培育 [J]. 绿色中国，(8):24-28.
李广会，2009. 黄连木的种质资源与开发利用 [J]. 天津农业科学，15(6)：68-70.
李贵，童方平，刘振华，2012. 红锥优质苗培育技术 [J]. 湖南林业科技，39(2)：69-71.
李金华，2017. 赤皮青冈种子萌发及幼苗生长调控技术研究 [D]. 中南林业科技大学 .
李金霞，刘巧哲，王学勇，等，2008. 黄连木主要害虫及防治 [J]. 河北林业科技，8(4)：102-103.

李静，2008. 麻栎育苗造林技术 [J]. 现代农业科技 (16)：91.

李琪，2019. 南方红豆杉繁殖栽培及造林技术 [J]. 现代园艺 (20)：36-37.

李清亚，路斌，赵佳伟，等，2020. 不同豆梨品种对低温胁迫的生理响应及抗寒性评价 [J]. 西北农林科技大学学报，48(1)：86-94.

李清亚，路斌，赵佳伟，等，2019. 低温胁迫对北美豆梨电阻抗参数与抗寒性的影响 [J]. 西部林业科学，48(6)：156-160.

李小瑶，吴立国，林飞凡，等，2015. 大叶桂樱种子品质鉴定及播种育苗技术研究 [J]. 现代农业科技 (12)：156-157.

李晓清，贾廷彬，张炜，等，2013. 红椿人工林密度试验研究 [J]. 四川林业科技 (1)：33-36.

李艳，吴际友，邓小梅，等，2015. 红椿种源试验林早期生长表现 [J]. 湖南林业科技，42(05):50-54.

李垚，张兴旺，方炎明，2016. 小叶栎分布格局对末次盛冰期以来气候变化的响应 [J]. 植物生态学报，40(11)：1164-1178.

李祝成，陈勤，何宗能，等，2011. 豆梨丰产稳产栽培技术 [J]. 中国热带农业 (3)：59-60.

梁坤南，周再知，马华明，2011. 我国珍贵用材树种柚木人工林发展现状、对策与展望 [J]. 福建林业科技，38(4)：173-177.

廖德志，吴际友，陈明皋，等，2017. 红椿无性系植株不同处理对嫩枝总芽数的影响 [J]. 中国农学通报，33(24):113-117.

廖德志，吴际友，舒瑶，等，2017. 红椿组织培养试验（英文）[J].Agricultural Science & Technology，18(11):2185-2187+2196.

廖洁，2009. 椤木石楠育苗技术 [J]. 黔东南民族职业技术学院学报，5(2)：17-18.

廖新源，2018. 红锥育苗及速生丰产栽培技术探讨 [J]. 南方农业，12(17)：53-55.

林雄平，叶中福，彭彪，等，2014. 红豆树人工纯林与混交林比较研究 [J]. 安徽农业科学，42(27)：9406-9407.

林迎星，2003. 中国工业人工林发展研究概述 [J]. 世界林业研究，13(5)：55-56.

刘超，2019. 中国豆梨原生境调查与多样性评价 [D]. 中国农业科学院 .

刘超，曹玉芬，霍红亮，等，2019. 中国南方豆梨形态多样性研究 [J]. 果树学报，36(6)：677-688.

刘超，霍宏亮，田路明，等，2019. 中国豆梨原生境分布及与环境因子的关系研究 [J]. 中国南方果树，48(02)：91-96.

刘超，霍宏亮，田路明，等，2019. 中国豆梨资源调查与分布规律研究 [J]. 中国南方果树，48(06)：81-85.

刘晶，2013. 中国豆梨与川梨的遗传多样性和群体遗传结构研究 [D]. 浙江大学 .

刘鹏，何万存，黄小春，等，2017. 花榈木研究现状及保护对策 [J]. 南方林业科学，45(3)：45-48.

刘球，陈明皋，吴际友，等，2015. 闽楠幼林营养特性及需肥规律研究（英文）[J].Agricultural Science & Technology，16(12):2758-2760+2781.

刘球，吴际友，程勇，等，2017. 青冈栎不同种源幼苗生长初探 [J]. 中南林业科技大学学报，37(8)：24-28.

刘球，吴际友，杨硕知，等，2018. 青冈栎解析木分析及人工林生物量调查 [J]. 中南林业科技大学学报，38(12): 22-29.

刘球，吴际友，杨硕知，等，2019. 四种外源亚精胺浓度对红椿干旱胁迫生理损伤的修复效果比较 [J]. 湖南林业科技，46(01):6-11.

刘球，吴际友，杨硕知，等，2019. 外源亚精胺防御红椿干旱胁迫生理损伤的最佳浓度筛选 [J]. 中南林业科技大学学报，39(05):10-15.

刘球，吴际友，杨硕知，等，2019. 叶面喷施外源多胺对干旱胁迫下红椿叶片解剖结构的修复效果 [J]. 中南林业科技大学学报，39(03):16-22.

刘旭，2020. 麻栎播种育苗技术规程 [J]. 农业与技术，40(7)：70-71.

刘映，薛建辉，2010. 鼠类及种子特征对水青冈种子命运的影响 [J]. 南京林业大学学报 (5)：12-16.

刘欲晓，吴际友，程勇，等，2018. 青冈栎容器育苗基质筛选试验 [J]. 湖南林业科技，45(04):45-48.

卢永辉，2019. 南方红豆杉扦插繁育技术探讨 [J]. 林业科技情报，51(4)：56-58.

陆松全，吴和意，陆安信，等，2014. 湖南省通道县孟冲侗族村寨赤皮青冈神树调查 [J]. 绿色科技 (8)：31-34.

吕金海，2019. 粟裕故居与黄连木植物文化传承研究 [J]. 现代园艺 (2)：97-98.

吕运舟，蒋泽平，梁珍海，等，2019. 榔榆无性系苗期测定与评价 [J]. 江苏林业科技，46(6)：13-16.

麻栎人工林培育技术规程 [S]. LY/T 2961-2018.

欧斌，肖永有，黄家寿，2009. 椤木石楠田间育苗试验研究 [J]. 中国林副特产 (3)：51-52.

彭彪，盖新敏，陈勇，等，2009. 木荚红豆生态学特性及育苗造林技术 [J]. 宁德师专学报 (自然科学版)，21(4)：337-341.

彭达，罗勇，李子宁，2010. 广东省珍贵用材树种发展现状与对策探讨 [J]. 广东林业科技，26(6)：81-85.

彭方仁，2010. 黄连木丰产栽培实用技术 [M]. 北京：中国林业出版社 .

彭丽，2012. 珍贵乡土树种花榈木播种育苗技术 [J]. 林业实用技术 (2)：30.

彭颖姝，李铁华，文仕知，等，2016. 不同沙藏处理对青冈栎种子萌发的影响 [J]. 中南林业科技大学学报，36(8)：44-48.

蒲小军，2019. 乡土树种麻栎育苗造林技术研究 [J]. 中国林副特产 (4)：42-43.

齐国辉，于梅肖，李保国，等，2009. 河北省黄连木病虫害发生现状及防治技术 [J]. 河北林果研究，9(3)：320-323.

青冈栎播种育苗技术规程 [S]. DB32/T 2922-2016.
青冈栎造林技术规程 [S]. LY/T 2694-2016.
邱玉宾，赵庆柱，杨志莹，等，2014. 北美豆梨引种试验 [J]. 林业科技开发，28(01)：91-94.
沈绍南，柳尚贵，蔡焕留，2009. 珍贵用材树种花榈木丰产栽培技术 [J]. 现代农业科技 (1)：81-84.
沈孝善，1987. 关于豆梨种子萌发的研究 [J]. 贵州农业科学 (1)：18.
沈泽昊，方精云，2001. 基于种群分布地形格局的两种水青冈生态位比较研究 [J]. 植物生态学报 (4)：10-16.
盛杰，陈月华，吴际友，等，2015. 闽楠家系苗期光合特性的研究 [J]. 中南林业科技大学学报，35(06):45-49.
石志红，2013. 黄连木不同季节容器育苗成效对比试验研究 [J]. 林业实用技术 (7)：28-30.
史芳源，2019. 红锥繁育技术研究进展 [J]. 乡村科技 (22)：89-90.
宋澄，吴际友，程勇，等，2018. 坡位对红椿幼林生长的影响 [J]. 湖南林业科技，45(05):82-85.
宋贤冲，田红灯，谭一波，等，2019. 广西猫儿山水青冈天然林凋落物的持水特性 [J]. 广西林业科学 (3)：366-370.
孙德劭，曾祥全，陈飞飞，2014. 海南岛黄连木培育技术及种植前景 [J]. 热带林业，3(42)：33-35.
孙立峰，奚月明，徐春，等，2017. 豆梨嫁接繁殖技术规程 [J]. 江苏林业科技，44(5)：41-42.
孙末冰，姜兆全，2007. 珍贵用材树种用材林定向培育工作的探讨 [J]. 黑龙江生态工程职业学院学报，20(2)：48-49.
孙淑萍，毕兆东，张璐平，2019. 不同豆梨品种的物候期观测 [J]. 金陵科技学院学报，35(1)：73-77.
孙秀美，金雅琴，张伟，等，2018. 多用途树种豆梨的育苗技术及其应用 [J]. 中国林副特产 (6)：50-51.
汤良智，2015. 鄂西红豆树容器育苗技术研究 [J]. 热带林业，43(2)：17-18.
汤榕，汤槿，黄利斌，2014. 青冈栎栽培技术 [J]. 现代园艺 (11)：59-60.
滕宁宁，王明，吴一飞，等，2010. 君迁子药学研究概况 [J]. 辽宁中医药大学学报，12(9)：81-82.
童方平，吴际友，2015. 湖南主要乡土树种培育技术 [M]. 北京：中国林业出版社.
汪丽，2014. 赤皮青冈快繁技术研究 [D]. 中南林业科技大学.
王爱明，2018. 南方红豆杉育苗及大苗繁育管理技术 [J]. 中国园艺文摘，34(4)：175-176.
王帮顺，吴秀荣，何必庭，等，2015. 特有珍贵用材树种红豆树的培育技术与推广应用 [J]. 绿色科技 (2)：38-40.
王彬，2015. 黄连木育苗和幼林抚育管理技术 [J]. 安徽林业科技，41(6)：78-79.
王国枢，张建军，2014. 榔榆育苗及大苗培育技术 [J]. 安徽林业科技，40(1)：78-79.
王鸣凤，陈柏林，吴莉莉，1999. 红椿树的生物学特性及人工栽培研究 [J]. 林业科技通讯 (1)：14-16.

王瑞静，杨玉霞，2018. 麻栎繁殖栽培与造林技术 [J]. 现代农村科技 (2)：51.
王涛，吴志庄，候新村，等，2012. 中国能源植物黄连木研究 [M]. 北京：中国科学技术出版社.
王旭军，程勇，吴际友，等，2013. 红榉不同种源核 rDNA 的 ITS 序列克隆与亲缘关系 [J]. 湖南林业科技，40(04):7-10.
王旭军，程勇，吴际友，等，2013. 红榉不同种源叶片形态性状变异 [J]. 福建林学院学报，33(03):284-288.
王旭军，吴际友，唐水红，等，2012. 红榉光合生理特性日变化规律 [J]. 湖南林业科技，39(01):10-13+37.
王旭军，肖正军，吴际友，等，2012. 红榉光合及水分生理生态特性 [J]. 湖南林业科技，39(04):29-33.
王运昌，陈聪，王德州，等，2015. 不同催芽方式对红豆树种子萌发的影响 [J]. 广东林业科技，31(3)：65-68.
魏素玲，张雪琴，梁臣，等，2013. 播种时期和浸种对君迁子出苗的影响 [J]. 河南林业科技，33(1)：15-17.
文卫华，吴际友，陈明皋，等，2012. 红椿优树子代苗期生长表现 [J]. 中国农学通报，28(34):36-39.
吴际友，2012. 红椿生理特性与家系选择研究 [D]. 中南林业科技大学.
吴际友，陈明皋，董春英，等，2015. 地表覆盖对闽楠林地土壤温度、湿度和土壤水分影响（英文）[J].Agricultural Science & Technology，16(12):2725-2729.
吴际友，陈明皋，唐爱民，等，2014. 闽楠优树子代苗期生长表现（英文)[J].Agricultural Science & Technology，15(07):1188-1190+1199.
吴际友，程瑞，王旭军，等，2011. 毛红椿光合速率及生理生态因子的日变化规律 [J]. 湖南林业科技，38(02):5-8.
吴际友，程勇，王旭军，等，2011. 红椿无性系嫩枝扦插繁殖试验 [J]. 湖南林业科技，38(04):5-7+60.
吴际友，程勇，吴其军，等，2014. 红椿无性系嫩枝扦插繁殖研究（英文）[J].Agricultural Science & Technology，15(11):1844-1846.
吴际友，黄明军，陈明皋，等，2014. 红椿育苗密度研究 [J].Agricultural Science & Technology，15(10):1730-1732.
吴际友，黄明军，陈明皋，等，2015. 闽楠种源苗期生长差异与早期选择研究 [J]. 中南林业科技大学学报，35(11):1-4.
吴际友，黄明军，陈明皋，等，2014. 遮光度对闽楠大田播种育苗苗木保存率和生长的影响（英文)[J].Agricultural Science & Technology，15(09):1567-1570.
吴际友，黄明军，欧阳硕龙，等，2015. 闽楠直播育苗 [J]. 林业与生态 (09):31-33.
吴际友，李艳，李志辉，等，2016. 红椿半同胞家系生长与早期选择 [J]. 中南林业科技大学学报，36(04):1-4.

吴际友，李志辉，刘球，等，2013. 干旱胁迫对红椿无性系幼苗叶片相对含水量和叶绿素含量的影响 [J]. 中国农学通报，29(4)：19-22.
吴静，秦飞，宋明辉，等，2009. 石灰岩山地黄连木造林技术研究 [J]. 经济林研究，27(1)：119-122.
吴玲，李志辉，吴际友，等，2017. 干旱胁迫对青冈栎种源叶绿素含量与抗氧化酶活性的影响 [J]. 中南林业科技大学学报，37(06):51-55.
武金翠，吴泽民，龚维红，2012. 椤木石楠水分利用效率的影响因素研究 [J]. 安徽农业科学，40(01)：217-218.
武玉玲，2013. 黄连木容器育苗技术 [J]. 河北林业科技，8(4)：102.
向光锋，颜立红，钱军华，等，2017. 不同立地条件对川黔紫薇生长的影响 [J]. 湖南林业科技，44(5)：46-49.
肖书平，2017.“椤木石楠”树王的传奇故事 [J]. 福建林业 (6)：26.
谢佩耘，何跃军，高明浪，等，2017. 金佛山方竹对亮叶水青冈幼树种群数量结构的影响 [J]. 热带亚热带植物学报，25(3)：225 -232.
谢庆宏，吴振明，吴际友，等，2011. 闽楠嫩枝扦插繁殖技术研究 [J]. 湖南林业科技，38(06):43-45.
谢文武，2013. 红锥苗木繁育技术 [J]. 中国林副特产 (5)：62-64.
辛文艳，杨宇新，2010. 黄连木育苗及造林技术要点 [J]. 中国林副特产，4(2)：53-55.
徐大平，丘佐旺，2013. 南方主要珍贵树种栽培技术 [M]. 广州：广东科技出版社.
徐芳玲，韦小丽，古定豪，等，2015. 贵州花榈木主要害虫种类、危害及防控方法 [J]. 林业科技通讯 (3)：41-43.
杨金亮，2009. 黄连木种子小蜂发生规律及防治对策 [J]. 河北林业科技，12(6)：60-61.
杨书伶，2013. 君迁子栽培技术 [J]. 现代农业科技 (6)：50-51.
杨志莹，赵庆柱，邱玉宾，等，2015. 不同基质配方对豆梨生长发育的影响 [J]. 山东农业科学，47(3)：33-36.
叶邦志，2014. 红豆树的育苗造林技术 [J]. 湖北林业科技，43(5)：86-88.
叶子卿，张伟，左正红，等，2018. 豆梨与棠梨的形态鉴别及其育苗技术要点 [J]. 林业科技通讯 (12)：28-29.
一种川黔紫薇的栽培方法 [P].ZL 2015 10909385.8.
俞中福，2019. 梨树早产早丰栽培技术及应用 [J]. 农民致富之友 (10)：80.
造林技术规程 [S].GB/T 15776-2016.
张东北，吴小林，吴仁超，等，2019. 浙江庆元天然林中椤木石楠木材物理力学性质的研究 [J]. 湖南林业科技，46(1)：38-41.
张发游，叶永光，2017. 红豆树育苗技术探讨 [J]. 华东森林经理，31(3)：4-6.
张煌城，2019. 红豆树杉木混交造林试验初报 [J]. 安徽农学通报，25(16)：57-59.

张艳枝，李贞，刘宏伟，等，2013. 黄连木育苗及造林技术试验研究 [J]. 河北林果研究，12(4)：370-372.

赵嫦妮，2013. 施肥对赤皮青冈幼苗生长及生理特性的影响 [D]. 中南林业科技大学 .

赵凤琴，2016. 优良生物质能源树种黄连木栽培与开发利用 [J]. 甘肃科技，11(32)：147-148.

赵坤，吴际友，陈瑞，等，2011. 毛红椿光合及水分生理生态特性 [J]. 中南林业科技大学学报，31(05)：87-91.

赵汝玉，李光友，徐建民，2005. 红椿育苗及造林技术 [J]. 广西林业科学，34(3)：155-156.

赵正霞，2007. 花榈木埋根育苗技术 [J]. 湖南林业 (5)：22.

郑智位，林贤山，林志伟，2019. 麻栎轻基质无纺布容器 2a 生育苗技术 [J]. 内蒙古林业调查设计，42(6)：17-19.

钟琳珊，刘细燕，王楚天，等，2016. 中国黄连木繁育技术的研究进展 [J]. 贵州农业科学，44(5)：112-116.

钟球泰，赖仁龙，2015. 花榈木播种育苗及丰产栽培技术 [J]. 绿色科技 (12)：82-83.

周洁尘，朱天才，文虹，等，2019. 花榈木人工繁殖技术研究进展 [J]. 四川林业科技，40(5)：104-107.

周鑫伟，2016. 赤皮青冈幼林养分特征研究 [D]. 中南林业科技大学 .

朱积余，梁瑞龙，蒋燚，2007. 广西优良珍贵用材树种发展的现状、问题与对策 [J]. 广西林业科学 (1)：1-4.

朱品红，2014. 赤皮青冈居群遗传多样性与遗传结构分析 [D]. 中南林业科技大学 .

朱晓春，2017. 麻栎用材林丰产栽培技术 [J]. 安徽农学通报，23(17)：104-105.

祝山，2009. 江淮地区黄连木育苗技术及常见病虫害防治 [J]. 安徽农学通报，15(12)：158-159.

宗亦臣，何燕，郑勇奇，等，2013. 君迁子天然群体表型变异研究 [J]. 湖南林业科技，40 (4)：1-6.

邹建文，颜立红，蒋利媛，等，2018. 川黔紫薇在石漠化等造林困难地植被恢复中的应用 [J]. 湖南林业科技，45(1)：56-59.

《中国森林》编辑委员会，2000. 中国森林：第 3 卷 阔叶林 [M]. 北京：中国林业出版社 .

《中国树木志》编委会，1981. 中国主要树种造林技术 [M]. 北京：中国林业出版社 .

Chuh E，1978. Pouen and stigrma viability in teak (Tectona grandis L. f.)[J].Silvae genetica，27(1)：29-32.

Hartkamp A D，White J W，Bossing W A H，et al.，2004. Regional application of acropping systems simulation model：crop residue retention in maize production systems of Jalisco Mexico[J]. Agricultural Systems，82(2)：117-138.

Juan Seve，2001. The economic environment for plantations in developing countries：making plantation Forestry aviable land use option[J].FAO.

Lawlor D W，Cornic G，2002. Photosynthetic carbon assimilation and associated metabolism in relation to water deficits in higher plants[J]. Plant Cell Environ，25：275-294.

Palupi E R, 1997. Owens J N. Pollination, Fertilization. Embryogenesis of Teak(Tectonagarandis L .f.)[J]. International Journal of Plant Sciences, 158(3): 259-273.

Sterbaan A, Hochbichler E, Nicolescu V N, et a1., Silviculturalprinciples, phases and measures in growing valuab1e broadleaved tree species, Silvicultural principles, phases and measures in growing valuab1e[EB /0L].[2010-11-10].

Stockle Claudio O, Donatelli Marcelio, Nelson Roger, 2003. CropSyst: a cropping systems simulation model[J].Journal of Agronomy, 18(3/4): 289-307.

Xing Q Y, Soltis D E, Soltis P S, 1998. The Eastern Asian and Eastern and Western North America floristic disjunction: Congruent phylogenetic patterns inseven diverse genera[J].Molecular Phylogenetics and Evolution (10) : 178-190.

附　表

符号说明与名词解释

序号	符号或名称	说明或解译
1	QB	中华人民共和国轻工行业标准
2	hm^2	公顷，1 公顷 =15 亩
3	kg	公斤
4	g	克
5	mg	毫克
6	m^3	立方米
7	m^2	平方米
8	m	米
9	cm	厘米
10	mm	毫米
11	km	千米
12	km^2	平方公里
13	min	全写是 minute，分钟
14	g/cm^3	每立方厘米多少克
15	d	天
16	h	小时
17	L	升
18	GGR6	全称为：Green Growth Regulator，绿色植物生长调节剂是中国林业科学研究院王涛院士研制出来的无公害、非激素型植物生理活性物质，易溶于水，无污染，是国家科技部重点推广的科技产品，它的主要生理功能是促进根系发育，提高根系活力，促进植物快速生长，提高植物的抗逆性。其型号有多种，GGR6 是其中的一种
19	pH 值	水溶液的酸碱性强弱程度，用 pH 来表示。热力学标准状况时，pH=7 的水溶液呈中性，pH 值大于 7 者显碱性、pH 值小于 7 者显酸性。pH 值范围在 0 ~ 14 之间
20	$N:P_2O_5:K_2O$	N 氮肥、P_2O_5 五氧化二磷、K_2O 氧化钾
21	CO_2	二氧化碳
22	O_2	氧气
23	SO_2	二氧化硫
24	HCl	氯化氢
25	Cl_2	氯气

（续表）

序号	符号或名称	说明或解译
26	NH_3	氨气
27	HF	氟化氢
28	Pb	铅
29	t	吨
30	ITTA	全称为 International Tropical Timber Agreement 中文解释为国际热带木材协定
31	Eco-label	生态标签认证
32	干形培育	培育通直、圆满、无节的主干
33	卵卡	是一套以二层共 w 挤复合膜为材料的封闭性组件，它的底层为人工卵壳膜，其上塑有一个或多个凹窝和一些支柱体，凹窝内藏有由昆虫卵、奶类及水组成的人工卵浆，可使卵在其内孵化，幼虫取食人工卵浆生长发育，最后在其内羽化为成蜂，从卵卡中飞出的成蜂进入田间防虫
34	气干密度	是一个强度指标，指气干材重量与气干材体积之比，在木材的生产、流通和贸易等领域中经常应用

附件 1

中国主要栽培珍贵树种参考名录（2017 年版）

树种分组	序号	树种名	科名	科名（拉丁名）	学名（拉丁名）	适生区域（省、自治区、直辖市）
红木类树种（8 个）	1	交趾黄檀（大红酸枝）	豆科	Leguminosae	*Dalbergia cochinchinensis* Pierre	海南、云南、广东、广西、福建
	2	黑黄檀（黑酸枝木）	豆科	Leguminosae	*Dalbergia fusca* Pierre	云南、海南
	3	降香黄檀（黄花梨、香枝木）	豆科	Leguminosae	*Dalbergia odorifera* T. C. Chen	云南、贵州、海南、广东、广西、福建
	4	印度黄檀（红酸枝木）	豆科	Leguminosae	*Dalbergia sissoo* Roxb. ex DC.	海南、广东、广西、福建、云南
	5	紫檀（印度紫檀、花梨木）	豆科	Leguminosae	*Pterocarpus indicus* Willd.	海南、台湾、广东、广西、福建
	6	大果紫檀（花梨木）	豆科	Leguminosae	*Pterocarpus macrocarpus* Kurz	云南、海南、广东、广西
	7	檀香紫檀（紫檀木）	豆科	Leguminosae	*Pterocarpus santalinus* L.f.	海南、云南、广东、广西南部
	8	铁力木（鸡翅木）	豆科	Leguminosae	*Senna siamea* (Lam.) H. S. Irwin et Barneby	云南、广东、广西、海南、福建
常绿硬木类树种（74 个）	9	毒药树（肋果茶）	猕猴桃科	Actinidiaceae	*Sladenia celastrifolia* Kurz	云南、贵州、广西
	10	伯乐树（钟萼木）	伯乐树科	Bretschneideraceae	*Bretschneidera sinensis* Hemsley	四川、云南、贵州、广西、广东、湖南、湖北、江西、浙江、福建
	11	海南榄仁（鸡尖）	使君子科	Combretaceae	*Terminalia hainanensis* Exell	海南、广东、广西
	12	羯布罗香	龙脑香科	Dipterocarpaceae	*Dipterocarpus turbinatus* Gaertn. f.	云南、海南
	13	狭叶坡垒（龙脑香）	龙脑香科	Dipterocarpaceae	*Hopea chinensis* Hand.-Mazz.	广西、广东、云南、海南
	14	坡垒	龙脑香科	Dipterocarpaceae	*Hopea hainanensis* Merr. et Chun	海南、广东、广西、云南
	15	铁凌（无翼坡垒）	龙脑香科	Dipterocarpaceae	*Hopea reticulata* Tardieu	海南

（续表）

树种分组	序号	树种名	科名	科名（拉丁名）	学名（拉丁名）	适生区域（省、自治区、直辖市）
常绿硬木类树种（74个）	16	望天树	龙脑香科	Dipterocarpaceae	*Parashorea chinensis* Wang Hsie	云南、广西、广东、福建
	17	青皮（青梅）	龙脑香科	Dipterocarpaceae	*Vatica mangachapoi* Blanco	海南、广东、广西
	18	米槠	壳斗科	Fagaceae	*Castanopsis carlesii* (Hemsl.) Hay.	浙江、福建、江西、湖南、广东、广西、湖北、四川、贵州、云南
	19	甜槠	壳斗科	Fagaceae	*Castanopsis eyrei* (Champ.) Tutch.	广东、广西、福建、江西、江苏、浙江、湖南、湖北、四川
	20	丝栗栲（栲树）	壳斗科	Fagaceae	*Castanopsis fargesii* Franch	浙江、福建、江西、湖南、广东、广西、湖北、四川、贵州、云南、台湾
	21	南岭栲	壳斗科	Fagaceae	*Castanopsis fordii* Hance	浙江、福建、江西、湖南、广东、广西
	22	红锥（刺栲）	壳斗科	Fagaceae	*Castanopsis hystrix* Miq.	福建、湖南、广东、海南、贵州、广西、云南、西藏
	23	吊皮锥（青钩栲）	壳斗科	Fagaceae	*Castanopsis kawakamii* Hay.	浙江、安徽、湖北、江西、福建、湖南、广东、广西、云南、贵州
	24	苦槠（苦槠栲）	壳斗科	Fagaceae	*Castanopsis sclerophylla* (Lindl.) Schott.	长江以南五岭以北，云南、贵州
	25	福建青冈	壳斗科	Fagaceae	*Cyclobalanopsis chungii* (Metc.) Y. C. Hsu et H. W. Jen ex Q. F. Zheng	江西、福建、湖南、广东、广西
	26	突脉青冈	壳斗科	Fagaceae	*Cyclobalanopsis elevaticostata* Q. F. Zheng	福建
	27	赤皮青冈	壳斗科	Fagaceae	*Cyclobalanopsis gilva* (Blume) Oerst.	湖南、江西、福建、浙江、台湾、广东、贵州
	28	青冈栎（青冈）	壳斗科	Fagaceae	*Cyclobalanopsis glauca* (Thunb.) Oerst.	浙江、福建、江西、湖南、湖北、四川、云南、贵州、广西、广东、陕西、甘肃、西藏、台湾、江苏
	29	滇青冈	壳斗科	Fagaceae	*Cyclobalanopsis glaucoides* Schott.	四川、贵州、云南

（续表）

树种分组	序号	树种名	科名	科名（拉丁名）	学名（拉丁名）	适生区域（省、自治区、直辖市）
常绿硬木类树种(74个)	30	小叶青冈	壳斗科	Fagaceae	*Cyclobalanopsis myrsinifolia* (Blume) Oersted	陕西、河南、福建、台湾、江西、湖南、湖北、广东、广西、四川、贵州、云南
	31	毛果青冈	壳斗科	Fagaceae	*Cyclobalanopsis pachyloma* (Seem.) Schott.	湖南、江西、福建、台湾、广东、广西、贵州
	32	烟斗椆（烟斗石栎）	壳斗科	Fagaceae	*Lithocarpus corneus* (Lour.) Rehd.	台湾、福建、湖南、贵州、广西、广东、云南、海南
	33	斯里兰卡天料木（红花天料木）	大风子科	Flacourtiaceae	*Homalium ceylanicum* (Gardn.) Benth.	海南、云南、广西、广东
	34	金丝李	藤黄科	Guttiferae	*Garcinia paucinervis* Chun et How	广西、云南
	35	铁力木	藤黄科	Guttiferae	*Mesua ferrea* L.	云南、广东、广西、海南
	36	油丹	樟科	Lauraceae	*Alseodaphne hainanensis* Merr.	海南、广东、广西
	37	猴樟	樟科	Lauraceae	*Cinnamomum bodinieri* Lévl.	贵州、四川、湖北、湖南、云南
	38	云南樟	樟科	Lauraceae	*Cinnamomum glanduliferum* (Wall.) Nees	云南、贵州、四川、西藏
	39	沉水樟	樟科	Lauraceae	*Cinnamomum micranthum* (Hay.) Hay	广东、广西、湖南、江西、福建、台湾
	40	银木	樟科	Lauraceae	*Cinnamomum septentrionale* Hand.-Mazz	湖北、四川西部、陕西南部及甘肃南部
	41	浙江润楠	樟科	Lauraceae	*Machilus chekiangensis* S. Lee	浙江、福建、广东
	42	刨花楠	樟科	Lauraceae	*Machilus pauhoi* Kanehira	浙江、福建、江西、湖南、广东、广西
	43	红楠	樟科	Lauraceae	*Machilus thunbergii* Sieb. et Zucc.	山东、江苏、浙江、安徽、福建、海南、广东、广西、江西、湖南、台湾
	44	黄枝润楠	樟科	Lauraceae	*Machilus versicolora* S.K. Lee & F.N. Wei	福建、广东、广西、云南
	45	滇润楠	樟科	Lauraceae	*Machilus yunnanensis* Lec.	云南、四川

（续表）

树种分组	序号	树种名	科名	科名（拉丁名）	学名（拉丁名）	适生区域（省、自治区、直辖市）
常绿硬木类树种（74个）	46	闽楠	樟科	Lauraceae	*Phoebe bournei* (Hemsl.) Yang	江西、浙江、福建、广东、广西、湖南、湖北、贵州
	47	浙江楠	樟科	Lauraceae	*Phoebe chekiangensis* C. B. Shang	江西、浙江、福建
	48	红毛山楠（毛丹）	樟科	Lauraceae	*Phoebe hungmaoensis* S. Lee	海南、广东、海南、广西
	49	白楠	樟科	Lauraceae	*Phoebe neurantha* (Hemsl.) Gamble	陕西、甘肃、湖北、湖南、江西、广西、云南、贵州、四川
	50	普文楠	樟科	Lauraceae	*Phoebe puwenensis* Cheng	云南
	51	楠木（桢楠）	樟科	Lauraceae	*Phoebe zhennan* S. Lee	四川、重庆、贵州、湖南、湖北、云南、广东、广西
	52	香合欢（黑格）	豆科	Leguminosae	*Albizia odoratissima* (L. f.) Benth.	海南、云南、福建、广东、广西、贵州
	53	黄豆树（白格）	豆科	Leguminosae	*Albizia procera* (Roxb.) Benth.	海南、云南、广东、广西
	54	格木	豆科	Leguminosae	*Erythrophleum fordii* Oliv.	海南、广西、广东、福建、台湾、浙江、云南
	55	厚荚红豆	豆科	Leguminosae	*Ormosia elliptica* Q. W. Yao et R. H. Chang	福建、广东、广西
	56	光叶红豆	豆科	Leguminosae	*Ormosia glaberrima* Y. C. Wu	湖南、江西、广东、海南、广西
	57	花榈木	豆科	Leguminosae	*Ormosia henryi* Prain	安徽、浙江、江西、湖南、湖北、广东、四川、贵州、云南、福建
	58	红豆树	豆科	Leguminosae	*Ormosia hosiei* Hemsl. et Wils.	陕西、甘肃、江苏、浙江、江西、安徽、福建、湖北、四川、贵州
	59	小叶红豆树	豆科	Leguminosae	*Ormosia microphylla* Merr.	广西、贵州、湖南
	60	苍叶红豆	豆科	Leguminosae	*Ormosia semicastrata* f. *pallida* F.C. How	湖南、江西、广东、海南、广西、贵州
	61	木荚红豆树（木荚红豆）	豆科	Leguminosae	*Ormosia xylocarpa* Chun ex L. Chen	江西、福建、湖南、广东、广西、海南、贵州、
	62	云南红豆	豆科	Leguminosae	*Ormosia yunnanensis* Prain	云南、四川

（续表）

树种分组	序号	树种名	科名	科名（拉丁名）	学名（拉丁名）	适生区域（省、自治区、直辖市）
常绿硬木类树种(74个)	63	油楠	豆科	Leguminosae	*Sindora glabra* Merr. ex de Wit	海南、广东、广西
	64	海南木莲（绿楠、绿兰）	木兰科	Magnoliaceae	*Manglietia fordiana* Oliv. var. *hainanensis* (Dandy) N. H. Xia	海南、广东、广西、云南
	65	苦梓含笑	木兰科	Magnoliaceae	*Michelia balansae* (A. DC.) Dandy	广东、海南、广西、云南
	66	福建含笑	木兰科	Magnoliaceae	*Michelia fujianensis* Q. F. Zheng	福建
	67	合果木（山缅桂、山桂花）	木兰科	Magnoliaceae	*Paramichelia baillonii* (Pierre) Hu	云南、广西
	68	观光木	木兰科	Magnoliaceae	*Tsoongiodendron odorum* Chun	江西、福建、广东、海南、广西、云南
	69	麻楝	楝科	Meliaceae	*Chukrasia tabularis* A. Juss	海南、广东、广西、福建、云南
	70	塞内加尔卡雅楝（非洲楝）	楝科	Meliaceae	*Khaya senegalensis* (Desr.) A. Juss	海南、福建、广东、广西、台湾、海南
	71	大叶桃花心木	楝科	Meliaceae	*Swietenia macrophylla* King	海南、广东、广西、福建
	72	桃花心木	楝科	Meliaceae	*Swietenia mahagoni* (L.) Jacq.	福建、台湾、广东、广西、海南、云南
	73	乌墨（海南蒲桃）	桃金娘科	Myrtaceae	*Syzygium cumini* (L.) Skeels	海南、台湾、福建、广东、广西、云南
	74	贵州石楠（椤木石楠）	蔷薇科	Rosaceae	*Photinia bodinieri* Lévl.	陕西、江苏、安徽、浙江、江西、湖南、湖北、四川、云南、福建、广东、广西
	75	新乌檀	茜草科	Rubiaceae	*Neonauclea griffithii* (Hook. f.) Merr.	广西、贵州、云南
	76	檀香	檀香科	Santalaceae	*Santalum album* L.	广东、广西、海南、台湾、云南、福建、贵州
	77	番龙眼	无患子科	Sapindaceae	*Pometia pinnata* J. R. et G. Forst.	台湾、云南
	78	海南紫荆木（海南子京）	山榄科	Sapotaceae	*Madhuca hainanensis* Chun et How	海南

（续表）

树种分组	序号	树种名	科名	科名（拉丁名）	学名（拉丁名）	适生区域（省、自治区、直辖市）
常绿硬木类树种(74个)	79	紫荆木（滇木花生、子京）	山榄科	Sapotaceae	*Madhuca pasquieri* (Dubard) Lam.	广东、广西、云南
	80	蝴蝶树（加卜）	梧桐科	Sterculiaceae	*Heritiera parvifolia* Merr.	海南、广东、广西、云南、福建
	81	银木荷（银荷木）	山茶科	Theaceae	*Schima argentea* Pritz. ex Diels	四川、云南、贵州、湖南
	82	土沉香（白木香）	瑞香科	Thymelaeaceae	*Aquilaria sinensis* (Lour.) Spreng.	广东、广西、海南、福建、云南
落叶硬木类树种(84个)	83	血皮槭	槭树科	Aceraceae	*Acer griseum* (Franch.) Pax	湖南、河南、陕西、甘肃、湖北、四川
	84	五角枫（槭木、色木槭）	槭树科	Aceraceae	*Acer pictum* Thunb. subsp. *mono* (Maxim.) Ohashi	东北、华北及长江流域各省市
	85	元宝槭（元宝枫）	槭树科	Aceraceae	*Acer truncatum* Bunge	吉林、辽宁、内蒙古、河北、山西、山东、江苏北部、河南、陕西、甘肃、北京、宁夏
	86	黄连木	漆树科	Anacardiaceae	*Pistacia chinensis* Bunge	北京、河北、山西、内蒙古、宁夏、新疆、青海、陕西、甘肃、广东、广西、福建、江西、江苏、浙江、湖南、湖北、四川、云南、海南、河南
	87	清香木（青香木）	漆树科	Anacardiaceae	*Pistacia weinmannifolia* J. Poisson ex Franch.	云南、西藏、四川、贵州、广西
	88	刺楸	五加科	Araliaceae	*Kalopanax septemlobus* (Thunb.) Koidz.	东北、华北、华东、华南及长江流域各省市
	89	红桦	桦木科	Betulaceae	*Betula albosinensis* Burk.	云南、四川、湖北、河北、河南、山区、陕西、甘肃、青海
	90	西桦（西南桦）	桦木科	Betulaceae	*Betula alnoides* Buch.-Ham. ex D. Don	云南、广东、广西、福建
	91	华南桦	桦木科	Betulaceae	*Betula austrosinensis* Chun ex P. C. Li	贵州、广东、广西、湖南、云南、四川

（续表）

树种分组	序号	树种名	科名	科名（拉丁名）	学名（拉丁名）	适生区域（省、自治区、直辖市）
落叶硬木类树种（84个）	92	枫桦（硕桦）	桦木科	Betulaceae	*Betula costata* Trautv.	黑龙江、辽宁、吉林、河北
	93	香桦	桦木科	Betulaceae	*Betula insignis* Franch.	四川、贵州、湖北、湖南
	94	亮叶桦（光皮桦）	桦木科	Betulaceae	*Betula luminifera* H. Winkl.	云南、贵州、四川、陕西、甘肃、湖北、江西、浙江、广东、广西、福建
	95	垂枝桦（疣枝桦）	桦木科	Betulaceae	*Betula pendula* Roth	新疆
	96	铁木	桦木科	Betulaceae	*Ostrya japonica* Sarg.	河北、河南、陕西、甘肃、四川
	97	楸树	紫葳科	Bignoniaceae	*Catalpa bungei* C. A. Mey.	北京、河北、河南、山东、陕西、山西、甘肃、浙江、江苏、湖南、云南、广西、贵州、宁夏
	98	灰楸（滇楸）	紫葳科	Bignoniaceae	*Catalpa fargesii* Bureau	湖北、湖南、四川、贵州、云南
	99	滇马蹄果	橄榄科	Burseraceae	*Protium yunnanense* (Hu) Kalkm.	云南
	100	连香树	连香树科	Cercidiphyllaceae	*Cercidiphyllum japonicum* Sieb. et Zucc.	河南、陕西、山西、甘肃、安徽、浙江、江西、湖北、四川
	101	光皮梾木	山茱萸科	Cornaceae	*Cornus wilsoniana* Wangerin	浙江、福建、江西、湖南、湖北、四川、贵州、广西、广东、甘肃、河南
	102	毛梾	山茱萸科	Cornaceae	*Swida walteri* (Wanger.) Sojak	华北、华东、华中、华南、西南各省区市
	103	君迁子（黑枣柿）	柿科	Ebenaceae	*Diospyros lotus* L.	山东、辽宁、河南、河北、山西、陕西、甘肃、江苏、浙江、安徽、江西、湖南、湖北、贵州、四川、云南、西藏
	104	杜仲	杜仲科	Eucommiaceae	*Eucommia ulmoides* Oliver	陕西、甘肃、河南、湖北、四川、云南、贵州、湖南、浙江

（续表）

树种分组	序号	树种名	科名	科名（拉丁名）	学名（拉丁名）	适生区域（省、自治区、直辖市）
落叶硬木类树种(84个)	105	锥栗	壳斗科	Fagaceae	*Castanea henryi* (Skan) Rehd. et Wils.	河南、陕西、安徽、江苏、浙江、江西、湖南、湖北、四川、贵州、广西、云南、广东、福建
	106	米心水青冈	壳斗科	Fagaceae	*Fagus engleriana* Seem.	四川、陕西、湖北
	107	台湾水青冈（巴山水青冈）	壳斗科	Fagaceae	*Fagus hayatae* Palib. ex Hayata.	台湾、浙江、湖北、四川
	108	水青冈（山毛榉）	壳斗科	Fagaceae	*Fagus longipetiolata* Seem.	陕西、安徽、浙江、江西、湖北、湖南、四川、贵州、广东、广西、云南、河南、福建
	109	亮叶水青冈	壳斗科	Fagaceae	*Fagus lucida* Rehd. et Wils.	贵州、四川、广西、湖南、江西、福建
	110	麻栎	壳斗科	Fagaceae	*Quercus acutissima* Carruth.	辽宁、河北、山西、山东、河南、湖北、湖南、江西、福建、江苏、安徽、浙江、广东、海南、广西、四川、贵州、云南
	111	槲栎	壳斗科	Fagaceae	*Quercus aliena* Bl.	陕西、山东、江苏、安徽、浙江、江西、河南、湖北、湖南、广东、广西、四川、贵州、云南、辽宁、福建
	112	白栎	壳斗科	Fagaceae	*Quercus fabri* Hance	陕西、江苏、安徽、浙江、江西、福建、河南、湖北、湖南、广东、广西、四川、贵州、云南
	113	蒙古栎（柞树）	壳斗科	Fagaceae	*Quercus mongolica* Fisch. ex Ledeb.	黑龙江、吉林、辽宁、内蒙古、河北、山东
	114	夏栎（夏橡）	壳斗科	Fagaceae	*Quercus robur* L.	新疆、北京、山东

（续表）

树种分组	序号	树种名	科名	科名（拉丁名）	学名（拉丁名）	适生区域（省、自治区、直辖市）
落叶硬木类树种（84个）	115	栓皮栎	壳斗科	Fagaceae	*Quercus variabilis* Bl.	辽宁、河北、山西、陕西、甘肃、山东、江苏、安徽、浙江、江西、福建、台湾、河南、湖北、湖南、广东、广西、四川、贵州、云南
	116	辽东栎	壳斗科	Fagaceae	*Quercus wutaishanica* Mayr	黑龙江、吉林、辽宁、内蒙古、河北、陕西、山西、宁夏、甘肃、青海、山东、河南、四川
	117	湖南山核桃	胡桃科	Juglandaceae	*Carya hunanensis* Cheng et R. H. Chang ex Chang et Lu	湖南、贵州、广西
	118	贵州山核桃	胡桃科	Juglandaceae	*Carya kweichowensis* Kuang A. M. Lu ex Chang et Lu	贵州
	119	越南山核桃	胡桃科	Juglandaceae	*Carya tonkinensis* Lecomt.	广西、云南
	120	青钱柳	胡桃科	Juglandaceae	*Cyclocarya paliurus* (Batal.) Iljinsk.	安徽、江苏、浙江、江西、福建、台湾、湖北、湖南、四川、贵州、广西、广东、云南
	121	少叶黄杞	胡桃科	Juglandaceae	*Engelhardtia fenzlii* Merr.	广东、福建、浙江、江西、湖南、广西
	122	黄杞	胡桃科	Juglandaceae	*Engelhardia roxburghiana* Wall.	湖南、贵州、台湾、云南、贵州、四川、福建、广东、广西、海南
	123	胡桃楸（核桃楸）	胡桃科	Juglandaceae	*Juglans mandshurica* Maxim.	黑龙江、辽宁、吉林、河北、山西、河南、湖北
	124	黑核桃	胡桃科	Juglandaceae	*Juglans nigra* L.	陕西、甘肃、河南、江西、山东、四川、贵州、云南、新疆
	125	檫木	樟科	Lauraceae	*Sassafras tzumu* (Hemsl.) Hemsl.	四川、湖北、湖南、江西、贵州、福建
	126	海红豆	豆科	Leguminosae	*Adenanthera pavonina* L.var. *microsperma* (Teijsm. et Binnend.) Nielsen	云南、贵州、海南、广东、广西、福建、台湾

（续表）

树种分组	序号	树种名	科名	科名（拉丁名）	学名（拉丁名）	适生区域（省、自治区、直辖市）
落叶硬木类树种(84个)	127	苏木	豆科	Leguminosae	*Caesalpinia sappan* L.	云南、贵州、四川、广东、广西、福建、台湾
	128	黄檀	豆科	Leguminosae	*Dalbergia hupeana* Hance	山东、江苏、安徽、浙江、江西、福建、湖南、湖北、广东、广西、贵州、四川、云南、河南
	129	朝鲜槐（山槐）	豆科	Leguminosae	*Maackia amurensis* Rupr. et Maxim.	黑龙江、辽宁、吉林、河北、内蒙古、山东
	130	银珠（双翼豆、油楠）	豆科	Leguminosae	*Peltophorum tonkinense* (Pierre) Gagnep.	海南、广东、广西
	131	任豆（翅荚木）	豆科	Leguminosae	*Zenia insignis* Chun	广东、广西
	132	川黔紫薇	千屈菜科	Lythraceae	*Lagerstroemia excelsa* (Dode) Chun	贵州、四川、湖北
	133	鹅掌楸（马褂木）	木兰科	Magnoliaceae	*Liriodendron chinense*(Hemsl.) Sargent.	陕西、安徽、浙江、江西、福建、湖南、湖北、广西、四川、贵州、云南、台湾、江苏、河南、山东
	134	杂交马褂木	木兰科	Magnoliaceae	*Liriodendron chinense*× *L. tulipifera*	湖南、陕西、河南
	135	红椿	楝科	Meliaceae	*Toona ciliata* Roem.	江西、福建、湖北、湖南、广东、广西、四川、贵州、云南、海南
	136	红花香椿	楝科	Meliaceae	*Toona rubriflora* Tseng	福建
	137	香椿	楝科	Meliaceae	*Toona sinensis* (A. Juss.) Roem.	辽宁、吉林、河北、山西、内蒙古、山东、江苏、安徽、浙江、福建、湖北、湖南、河南、江西、广东、广西、海南、四川、云南、贵州
	138	野树波罗	桑科	Moraceae	*Artocarpus chama* Buch.-Ham.	广东、海南
	139	蓝果树	蓝果树科	Nyssaceae	*Nyssa sinensis* Oliv.	福建
	140	流苏树	木犀科	Oleaceae	*Chionanthus retusus* Lindl.et Paxt.	山西、甘肃、陕西、河北、河南
	141	水曲柳	木犀科	Oleaceae	*Fraxinus mandschurica* Rupr.	东北、陕西、甘肃、湖北、河南
	142	天山梣（小叶白蜡）	木犀科	Oleaceae	*Fraxinus sogdiana* Bunge	新疆

（续表）

树种分组	序号	树种名	科名	科名（拉丁名）	学名（拉丁名）	适生区域（省、自治区、直辖市）
落叶硬木类树种（84个）	143	花曲柳	木犀科	Oleaceae	*Fraxinus chinensis* Roxb subsp. *rhynchophylla* (Hance) E. Murray	辽宁、黑龙江、吉林、河北
	144	红花高盆樱桃	蔷薇科	Rosaceae	*Cerasus cerasoides* (D. Don) Sok. var. *rubea* (C. Ingram) Yu et Li	云南、西藏
	145	花楸树	蔷薇科	Rosaceae	*Sorbus pohuashanensis* (Hance) Hedl.	黑龙江、吉林、辽宁、内蒙古、河北、山西、甘肃、山东
	146	香果树	茜草科	Rubiaceae	*Emmenopterys henryi* Oliv.	陕西、甘肃、江苏、安徽、浙江、江西、福建、河南、湖北、湖南、广西、四川、贵州、云南
	147	黄棉木	茜草科	Rubiaceae	*Metadina trichotoma* (Zoll. et Mor.) Bakh. f.	广东、广西、云南、湖南
	148	臭檀吴萸（臭檀）	芸香科	Rutaceae	*Evodia daniellii* (Benn.) Hemsl.	辽宁以南至长江流域各省市
	149	黄波罗（黄檗、黄菠罗）	芸香科	Rutaceae	*Phellodendron amurense* Rupr.	黑龙江、辽宁、吉林、华北、河南、安徽、宁夏、内蒙古、山西
	150	珂楠树（川鄂泡花）	清风藤科	Sabiaceae	*Meliosma beaniana* Rehd. et Wils.	云南北部、贵州西北部、四川、湖南、湖北、江西、浙江
	151	柄翅果	椴树科	Tiliaceae	*Burretiodendron esquirolii* (Lévl.) Rehd.	云南、贵州、广西
	152	蚬木	椴树科	Tiliaceae	*Excentrodendron hsienmu* (Chun et How) H. T. Chang et R. H.	广西
	153	紫椴	椴树科	Tiliaceae	*Tilia amurensis* Rupr.	黑龙江、吉林、辽宁
	154	糙叶树	榆科	Ulmaceae	*Aphananthe aspera* (Thunb.) Planch.	安徽、湖南、山西、山东、江苏、浙江、江西、福建、台湾、湖北、广东、广西、四川东南部、贵州和云南
	155	兴山榆	榆科	Ulmaceae	*Ulmus bergmanniana* Schneid.	湖南、甘肃、陕西、山西、河南、安徽、浙江、江西、湖北、四川、云南

（续表）

树种分组	序号	树种名	科名	科名（拉丁名）	学名（拉丁名）	适生区域（省、自治区、直辖市）
落叶硬木类树种（84个）	156	春榆	榆科	Ulmaceae	*Ulmus davidiana* Planch.var. *japonica* (Rehd.) Nakai	黑龙江、吉林、辽宁、内蒙古、河北、陕西、山西、河南、安徽、山东、湖北、甘肃、青海
	157	裂叶榆	榆科	Ulmaceae	*Ulmus laciniata* (Trautv.) Mayr.	黑龙江、吉林、辽宁、内蒙古、河北、陕西、山西、河南、新疆
	158	欧洲白榆（新疆大叶榆）	榆科	Ulmaceae	*Ulmus laevis* Pall.	新疆
	159	黄榆（大果榆）	榆科	Ulmaceae	*Ulmus macrocarpa* Hance	黑龙江、吉林、辽宁、内蒙古、河北、山东、江苏、安徽、河南、山西、陕西、甘肃、青海
	160	榔榆	榆科	Ulmaceae	*Ulmus parvifolia* Jacq.	河北、山东、江苏、安徽、浙江、福建、台湾、江西。广东、广西、湖南、湖北、贵州、四川、陕西、河南
	161	红果榆	榆科	Ulmaceae	*Ulmus szechuanica* Fang	安徽、江苏、浙江、江西、四川
	162	榉木（大叶榉）	榆科	Ulmaceae	*Zelkova schneideriana* Hand.-Mazz.	陕西、甘肃、江苏、安徽、浙江、江西、福建、河南、湖北、湖南、广东、广西、四川、贵州、云南、西藏
	163	光叶榉	榆科	Ulmaceae	*Zelkova serrata* (Thunb.) Makino	辽宁、陕西、甘肃、山东、江苏、安徽、浙江、江西、福建、台湾、河南、湖北、湖南、广东
	164	云南石梓	马鞭草科	Verbenaceae	*Gmelina arborea* Roxb.	云南、海南、广东、广西
	165	苦梓（海南石梓）	马鞭草科	Verbenaceae	*Gmelina hainanensis* Oliv.	海南、广东、广西、云南
	166	柚木	马鞭草科	Verbenaceae	*Tectona grandis* L. f.	海南、云南、广东、广西、福建、台湾等地引种
针叶类树种（26个）	167	海南粗榧	三尖杉科	Cephalotaxaceae	*Cephalotaxus mannii* Hook. f.	海南、广东、广西、云南、西藏东南部

（续表）

树种分组	序号	树种名	科名	科名（拉丁名）	学名（拉丁名）	适生区域（省、自治区、直辖市）
针叶类树种（26个）	168	巨柏	柏科	Cupressaceae	*Cupressus gigantea* Cheng et L. K. Fu	西藏
	169	方枝柏	柏科	Cupressaceae	*Juniperus saltuaria* Rehder et E. H. Wilson	甘肃、四川、西藏、云南
	170	大果圆柏	柏科	Cupressaceae	*Juniperus tibetica* Kom.	甘肃、四川、青海、西藏
	171	银杏	银杏科	Ginkgoaceae	*Ginkgo biloba* L.	北京、吉林、辽宁、内蒙古、河北、河南、山西、陕西、山东、安徽、江苏、甘肃、浙江、福建、江西、湖北、湖南、广东、广西、贵州、云南、四川、宁夏
	172	秦岭冷杉	松科	Pinaceae	*Abies chensiensis* Tiegh.	陕西、湖北、甘肃
	173	铁坚油杉	松科	Pinaceae	*Keteleeria davidiana* (Bertr.) Beissn.	甘肃、陕西、四川、湖北、湖南、贵州
	174	油杉	松科	Pinaceae	*Keteleeria fortunei* (Murr.) Carr.	浙江、福建、广东、广西
	175	江南油杉	松科	Pinaceae	*Keteleeria fortunei* (A. Murray) var. *cyclolepis* (Flous) Silba	云南、贵州、广西、广东、湖南、江西、浙江、福建
	176	大果青杄	松科	Pinaceae	*Picea neoveitchii* Mast.	湖北、陕西、甘肃
	177	新疆云杉（天山云杉）	松科	Pinaceae	*Picea obovata* Ledeb.	新疆
	178	紫果云杉	松科	Pinaceae	*Picea purpurea* Mast.	四川、甘肃、青海
	179	红松	松科	Pinaceae	*Pinus koraiensis* Sieb. et Zucc.	黑龙江、吉林、辽宁
	180	新疆五针松（西伯利亚红松）	松科	Pinaceae	*Pinus sibirica* (Loud.) Mayr	新疆
	181	金钱松	松科	Pinaceae	*Pseudolarix amabilis* (Nelson) Rehd.	江苏、浙江、安徽、福建、江西、湖南、湖北、四川
	182	短叶黄杉	松科	Pinaceae	*Pseudotsuga brevifolia* Cheng et L. K. Fu	贵州、广西
	183	澜沧黄杉	松科	Pinaceae	*Pseudotsuga forrestii* Craib	广西、云南西北部、西藏东南部及四川西南部

（续表）

树种分组	序号	树种名	科名	科名（拉丁名）	学名（拉丁名）	适生区域（省、自治区、直辖市）
针叶类树种（26个）	184	黄杉	松科	Pinaceae	*Pseudotsuga sinensis* Dode	贵州、云南、四川，湖北、湖南
	185	台湾杉	松科	Pinaceae	*Taiwania cryptomerioides* Hayata	云南、湖北、贵州、台湾、福建
	186	铁杉	松科	Pinaceae	*Tsuga chinensis* (Franch.) Pritz.	甘肃、陕西、河南、湖北、四川、贵州
	187	南方红豆杉	红豆杉科	Taxaceae	*Taxus wallichiana* Zucc var. *mairei* (Lemée et H. Lév.) L. K. Fu et Nan Li	安徽、浙江、台湾、福建、江西、广东、广西、湖南、湖北、河南、陕西、甘肃、四川、贵州、云南、山西
	188	东北红豆杉	红豆杉科	Taxaceae	*Taxus cuspidata* S. et Z.	吉林、山东、江苏、江西、辽宁、黑龙江
	189	红豆杉	红豆杉科	Taxaceae	*Taxus wallichiana* Zucc. var. *chinensis* (Pilg.) Florin	甘肃、陕西、四川、云南、贵州、湖北、湖南、广西、安徽
	190	西藏红豆杉（喜马拉雅红豆杉）	红豆杉科	Taxaceae	*Taxus wallichiana* Zucc.	西藏、云南、四川
	191	榧树	红豆杉科	Taxaceae	*Torreya grandis* Fort. ex Lindl.	江苏、浙江、福建、江西、安徽、湖南、贵州
	192	香榧	红豆杉科	Taxaceae	*Torreya grandis* Fort. ex Lindl.'Merrillii'	浙江、江苏、浙江、福建、江西、安徽

附件 2

湖南省主要栽培珍贵树种参考名录（2020 年版）

序号	树种中文名	科中文名	科学名	树种学名	分布和适生海拔区域
1	赤皮青冈（红椆）	壳斗科	Fagaceae	*Cyclobalanopsis gilva* (Blume) Oersted	全省广布，主产湘西南。适生于海拔1000m 以下酸性土壤
2	闽楠	樟科	Lauraceae	*Phoebe bournei* (Hemsley) Yen C. Yang	全省散见。适生于海拔 800m 以下山地、村旁酸性土壤
3	小叶栎	壳斗科	Fagaceae	*Quercus chenii* Nakai	产湘东、湘中。适生于海拔 800m 以下山地、丘陵
4	麻栎	壳斗科	Fagaceae	*Quercus acutissima* Carruthers	全省散见。适生于海拔 1500m 以下山地、丘陵（含石灰岩）
5	红椿	楝科	Meliaceae	*Toona ciliata* M. Roemer	全省山地散见。适生于海拔 300 ~ 1500m 山谷林中酸性土壤
6	楠木（桢楠）	樟科	Lauraceae	*Phoebe zhennan* S. K. Lee & F. N. Wei	产龙山。适生于海拔 600m 以下的山谷、村旁酸性土壤
7	大叶榉树（血榉）	榆科	Ulmaceae	*Zelkova schneideriana* Handel-Mazzetti	全省散见。适生于海拔 1500m 以下山地、丘陵
8	南方红豆杉	红豆杉科	Taxaceae	*Taxus wallichiana* Zuccarini var. *mairei* (Lemée & H. Léveillé) L.K. Fu & Nan Li	全省山地散见。适生于海拔 300 ~ 1000m 的山谷、林中和村边的酸性土壤
9	川黔紫薇	千屈菜科	Lythraceae	*Lagerstroemia excelsa* (Dode) Chun ex S. K. Lee & L. F.Lau	产湘西北、湘西、湘西南。适生于海拔 300 ~ 1200m 的山地（含石灰岩）
10	红锥	壳斗科	Fagaceae	*Castanopsis hystrix* J. D. Hooker & Thomson ex A. de Candolle	产湘南、湘西南。适生于海拔 600m 以下低山沟谷
11	黄檀	豆科	Fabaceae	*Dalbergia hupeana* Hance	全省广布。适生于海拔 50 ~ 1400m 山地、丘陵
12	花榈木	豆科	Fabaceae	*Ormosia henryi* Prain	全省广布。适生于海拔 800m 以下丘陵、低山林中

（续表）

序号	树种中文名	科中文名	科学名	树种学名	分布和适生海拔区域
13	贵州石楠（椤木石楠）	蔷薇科	Rosaceae	*Photinia bodinieri* H. Léveillé	全省广布。适生于海拔 800m 以下的山地、丘陵
14	青冈（青冈栎）	壳斗科	Fagaceae	*Cyclobalanopsis glauca* (Thunberg) Oersted	全省广布。适生于海拔 800 m 以下的山地、丘陵（含石灰岩）
15	福建青冈（黄槁）	壳斗科	Fagaceae	*Cyclobalanopsis chungii* (F. P. Metcalf) Y. C. Hsu & H. W. Jen ex Q. F. Zheng	全省散见。适生于海拔 200 ~ 900m 山脊疏林
16	小叶红豆	豆科	Fabaceae	*Ormosia microphylla* Merrill	产靖州、通道。适生于海拔 900m 以下山地沟谷、村边
17	木荚红豆	豆科	Fabaceae	*Ormosia xylocarpa* Chun ex Merrill & L. Chen	产湘南、湘西南。适生于海拔 1000m 以下山地沟谷林中
18	红豆树	豆科	Fabaceae	*Ormosia hosiei* Hemsley & E. H. Wilson	产桑植、石门、洞口。适生于海拔 800m 以下山地沟谷林中
19	榔榆	榆科	Ulmaceae	*Ulmus parvifolia* Jacquin	全省广布。适生于海拔 1000m 以下的山地、丘陵
20	黄连木	漆树科	Anacardiaceae	*Pistacia chinensis* Bunge	全省广布。适生于海拔 1500m 以下山地、石灰岩低山、疏林、村边散生
21	水青冈	壳斗科	Fagaceae	*Fagus longipetiolata* Seemen	全省山地广布。适生于海拔 300 ~ 1500m 的山地
22	光叶水青冈（亮叶水青冈）	壳斗科	Fagaceae	*Fagus lucida* Rehder & E. H. Wilson	全省中山散见，湘西南、湘西较多。适生于海拔 1000 ~ 1600m 山地
23	米心水青冈	壳斗科	Fagaceae	*Fagus engleriana* Seemen	产湘西北、湘西南。适生于海拔 1200 ~ 1800 m 山地沟谷
24	毛果青冈	壳斗科	Fagaceae	*Cyclobalanopsis pachyloma* (Seemen) Schottky	产通道、江华。适生于湘南海拔 500m 以下的沟谷
25	君迁子	柿科	Ebenaceae	*Diospyros lotus* Linnaeus	全省散见。适生于海拔 1400m 以下山地沟谷阔叶林中
26	多脉青冈	壳斗科	Fagaceae	*Cyclobalanopsis multinervis* W. C. Cheng & T. Hong	全省中山广布。适生于海拔 700 ~ 1600m 地带
27	尖叶栎	壳斗科	Fagaceae	*Quercus oxyphylla* (E. H. Wilson) Handel-Maz-zetti	产湘南。适生于海拔 500m 以下石灰岩山地阔叶林中

（续表）

序号	树种中文名	科中文名	科学名	树种学名	分布和适生海拔区域
28	大叶桂樱	蔷薇科	Rosaceae	*Laurocerasus zippeliana* (Miquel) Browicz	全省散见。适生于海拔 800m 以下山地阔叶林、石灰岩山地
29	厚皮香	五列木科	Pentaphylacaceae	*Ternstroemia gymnanthera* (Wight & Arnott) Bed -dome	全省散见。适生于海拔 1500m 以下山地林中
30	豆梨	蔷薇科	Rosaceae	*Pyrus calleryana* Decaisne	全省广布。适生于海拔 1800m 以下山地疏林、溪边
31	栓皮栎	壳斗科	Fagaceae	*Quercus variabilis* Blume	全省散见。适生于海拔 1500m 以下山坡或石灰岩阔叶林中
32	榉树（光叶榉）	榆科	Ulmaceae	*Zelkova serrata* (Thunberg) Makino	全省散见。适生于海拔 1200m 以下石灰岩林地或山坡疏林
33	青钱柳	胡桃科	Juglandaceae	*Cyclocarya paliurus* (Batalin) Iljinskaya	全省散见。适生于海拔 500 ~ 1500m 山地林中、林缘
34	沉水樟	樟科	Lauraceae	*Cinnamomum micranthum* (Hayata) Hayata	产湘西、湘西南。适生于海拔 500m 以下阔叶林中
35	山柿（浙江柿）	柿科	Ebenaceae	*Diospyros japonica* Siebold & Zuccarini	全省广布。适生于海拔 1400m 以下山地湿润阔叶林中
36	铁坚杉（铁坚油杉）	松科	Pinaceae	*Keteleeria davidiana* (Bertrand) Beissner	产湘西北、湘西、湘西南、湘南。适生于海拔 1500m 以下地带
37	刨花润楠	樟科	Lauraceae	*Machilus pauhoi* Kanehira	产湘西北、湘西、湘西南、湘南。适生于海拔 1000m 以下山坡疏林中
38	细叶楠	樟科	Lauraceae	*Phoebe hui* W. C. Cheng ex Yen C. Yang	产龙山、永顺。适生于海拔 600m 以下山地林中
39	观光木	木兰科	Magnoliaceae	*Michelia odora* (Chun) Nooteboom & B. L. Chen	产江永、通道、宜章、新宁、江华。适生于海拔 600m 以下低山阔叶林中
40	黔桂润楠	樟科	Lauraceae	*Machilus chienkweiensis* S. K. Lee	产湘西南。适生于在海拔 300 ~ 1000m 沟谷林中
41	软荚红豆（苍叶红豆）	豆科	Fabaceae	*Ormosia semicastrata* Hance	产湘南、湘西南。适生于海拔 200 ~ 1000m 山地沟谷阔叶林中
42	香椿	楝科	Meliaceae	*Toona sinensis* (A. Jussieu) M. Roemer	全省散见，多栽培。适生于海拔 1200m 以下山地、丘陵、石灰岩山地

（续表）

序号	树种中文名	科中文名	科学名	树种学名	分布和适生海拔区域
43	半枫荷	蕈树科	Altingiaceae	*Semiliquidambar cathayensis* H. T. Chang	产湘南、湘西南。适生海拔：湘南、湘西南 1000m 以下，湘西北、湘西和湘东 800m 以下
44	乐东拟单性木兰	木兰科	Magnoliaceae	*Parakmeria lotungensis* (Chun & C. H. Tsoong) Y. W. Law	产湘西北、湘南。适生于海拔 1200m 以下酸性土壤
45	甜槠	壳斗科	Fagaceae	*Castanopsis eyrei* (Champion ex Bentham) Tutcher	全省山地广布。适生于海拔 300 ～ 1500m 山地林中
46	柯（石栎）	壳斗科	Fagaceae	*Lithocarpus glaber* (Thunberg) Nakai	全省广布。适生于海拔 750m 以下丘陵、山地阔叶林中
47	白栎	壳斗科	Fagaceae	*Quercus fabri* Hance	全省广布。适生于海拔 1000m 以下丘陵、山地阔叶林中
48	银木荷	山茶科	Theaceae	*Schima argentea* E. Pritzel	全省山地广布。适生于海拔 600 ～ 1500m 山地林中
49	苦槠	壳斗科	Fagaceae	*Castanopsis sclerophylla* (Lindley & Paxton) Sch -ottky	全省广布，湘中、湘东丘陵较多。适生于海拔 800m 以下丘陵、低山
50	栲	壳斗科	Fagaceae	*Castanopsis fargesii* Franchet	全省广布。适生于海拔 200 ～ 1200m 的山地、丘陵阔叶林中
51	云山青冈（云山椆）	壳斗科	Fagaceae	*Cyclobalanopsis sessilifolia* (Blume) Schottky	全省中山广布。适生于海拔 1000 ～ 1700m 山地杂木林中
52	兴山榆	榆科	Ulmaceae	*Ulmus bergmanniana* C. K. Schneider	全省山地散见。适生于海拔 700 ～ 1600m 山地沟谷溪边或山坡疏林中
53	宁冈青冈	壳斗科	Fagaceae	*Cyclobalanopsis ningangensis* W. C. Cheng & Y. C. Hsu	全省山地散见，湘东南较多。适生于海拔 400 ～ 1200m 山地沟谷林中
54	刺叶桂樱	蔷薇科	Rosaceae	*Laurocerasus spinulosa* (Siebold & Zuccarini) C. K.Schneider	全省广布，湘南较多。适生于海拔 500 ～ 1400m 山地沟谷阔叶林中
55	灰叶稠李	蔷薇科	Rosaceae	*Padus grayana* (Maximowicz) C. K. Schneider	全省散见。适生于海拔 500 ～ 1200m 山地阔叶林中
56	橉木	蔷薇科	Rosaceae	*Padus buergeriana* (Miquel) T. T. Yu & T. C. Ku	全省散见。适生于海拔 1600m 以下山地阔叶林中

（续表）

序号	树种中文名	科中文名	科学名	树种学名	分布和适生海拔区域
57	细齿稠李	蔷薇科	Rosaceae	*Padus obtusata* (Koehne) T. T. Yu & T. C. Ku	产湘西北、湘西、湘西南。适生于海拔700 ~ 1500m 山地沟谷林中
58	金钱松	松科	Pinaceae	*Pseudolarix amabilis* (J. Nelson) Rehder	产安化、新化、涟源、洪江、南岳。适生于海拔 100 ~ 1500m 山地林中或石灰岩疏林中
59	榧树	红豆杉科	Taxaceae	*Torreya grandis* Fortune ex Lindley	产张家界、宁乡、新宁、古丈、桃江、东安、平江、安化、南岳、新化。适生于海拔 300 ~ 900m 山谷、山坡、疏林中
60	黄棉木	茜草科	Rubiaceae	*Metadina trichotoma* (Zollinger & Moritzi) Bakhui -zen f.	产湘南、湘西南、湘西北。适生于海拔200 ~ 700m 山谷、溪边
61	血皮枫（血皮槭）	无患子科	Sapindaceae	*Acer griseum* (Franchet) Pax	产湘西北。适生于海拔 600 ~ 1800m 石灰岩山地阔叶林中
62	三角枫（三角槭）	无患子科	Sapindaceae	*Acer buergerianum* Miquel	产湘东、湘中。适生于海拔 1000m 以下阔叶林中
63	樟叶枫（樟叶槭）	无患子科	Sapindaceae	*Acer coriaceifolium* H. Léveillé	全省散见。适生于海拔 800m 以下丘陵、山地阔叶林中
64	石楠	蔷薇科	Rosaceae	*Photinia serratifolia* (Desfontaines) Kalkman	全省广布。适生于海拔 1200m 以下村边林、石灰岩山地林中
65	光叶红豆	豆科	Fabaceae	*Ormosia glaberrima* Y. C. Wu	产江华。适生于海拔 200 ~ 750m 山地沟谷中
66	湖南山核桃	胡桃科	Juglandaceae	*Carya hunanensis* W. C. Cheng & R. H. Chang ex Chang & Lu	产湘西南、湘西北，湘西南较多。适生于海拔 200 ~ 800m 的山地、丘陵的山谷或山坡下部
67	糙叶树	大麻科	Cannabaceae	*Aphananthe aspera* (Thunberg) Planchon	全省散生。适生于海拔 1100m 以下山地、丘陵村边或石灰岩地
68	槲栎	壳斗科	Fagaceae	*Quercus aliena* Blume	全省散见。适生于海拔 200 ~ 1500m 山地松林中
69	锐齿槲栎	壳斗科	Fagaceae	*Quercus aliena* Blume var. *acutiserrata* Maximo- wicz ex Wenzig	全省散见。适生于海拔 500 ~ 1800m 的山地林中
70	枹栎	壳斗科	Fagaceae	*Quercus serrata* Murray	全省散见。适生于海拔 1500m 以下山地、山顶、灌丛

（续表）

序号	树种中文名	科中文名	科学名	树种学名	分布和适生海拔区域
71	米槠	壳斗科	Fagaceae	*Castanopsis carlesii* (Hemsley) Hayata	全省山地广布。适生于海拔 1000m 以下山地山坡常绿阔叶林中
72	小叶青冈（青椆）	壳斗科	Fagaceae	*Cyclobalanopsis myrsinifolia* (Blume) Oersted	全省广布。适生于海拔 200 ~ 1200m 阴湿山谷林中
73	细叶青冈	壳斗科	Fagaceae	*Cyclobalanopsis gracilis* (Rehder & E. H. Wilson) W. C. Cheng & T. Hong	全省广布。适生于海拔 1500m 以下山地沟谷林中
74	碟斗青冈	壳斗科	Fagaceae	*Cyclobalanopsis disciformis* (Chun & Tsiang) Y. C. Hsu & H. W. Jen	产通道。适生于海拔 500m 以下沟谷林中
75	毛锥（南岭栲）	壳斗科	Fagaceae	*Castanopsis fordii* Hance	产湘南。适生于海拔 800m 以下山沟湿林中
76	楸（楸树）	紫葳科	Bignoniaceae	*Catalpa bungei* C. A. Meyer	产湘西北、湘西、湘西南。适生于海拔 500 ~ 1300m 山地山谷疏林
77	灰楸	紫葳科	Bignoniaceae	*Catalpa fargesii* Bureau	产湘西北。适生于海拔 500 ~ 1000m 山地山谷、村边林中
78	光皮梾木	山茱萸科	Cornaceae	*Cornus wilsoniana* Wangerin	全省散见。适生于海拔 100 ~ 1000m 砂页岩、石灰岩山地阔叶林中
79	红楠	樟科	Lauraceae	*Machilus thunbergii* Siebold & Zuccarini	产雪峰山以东及以南。适生于海拔 800m 以下山地
80	香果树	茜草科	Rubiaceae	*Emmenopterys henryi* Oliver	全省山地散见。适生于海拔 500 ~ 1500m 山地林中
81	珂南树（珂楠树）	清风藤科	Sabiaceae	*Meliosma alba* (Schlechtendal) Walpers	全省山地散见。适生于海拔 500 ~ 1500m 山地阔叶林中
82	银杏	银杏科	Ginkgoaceae	*Ginkgo biloba* Linnaeus	全省栽培或逸生。适生于海拔 1500m 以下地带
83	伯乐树（钟萼木）	伯乐树科	Bretschneideraceae	*Bretschneidera sinensis* Hemsley	全省山地散见。适生于海拔 100 ~ 1600m 山地林中、溪边
84	檫木	樟科	Lauraceae	*Sassafras tzumu* (Hemsley) Hemsley	全省广布。适生于海拔 1500m 以下山地、丘陵混交林中
85	蕈树（阿丁枫）	蕈树科	Altingiaceae	*Altingia chinensis* (Champion) Oliver ex Hance	产湘南、湘西南。适生于海拔 800m 以下山地山谷阔叶林中

（续表）

序号	树种中文名	科中文名	科学名	树种学名	分布和适生海拔区域
86	江南油杉	松科	Pinaceae	*Keteleeria fortunei* (A. Murray bis) Carrière var. *cyclolepis* (Flous) Silba	产湘西南至湘南。适生于海拔400 ~ 1200m阔叶林中或石灰岩山地
87	柏木	柏科	Cupressaceae	*Cupressus funebris* Endlicher	全省广布。适生于海拔1100m以下丘陵、山地，石灰岩钙质土上生长更好
88	柘	桑科	Moraceae	*Maclura tricuspidata* Carrière	全省广布。适生于海拔1000m以下林缘、灌丛、石灰岩山地
89	石灰花楸	蔷薇科	Rosaceae	*Sorbus folgneri* (C. K. Schneider) Rehder	全省广布。适生于海拔400 ~ 1800m以下山坡林中、灌丛、荒坡
90	沙梨	蔷薇科	Rosaceae	*Pyrus pyrifolia* (N. L. Burman) Nakai	全省山地散见或栽培。适生于海拔1500m以下山地林中、溪边或村边
91	铁杉	松科	Pinaceae	*Tsuga chinensis* (Franchet) E. Pritzel	产湘西北、湘西南、湘南。适生于海拔600 ~ 1900m山地山顶潮湿云雾林中
92	蓝果树	蓝果树科	Nyssaceae	*Nyssa sinensis* Oliver	全省广布。适生于海拔300 ~ 1200m山坡疏林、次生林中
93	黄杉	松科	Pinaceae	*Pseudotsuga sinensis* Dode	产湘南、湘西南、湘西北。适生于海拔400 ~ 1300m山地山脊或阳坡
94	樟（香樟）	樟科	Lauraceae	*Cinnamomum camphora* (Linnaeus) J. Presl	全省广布。适生于海拔300m以下丘陵酸性土壤
95	青檀	大麻科	Cannabaceae	*Pteroceltis tatarinowii* Maximowicz	全省散见。适生于海拔1000m以下石灰岩（或砂岩）山地疏林中
96	猴樟	樟科	Lauraceae	*Cinnamomum bodinieri* H. Léveillé	产湘西北、湘西南。适生于海拔1100m以下页岩、石灰岩山地
97	亮叶桦（光皮桦）	桦木科	Betulaceae	*Betula luminifera* H. Winkler	全省广布。适生于海拔1800m以下山地阳坡
98	鹅掌楸	木兰科	Magnoliaceae	*Liriodendron chinense* (Hemsley) Sargent	全省中山散见。适生于海拔700 ~ 1600m山坡林中
99	刺楸	五加科	Araliaceae	*Kalopanax septemlobus* (Thunberg) Koidzumi	全省广布。适生于海拔100 ~ 1500m山地、丘陵山谷林中
100	任豆（任木）	豆科	Fabaceae	*Zenia insignis* Chun	产湘南、湘西南至湘西。适生海拔：湘南500m以下，湘西南400m以下，湘西300m以下

后 记

经过全体编写人员的共同努力，《湖南主要珍贵用材树种高效培育技术》现已编写完成。该书为林业技术管理人员、林农和广大人民群众提供了珍贵用材树种高效培育技术参考，对促进湖南省珍贵用材树种高效培育和高质量发展具有重要意义。

2020年3月，湖南省林业局下发关于做好《湖南主要珍贵用材树种高效培育技术》编写出版工作的通知，成立了编写委员会，正式启动《湖南主要珍贵用材树种高效培育技术》编写工作。4月，编写人员按照分工完成了资料收集。5～6月，全面进入编写阶段，期间多次组织全体编写人员研究与讨论，并形成《湖南主要珍贵用材树种高效培育技术》初稿。7月，完成了初稿省外专家征求意见及湖南省林业局相关处室和市州林业局征求意见以及再修改工作。8月31日，湖南省林业局造林绿化处组织召开了《湖南主要珍贵用材树种高效培育技术》专题编审会，进一步提出了修改意见。编写人员以高度的责任感及严谨的科学精神，按照编委会领导和有关专家的意见，集中力量对本书进行最终修改和定稿。

《湖南主要珍贵用材树种高效培育技术》共设置两大部分，第一大部分为总论部分，分设第1章、第2章和第3章，分别介绍了珍贵树种定义、特点和功能，我国珍贵用材树种发展概况及湖南珍贵用材树种发展概况；第二大部分为各论部分，即第4章，分别介绍湖南省30个主要珍贵用材树种高效培育技术。全文共计253千字。其中，珍贵用材树种定义和功能由吴际友研究员等负责编写，我国珍贵用材树种发展概况由贺勇硕士负责编写，湖南珍贵用材树种发展概况由刘振华博士等负责编写，主要珍贵用材树种赤皮青冈、米心水青冈、水青冈由李志辉教授和李何博士等负责编写，福建青冈、毛果青冈、小叶红豆和多脉青冈由喻勋林教授等负责编写，南方红豆杉、大叶桂樱和厚皮香由曹基武教授等负责编写，闽楠、桢楠、大叶榉树由吴际友研究员等负责编写，椤榆和君迁子由童方平研究员负责编写，麻栎和红锥由李贵博士负责编写，小叶栎由廖德志研究员等负责编写，花榈木由陈孝副研究员和唐洁副研究员负责编写，青冈由张珉博士等负责编写，红椿由杨艳博士等负责编写，黄连木由程勇工程师等负责编写，光叶水青冈、黄檀、尖叶栎由颜立红研究员负责编写，红豆树由蒋利媛研究员负责编写，木荚红豆、川黔紫薇由向光锋高级工程师负责编写，贵州石楠、豆梨由田晓明高级工程师负责编写。

该书全面、科学地应用了湖南省珍贵用材树种高效培育方面的最新成果，深入浅出，可操作性强，是湖南省珍贵用材树种高效培育的工具书。它的编写完成，得益于湖南省林业局领导的高度重视和正确指导，得益于编写组成员孜孜不倦的精心努力，得益于省内外领导和专家的大力支持。在此，我们向一切为本书提供支持帮助的领导和专家表示衷心的谢意。

由于经验欠足，水平受限，再加上时间紧迫，工作量大，本书中不足和错讹之处在所难免。诚请各级领导、专家和读者指正。

编委会

2020 年 10 月

图书在版编目（CIP）数据

湖南主要珍贵用材树种高效培育技术 / 湖南省林业局编 . -- 北京 : 中国林业出版社 , 2020.12
ISBN 978-7-5219-0932-6

Ⅰ . ①湖… Ⅱ . ①湖… Ⅲ . ①珍贵树种 – 栽培技术 – 湖南 Ⅳ . ① S79

中国版本图书馆 CIP 数据核字（2020）第 248861 号

出版发行　中国林业出版社
（100009 北京西城区刘海胡同 7 号）
邮　　箱　8561611@qq.com
电　　话　010-83143575
印　　刷　北京博海升彩色印刷有限公司
版　　次　2021 年 1 月第 1 版
印　　次　2021 年 1 月第 1 次
开　　本　710mm×1000mm　1/16
印　　张　17
字　　数　253 千字
定　　价　99.00 元

责任编辑　李　敏